食品接触材料新品种评估申报指南

SHIPIN JIECHU CAILIAO

XINPINZHONG PINGGU SHENBAO

ZHINAN

商贵芹　隋海霞　胡长鹰　主编

化学工业出版社

·北京·

内容简介

本书针对食品接触材料新品种，通过对相关管理规定及政策法规的解读，帮助食品接触材料生产企业更好地了解如何评估所设计生产的产品是否符合法规要求、如何申报，并详细说明了申报的步骤及所需的材料。不仅可以加强企业生产过程中的规范化，提高产品投入国内外市场的成功率，减少召回、退运（出口企业的）、返修、订单被取消等问题，同时也可以便于相关部门的监督检验，提升我国食品接触材料相关企业的生产水平和行业整体实力。全书共分为 4个章节：食品接触材料安全与管理概述、美国食品接触材料新品种评估申报指南、欧盟食品接触材料新品种申报与安全性评估指南、我国食品相关产品新品种评估申报解析与实践。

本书可供食品接触材料生产及贸易企业、相关政府部门、检验监管人员以及食品接触材料研究人员参考，也可供高等学校材料科学等相关专业的师生参阅。

图书在版编目（CIP）数据

食品接触材料新品种评估申报指南/商贵芹，隋海霞，
胡长鹰主编. —北京：化学工业出版社，2021.6
ISBN 978-7-122-39583-2

Ⅰ.①食… Ⅱ.①商… ②隋… ③胡… Ⅲ.①食品包装-包装材料-安全评价-指南 Ⅳ.①TS206.4-62

中国版本图书馆 CIP 数据核字（2021）第 147833 号

责任编辑：高　宁　仇志刚　　　　　　　　文字编辑：王文莉
责任校对：宋　玮　　　　　　　　　　　　装帧设计：王晓宇

出版发行：化学工业出版社（北京市东城区青年湖南街 13 号　邮政编码 100011）
印　　装：天津盛通数码科技有限公司
710mm×1000mm　1/16　印张 14¾　字数 252 千字　2021 年 6 月北京第 1 版第 1 次印刷

购书咨询：010-64518888　　　　　　　　售后服务：010-64518899
网　　址：http://www.cip.com.cn
凡购买本书，如有缺损质量问题，本社销售中心负责调换。

定　　价：98.00 元

编委会

前言

食品包装、容器、餐厨具等食品接触材料及制品，作为食品的"亲密"接触者，在与食品接触的过程中，其组分不可避免地被转移到食品中，进而影响食品的安全。因此，食品接触材料又被形象地称为"特殊"或"隐性"的食品添加剂，全球越来越多的国家和地区制定了食品接触材料的立法或标准来保障食品接触材料安全。尽管各国法规标准不尽相同，但食品接触材料原辅料肯定列表管理近年来成为主流趋势。

卫生部卫生监督中心在2011年3月24日发布了《食品相关产品新品种行政许可管理规定》（卫监督发〔2011〕25号），自此我国也开启了肯定列表的管理模式。同年5月23日卫生部发布了《食品相关产品新品种申报与受理规定》（卫监督发〔2011〕49号），进一步明确了相关要求。该规定要求申报人需从理化特性、技术必要性、生产工艺、质量规格、迁移量/残留量、毒理学、膳食暴露量及其评估等多个维度对申报物质进行全面评估，以确保食品安全。这些要求涉及不同专业学科和领域，给行业带来了较大技术挑战。

本书第1章简要阐述了食品接触材料与食品安全、国内外食品接触材料安全管理要求。第2章和第3章分别介绍了美国、欧盟食品接触材料新品种申报指南要求，解析了美国、欧盟的申报流程，并提供了相关的信息获取路径。第4章解读了我国关于食品相关产品新品种的相关规定，参考美国、欧盟申报指南细化相关要求，结合我国法律法规、标准的管理要求和相关实践经验，详细阐述了如何进行评估和申报，以期帮助食品接触材料相关从业人员全面了解食品接触材料安全性评估，并为企业进行新品种申报提供良好的指导。

本书由南京海关危险货物与包装检测中心国家食品接触材料检测重点实验室技术专家会同外部专家隋海霞，胡长鹰、罗世鹏、吴泽颖等共同编写，特别感谢陶氏化学袁家齐、艺康（中国）投资有限公司吴梨和希悦尔（中国）投资有限公司张蓓对美国和欧盟指南的审校。感谢国家重点研发计划项目（2018YFC1603205/2018YFC1603200）、国家质检总局科技项目（2016IK126）和常州市科技支撑计划项目（CE20185022)的资助！

由于本书涉及多个专业学科，偶有疏漏和不足，还请专家、同行和广大读者批评指正。

编者
2021年6月

目录

第1章　食品接触材料安全与管理概述　001

1.1　食品接触材料与食品安全　001

1.1.1　食品接触材料　001

1.1.2　食品接触材料对食品安全的影响　003

1.1.3　食品接触材料安全　006

1.2　我国食品接触材料管理概况　007

1.2.1　我国食品接触材料管理历程　007

1.2.2　我国食品接触材料新品种管理　008

1.3　美国和欧盟食品接触材料管理概况　009

1.3.1　美国食品接触材料管理概况　009

1.3.2　欧盟食品接触材料管理概况　011

参考文献　012

第2章　美国食品接触材料新品种评估申报指南　013

2.1　美国食品接触材料新品种评估申报——管理指南　013

2.1.1　介绍　013

2.1.2　食品接触通告的适用范围　014

2.1.3　食品接触通告的格式　021

2.1.4　电子版提交材料　023

2.1.5　食品接触通告的信息公开　023

2.1.6　FDA对食品接触通告的回应　024

2.1.7　无影响的撤回　026

2.1.8　食品接触通告失效的决议　026

2.1.9　通告前咨询（PNCs）　026

2.1.10　食品接触物质配方的通告格式　027

2.2　美国食品接触材料新品种评估申报——化学指南　028

2.2.1　介绍　028

2.2.2　化学数据资料的要点　029

2.2.3　食品接触物质的特性信息　030

2.2.4　食品接触物质的使用信息　031

2.2.5　食品接触物质预期的技术效果　032

2.2.6　迁移试验和分析方法　032

2.2.7　消费者摄入量　043

2.2.8　缩略语　046

2.2.9　参考资料格式　048

附录 2-1　特定聚合物的油脂类食品模拟物　048

附录 2-2　常见迁移试验方案　049

附录 2-3　分析验证的实例说明　058

附录 2-4　消费系数、食品类型分布系数以及膳食摄入量估算的
案例　059

附录 2-5　食品分类及使用条件　062

参考文献　063

2.3　美国食品接触材料新品种评估申报——毒理学指南　065

2.3.1　毒理学建议要点　066

2.3.2　介绍　066

2.3.3　摄入量估计　067

2.3.4　测试物质　067

2.3.5　安全性测试建议　068

2.3.6　准备安全性信息　072

2.3.7　安全性概述　073

2.3.8　全面毒理学综述　074

2.3.9　美国食品药品监督管理局对通告中各种安全试验相关性的
观点　077

2.3.10　已知有毒物的结构-活性关系评估　079

2.3.11　提交前会议　079

　　　　2.3.12　决定提交通告时的其他毒理学注意事项　　　　　080

　　参考文献　　　　　080

　　2.4　美国食品接触材料新品种评估申报——环境指南　　　　　081

　　　　2.4.1　简介　　　　　081

　　　　2.4.2　分类排除的行为　　　　　082

　　　　2.4.3　环境评估的准备　　　　　086

　　　　2.4.4　1995年《减少文书工作法案》　　　　　089

　　　　附录2-6　行业指南：为CFSAN申请所编制的分类排除声明或
　　　　　　　　　环境评估　　　　　089

　　　　附录2-7　行业指南：为CFSAN申请所编制的分类排除声明或
　　　　　　　　　环境评估　　　　　097

　　　　附录2-8　行业指南：为CFSAN申请所编制的分类排除声明或
　　　　　　　　　环境评估　　　　　102

　　2.5　美国食品接触材料新品种评估申报——婴幼儿指南　　　　　108

　　　　2.5.1　序言　　　　　108

　　　　2.5.2　背景　　　　　109

　　　　2.5.3　建议　　　　　111

　　　　2.5.4　1995年《减少文书工作法案》　　　　　121

　　参考文献　　　　　121

　　2.6　美国食品接触材料新品种评估申报流程　　　　　124

第3章　欧盟食品接触材料新品种申报与安全性评估指南　　　　　126

　　3.1　塑料食品接触材料新品种安全评估申报的行政指南　　　　　126

　　　　3.1.1　简介与相关说明　　　　　127

　　　　3.1.2　具体指南　　　　　128

　　　　3.1.3　申请人与EFSA工作人员的交流　　　　　137

　　　　3.1.4　与申请相关的有用链接　　　　　139

　　　　附录3-1　EFSA行政指南附件A1　　　　　140

　　　　附录3-2　EFSA行政指南附件A2　　　　　141

　　　　附录3-3　EFSA行政指南附件B——技术卷宗　　　　　142

　　　　附录3-4　EFSA行政指南附件C——机密信息说明　　　　　149

附录 3-5　缩略语　150

参考文献　150

3.2　塑料食品接触材料新品种安全评估申报指南说明　151

　　3.2.1　《塑料食品接触材料指南说明》（EFSA，2017）主要更新内容　151

　　3.2.2　技术文档内容及要求　153

　　附录 3-5　《塑料食品接触材料指南说明》
　　　　　　　（EFSA，2017）附件 1　173

　　附录 3-6　《塑料食品接触材料指南说明》
　　　　　　　（EFSA，2017）附件 2　177

　　附录 3-7　《塑料食品接触材料指南说明》
　　　　　　　（EFSA，2017）附件 3　178

参考文献　179

　　3.2.3　《塑料食品接触材料指南说明》适用性及过渡期的
　　　　　　说明　181

3.3　再生塑料材料及制品回收工艺的安全评估指南　181

　　3.3.1　用于制造食品接触材料及制品的再生塑料的安全评估
　　　　　　通则　182

　　3.3.2　提交申请　183

　　3.3.3　申请批准回收工艺时须一并提供的资料　183

　　3.3.4　工艺的重新评估　186

　　3.3.5　质量保证体系　186

参考文献　187

3.4　活性与智能食品接触材料评估申报指南　188

　　3.4.1　相关定义与说明　189

　　3.4.2　安全评估的一般原则　190

　　3.4.3　提交申请　191

　　3.4.4　申请应提供的资料　192

参考文献　195

第 4 章　我国食品相关产品新品种评估申报解析与实践　196

4.1　食品相关产品新品种行政许可管理规定解析　196

4.1.1　食品接触材料新品种定义　196

4.1.2　申报产品的基本要求　197

4.1.3　主管和评审机构　197

4.1.4　申请人及申请材料　197

4.1.5　受理及评审　198

4.2　食品相关产品新品种申报与受理规定解析　199

4.2.1　申报资料要求　199

4.2.2　申报委托书要求　202

4.2.3　受理及审查　202

4.3　食品接触材料行政许可流程与相关信息查询　203

4.3.1　食品接触材料新品种申报与评审流程　203

4.3.2　食品接触材料新品种相关资讯查询　205

4.4　我国食品接触材料新品种评估申报实践　205

4.4.1　理化特性　206

4.4.2　技术必要性、用途及使用条件　208

4.4.3　生产工艺　210

4.4.4　质量规格要求、检验方法及检验报告　214

4.4.5　迁移量和/或残留量及其检验方法、检验报告　216

4.4.6　毒理学安全性评估资料　219

4.4.7　估计膳食暴露量及其评估方法　221

4.4.8　国内外允许使用情况的资料或证明文件　223

4.4.9　公告内容　224

第1章
食品接触材料安全与管理概述

1.1 食品接触材料与食品安全

1.1.1 食品接触材料

1.1.1.1 食品接触材料概念

食品接触材料，顾名思义即为与食品接触的材料。尽管各国法规或标准中赋予了它不同的称谓或语言描述，如日本、韩国称之为"食品器具、容器和包装"，美国形象地称之为"间接食品添加剂"，我国和欧盟称之为"食品接触材料及制品"等，但其核心内涵均可概括为以下内容：

① 在正常使用条件下；

② 已经与食品接触的；

③ 预期可能与食品接触的；

④ 其成分可能转移到食品中的材料及制品。

其中，食品是广义的食品，包括食品和食品添加剂。当然，不同国家对"食品"的定义，因地域性差异也会略有不同。比如，我国2018版本《食品安全法》第十章第一百五十条，将食品定义为"指各种供人食用或者饮用的成品和原料以及按照传统既是食品又是中药材的物品，但是不包括以治疗为目的的物品"，药食同源的中草药可以说是中国特色的食品。

在我国，2018版本《食品安全法》第一章第二条将"用于食品的包装材料、容器、洗涤剂、消毒剂和用于食品生产经营的工具、设备"统称为食品相关产品。GB 4806.1—2016《食品安全国家标准 食品接触材料及制品通用安全要求》将其定义为："在正常使用条件下，各种已经或预期可能与食品或食品添加剂（以下简称食品）接触，或其成分可能转移到食品中的材料和制品，包括食品生产、加工、包装、运输、贮存、销售和使用过程中用于食品的包装材料、容器、工具和设备，及可能直接或间接接触食品的油墨、黏合剂、润滑油等。不包括洗涤剂、消毒剂和公共输水设施。"因此，在我国食品相关产品包括食品接触材料，一些食品相关产品法律法规和标准也适用于食品接触材料，如《食品安全法》中对食品相关产品的规定。本书为便于描述，将各国不同称谓但内涵一致的食品接触材料及制品统一简称为食品接触材料。

1.1.1.2　食品接触产品

在日常生活和生产中，常见食品接触产品主要有以下几类：

① 食品包装、容器；

② 食品加工器具、设备；

③ 餐具、炊具以及食品加工类家电等。

除上述主要产品外，我们通常采用上述食品接触材料的核心内涵来判定一个产品是否归属食品接触材料。在使用该内涵时，需要准确理解"在正常使用条件下、已经与食品接触的、预期可能与食品接触的、其成分可能转移到食品中的"四个关键修饰语。

正常使用条件，指产品使用方在常规的使用条件下。比如古董级陶瓷碗，尽管它具有接触食品的属性，但作为古董在正常情况下我们不会用它来盛饭了，所以其不属于食品接触产品的范畴。

已经与食品接触的，主要指预包装食品的包装这种情况。

预期可能与食品接触的，即产品生产设计的初心就是用来接触食品的情况，如餐具、炊具等。但对于餐桌来说，尽管我们偶尔会把食物放在餐桌上，但该产品设计的初心并非用来盛放食品，这类产品也不能归属为食品接触材料。

其成分可能转移到食品中的，如烤箱、蒸箱类产品，尽管其内壁与食品可能不存在我们肉眼可见的直接接触，甚至产品设计的初心它也不会与食品直接接触，但在产品使用过程中，特别是高温条件下，产品中的挥发性组分仍有可能释放出来被食物吸收从而影响食品安全。

1.1.1.3　食品接触材料材质类型

从材质的角度，食品接触材料涵盖很多种类，除了肉眼可以直观观察到的陶瓷、玻璃、金属、塑料、纸等材料以外，还有很多被我们忽视的材料。截止到目前，食品接触材料涉及的材料种类如表 1-1 所示。

表 1-1 食品接触材料主要材质种类

竹木	再生纤维素
石	塑料
纸和纸板	橡胶/硅橡胶
纺织品	涂料
金属	印刷油墨
陶瓷	黏合剂
玻璃	蜡
搪瓷	

除表 1-1 中的材料外，常规意义上还有离子交换树脂、活性和智能材料。离子交换树脂在欧盟的立法 1935/2004/EC 法规中归为食品接触材料的范畴，但在我国归为食品添加剂范畴，具体可参见 GB 1886.300—2018《食品安全国家标准 食品添加剂 离子交换树脂》。此外，欧盟 1935/2004/EC 还涵盖了活性和智能材料，严格来说，是可以延长食品保质期或改善食品感官品质等对食品产生特殊技术效果的活性材料；以及不对食品产生技术作用但有智能化指示食品状态等功能的智能材料。这些材料只是使用特殊配方让材料发挥了特殊的功能，其基础材料通常还是表 1-1 中的材料。

1.1.2 食品接触材料对食品安全的影响

1.1.2.1 "特殊"或"隐形"的食品添加剂

于食品而言，食品接触材料发挥着盛装、加工、运输食品，保护食品不受外界污染或影响而变质的作用，同时随着印刷的发展，其承载的图案信息也起到了广告宣传和信息传递的作用，特别是食品包装类食品接触材料。然而，除了这些我们喜闻乐见的正面作用外，近年来，食品接触材料对食品安全带来的风险，以及给环保带来的压力等负面作用也逐渐成为我们关注的焦点。

食品接触材料，在食品的生产、加工、储存、运输和消费等过程中，不可避免地释放微量的化学物质至所接触的食品中，这个过程我们通常称其为"迁移"。近年来，三聚氰胺、塑化剂、壬基酚、矿物油等食品接触材料中化学物质污染食品的事件，不仅提升了所有相关方对食品接触材料安全的关注度，也让食品接触材料的化学物质迁移（以下简称化学迁移）得到了广泛的认知。

化学迁移对食品的影响，主要表现在两个方面：一是当迁移到食品中的化学物质达到一定量时，则会对人体健康构成风险，影响食品的安全；二是迁移的化学物质有时会改变食品的状态，甚至导致食品腐烂变质等，影响食品的质量。食品接触材料可能迁移到食品中的化学物质，有的是生产企业有意添加使用的，也有部分物质是非有意添加的杂质或副产物，所以我们会形象地称其为"特殊"或"隐形"的食品添加剂。

1.1.2.2 食品接触材料中的化学迁移

既然食品接触材料的化学迁移是不可避免的，那这种迁移是如何发生的，又受哪些因素的影响呢？

（1）化学迁移的方式

通常来说，在食品的生产、加工、储存、运输和消费等过程中，食品接触材料中化学物质可通过溶出迁移、渗透迁移、气相传质以及转印或粘脏的方式迁移到食品中。

如图1-1(a)所示，溶出迁移主要发生在直接与食品接触的材料中，这是最常见的方式，所以一般来说，直接接触食品的材料是影响食品安全的"主力军"。如图1-1(b)所示，渗透迁移是指与食品非直接接触材料中化学物质透过其内层材料进入食品的方式，比如聚乙烯（PE）塑料袋外表面印刷油墨中的化学物质，透过PE塑料层进入食品的方式。2009年，欧盟食品和饲料类快速预警系统（RASFF）曾通报在早餐燕麦片中检出了4-甲基二苯甲酮，该物质正是来自于燕麦片包装外表面的印刷油墨。如果内层材料是非常致密、阻隔性良好的材料，比如玻璃、陶瓷、金属等，则能有效地阻隔来自外层材料的化学迁移。如图1-1(c)所示，气相传质指材料虽然没有直接接触食品，但其释放的化学物质却被吸收至食品中。比如用来加工制作食品的蒸箱、烤箱，其内壁虽然不与食品直接接触，但在高温使用条件下仍可能释放出一些物质，被所加工的食品吸附或吸收，从而进入食品。如图1-1(d)所示，转印和粘脏常见于带印刷和/或使用了黏合剂的卷膜。如带印刷PE卷膜，一旦生产成卷，其印刷图案与卷膜内层必然"亲密"接触，在这个接触的过程中，印刷油墨中的化学物质则可能通过转印或粘脏的方式黏附在与食品接触的内层，当卷膜做成塑料袋接触食品时，这些化学物质则可能溶解在所接触的食品中。当然这种情况，一般只有印刷油墨或黏合剂固化不良时才会发生。

（2）影响化学迁移的主要因素

在与食品接触的过程中，食品接触材料不是绝对独立的个体，在这个过程中它们会发生相互作用，这个作用可以分为不相容和溶解两种。所谓不相容，即材料与某一特定食品之间可能会发生剧烈的反应，如镀锡铁罐盛装番茄酱。溶解，则是材料与食品能稳定互存，但对于材料中的化学物质，食品则如同溶剂，一直试图溶解它们使其迁移到食品中。既然是溶解，其最终迁移量的大小还与影响溶

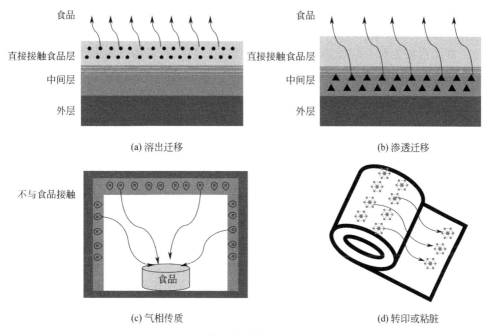

图 1-1　化学迁移常见方式示意

解度的各因素有关。因此，结合食品接触材料与食品接触的过程，可以得知影响化学迁移的主要因素如下：

① 食品的性质；

② 接触食品的时间；

③ 接触食品的温度；

④ 材料接触食品的面积。

在一定条件下，相同的化学物质在不同性质的溶剂中溶解度不同，不同的化学物质在相同的溶剂中，其溶解度也不同。因此，食品性质对化学迁移的影响，还受制于化学物质的性质。比如邻苯二甲酸酯类增塑剂容易迁移到高胆固醇和高脂肪食品中，三聚氰胺则更易迁移到酸性食品中。接触温度和接触时间的影响是显而易见的，化学迁移通常会随着温度的升高和/或时间的延长而增加。材料与食品接触的面积，通常用接触单位质量食品所用材料的面积来描述，显然该参数越大，迁移到单位质量食品中化学物质的量越多。

对于材料中的某一特定物质来说，化学迁移首先取决于材料中是否含有该物质以及含量或浓度的大小。通常情况下，化学物质含量越高，化学迁移的水平也会越高。此外，材料本身对该化学物质的束缚力，也是影响化学迁移水平的重要因素。比如，相同的化学物质添加在塑料和纸中，在添加量、接触温度和时间等其他条件相同的情况下，由于纸是一种多孔的、开放式网状结构的材料，而塑料是一种结构较为致密的高分子材料，与塑料相比，纸对该物质的束缚力较弱，则纸中该化学物质的迁移水平会更高。

1.1.3　食品接触材料安全

1.1.3.1　通用安全要求

鉴于化学迁移对人体健康的潜在风险，为保障食品安全，越来越多的国家和地区制定发布了针对食品接触材料的立法或标准。尽管各国法规标准对食品接触材料的安全要求不尽相同，但其基本或通用安全要求基本一致。

各国法规和标准中对食品接触材料的基本或通用安全要求，可归纳总结为：在正常或可预见的使用条件下，食品接触材料中组分迁移到食品中的量不得：

① 危害人体健康；

② 导致食品的成分发生改变；

③ 造成食品发生感官性劣变。

从上述要求可以看出，并非食品接触材料的化学迁移一定不能存在，关键是看一个"量"字。只要迁移的量没有引起上述质的改变，即是相对安全的。

1.1.3.2　食品接触材料的安全控制

如何控制食品材料中化学物质迁移的量，确保其满足上述通用安全要求，是对接触材料进行安全控制的根本。然而，不同的化学物质性质和毒性不同，其可接受的"量"也不同；相同的化学物质，对于不同的应用材料和/或使用条件，在其预期使用条件下迁移到食品中量也不同。通俗地说，安全与物质毒性和剂量有关，而风险是否存在还需结合暴露量进行评判，也就是说安全与否应经过充分的风险评估才能得出结论。通常来说，风险评估包括危害识别、危害特征描述、暴露评估和风险特征描述四个步骤，具体可参见《食品中化学物风险评估原则和方法》一书。

因此，实现通用安全要求的这个控制目标，需要对食品接触材料使用的化学物质进行充分的评估，确定其是否可以用在食品接触材料中，并给出其安全管控的相关限量要求，通俗来讲，需解决如下几个核心问题：

① 物质的毒性是什么？

② 多少量是安全的？

③ 在什么条件下是安全的？

目前，多数国家或地区食品接触材料的法规标准，也是围绕解决以上几个问题进行管理和规定的。如我国、美国、欧盟对于原辅料相对复杂的材料均采用了正清单的管理模式，即对经充分评估并获得授权的材料和物质建立授权清单。未经授权，且相关方拟在食品接触材料中使用的，俗称为食品接触材料的新物质或新品种，需要进行充分评估并提交相关部门经审批后方可使用，即新品种许可或授权管理。

1.2 我国食品接触材料管理概况

1.2.1 我国食品接触材料管理历程

纵观我国食品接触材料相关法律法规及标准可知，截止到目前，我国对食品接触材料的管理大致经历了以下三个发展历程。

（1）开启在 20 世纪 60 年代

由于使用酚醛树脂（俗称电木）饭盒引起食物中毒，卫生部于 1964 年规定禁止将酚醛树脂用于食品包装材料。1965 年国务院发布《食品卫生管理试行条例》[国务院（65）国文办字 304 号]，正式将食品包装材料纳入管理范围，该条例于 1979 年经修订正式颁布为《中华人民共和国食品卫生管理条例》，自此我国开启了对食品接触材料的管理。

（2）发展在 20 世纪 80 年代

1982 年首次发布的《中华人民共和国食品卫生法（试行）》（该法在全国人民代表大会常务委员会第十六次会议上修订通过，并于 1995 年 10 月 30 日正式实施），将食品接触材料上升到法律管理的范畴，其必须符合卫生标准和卫生管理办法的规定等要求。因此，后续卫生部门制定发布了关于塑料、原纸、陶瓷、橡胶等材料的 8 项卫生管理办法（这些管理办法已于 2010 年 12 月废止），并组织制定了与这些材料相关的树脂、涂料、成型品以及添加剂的一系列卫生标准和配套的方法标准。2006 年 7 月，国家质量监督检验检疫总局发布了《关于印发〈食品用包装、容器、工具等制品生产许可通则〉及〈食品用塑料包装、容器、工具等制品生产许可审查细则〉的通知》（国质检食函〔2006〕334 号），自此我国逐步将塑料、纸等食品接触材料纳入了生产许可管理的范畴。所以，到 21 世纪初，对于食品接触材料，我国已逐步建立较为完善的法规和标准管理体系。

（3）升级完善在 21 世纪

进入 21 世纪，工业发展导致食品接触材料不断迭代更新，同时随着人们对食品安全认知的不断深入，各国政府也不断修订完善了食品接触材料的相关法规标准，加强了对食品接触材料安全的管理。此时，我国在食品接触材料管理中标准缺失、卫生指标设置不能切实反映产品风险等问题不断显现，所以 2009 年 11 月，卫生部联合七部委下发《关于开展食品包装材料清理工作的通知》，在清理工作的基础上，开启了进一步的修订完善工作。2015 年新版《中华人民共和国食品安全法》（2009 年首次发布实施，并提出了食品相关产品的概念），进一步明确了对食品接触材料的相关管理要求。同时，自 2015 年卫生和计划生育委员会陆续发布了 GB 9685、GB 4806、GB 31604 等食品接触材料的食品安全国家标准，涵盖通用安全要求、生产企业良好操作规范、添加剂和产品标准以及检测方法等多个维度。此外，2018 年 12 月国家市场监管管理总局也发布了新版食品相关产品生产许可细则。至此，我国食品接触材料管理与国际接轨的同时，不断升级完善并跻身全球先进。

1.2.2 我国食品接触材料新品种管理

正如本章第 1 节所述，食品接触材料中的化学物质在使用时可能迁移到食品中，且当达到一定量时，将会影响食品安全和消费者健康。同时，并非任何一种材料或化学物质都可以用来加工生产食品接触材料，即用于生产食品接触材料的物质必须经过充分的评估后方可使用。所谓新品种，通常是指未经法规或标准授权使用的原材料。2011 年 3 月 24 日，卫生部卫生监督中心发布的《食品相关产品新品种行政许可管理规定》（卫监督发〔2011〕25 号）中，将食品接触材料新品种定义为：尚未列入食品安全国家标准或者卫生部公告允许使用的食品包装材料、容器及其添加剂；扩大使用范围或者使用量的食品包装材料、容器及其添加剂；尚未列入食品用消毒剂、洗涤剂原料名单的新原料；食品生产经营用工具、设备中直接接触食品的新材料、新添加剂。对于食品接触材料新品种的管理，我国采取卫生标准审批和新品种许可授权两种管理模式。

1995 年 10 月 30 日发布实施的《中华人民共和国食品卫生法》第二十条规定："利用新的原材料生产的食品容器、包装材料和食品用工具、设备的新品种，生产经营企业在投入生产前，必须提出该产品卫生评价所需的资料。上述新品种在投入生产前还需提供样品，并按照规定的食品卫生标准审批程序报请审批。"因此，对于食品接触材料新品种，自 1995 年正式启动食品卫生标准审批管理的模式，但对于如何进行充分的卫生评价并未给出详细的规定或要求。

2009 年 6 月 1 日实施的《中华人民共和国食品安全法》第四十四条规定"申

请利用新的食品原料从事食品生产或者从事食品添加剂新品种、食品相关产品新品种生产活动的单位或者个人，应当向国务院卫生行政部门提交相关产品的安全性评估材料。国务院卫生行政部门应当自收到申请之日起六十日内组织对相关产品的安全性评估材料进行审查；对符合食品安全要求的，依法决定准予许可并予以公布；对不符合食品安全要求的，决定不予许可并书面说明理由。"自此，食品接触材料新品种拉开了许可管理的帷幕。2011 年，卫生部先后发布了《食品相关产品新品种行政许可管理规定》（卫监督发〔2011〕25 号）和《食品相关产品新品种申报与受理规定》（卫监督发〔2011〕49 号），明确了新品种评估和申报的具体要求，进一步推进了相关工作的落地实施。

关于我国新品种许可的管理、评估和申报，详见本书第 4 章介绍。据统计，自新品种许可管理规定实施以来，截止到 2020 年 2 月 28 日，我国卫生许可部门已通过新品种行政许可授权了 871 个食品接触材料新品种。

1.3 美国和欧盟食品接触材料管理概况

鉴于食品接触材料对食品安全影响的事实，世界各国相继制定了相关的立法标准，并建立了不同的管理模式。其中，美国和欧盟是起步较早且在全球范围内有代表性的国家和地区。因此，本节对美国和欧盟对食品接触材料的管理做简单介绍。

1.3.1 美国食品接触材料管理概况

1.3.1.1 立法概况

1997 年，美国食品药品监督管理局现代化法案（U. S. Congress. Food and Drug Administration Modernization Act）中食品接触材料的定义为：任何用于生产、包装、运输或贮存食品的材料中所使用的、不会对食品产生任何功能作用的物质。此定义所涵盖的食品接触材料的范围，包括间接食品添加剂（如聚合物、单体、食品加工用工具设备等）以及部分次级直接食品添加剂（如离子交换树脂、食品加工过程中使用的抗微生物剂）。特别说明的是，不是所有食品接触材料均属于食品添加剂，只有迁移到食品中成为食品的一部分的物质才属于食品添加剂的范畴。即在美国，食品接触材料是纳入食品添加剂范畴进行管理的。

美国关于食品接触材料的立法，主要体现在美国联邦法规第 21 章和 FDA 制定的部分《符合性政策指南》（Compliance Policy Guide，CPG）。美国联邦法规第 21 章规定了间接食品添加剂的通用要求，以及对黏合剂、涂料、纸和纸板、聚合物等不同材料的特定要求。目前，CPG 仅涉及了镀银凹形器皿和陶瓷两类产品。此外，作为联邦制国家，除了联邦政府的法规外，还有州立法，比如广为人知的加州 65 提案中也有部分关于食品接触材料中污染物控制的要求。

1.3.1.2　新品种管理

关于食品接触材料新品种的管理，可以说美国是最早采用正清单授权管理的国家。本书所述食品接触材料新品种，即为美国相关立法中的间接食品添加剂新品种。早在 1938 年，《联邦食品、药品和化妆品法》（Federal Food，Drug and Cosmetic Act，FFDCA）就赋予了美国食品药品监督管理局（Food and Drug Administration，FDA）管理食品添加剂使用的权力，食品安全风险评估和风险管理工作均由 FDA 负责，这其中当然也包括作为间接食品添加剂的食品接触材料。1958 年，《食品添加剂修正案》批准建立了直接和间接食品添加剂上市前审批程序，即食品添加剂申报（Food Additive Petition，FAP）系统。自此，所有上市的食品添加剂（包括食品接触材料）必须通过 FAP 系统提交相应申请资料进行申请，美国 FDA 负责对申请资料进行审查，审查合格者由 FDA 纳入联邦法规第 21 章（21 CFR）的 175～179 部分，即只有纳入法规中的物质才能合法使用。1997 年，《食品和药品管理现代化条例》批准建立了食品接触通告（Food Contact Notification，FCN）系统，对食品接触物质的管理由 FAP 转变为 FCN。从 1991 年起美国 FDA 开始实行一种相对于 FAP 更为快捷的授权方式——法规阈值（TOR）豁免程序，即符合特定要求的食品接触物质可免除 FAP 的申请，21 CFR 170.39 给出了 TOR 豁免的要求，满足这些要求的物质可以向 FDA 的上市前批准办公室提交申请文件，已经获得 TOR 豁免的物质可在下述网站查询：https：//www.accessdata.fda.gov/scripts/fdcc/? set＝TOR。

除了 FAP、FCN、法规阈值（TOR）豁免程序授权的食品接触物质外，对于食品接触物质的授权，还需关注一般公认安全的物质（GRAS）和业已批准的物质（prior-sanctioned substances）。《联邦食品、药品和化妆品法》的 201（s）和 409 部分规定通过科学程序可证明其安全性的、1958 年之前用于食品且长期使用经验证明安全性没有问题的这两类物质可被认定为 GRAS 物质。21 CFR 182 章节列出了用作食品成分的 GRAS，21 CFR 184 章节列出了用作直接食品添加剂的 GRAS，而 21 CFR 186 章节则列出了用作间接食品添加剂的 GRAS。业已批准的物质是指 1958 年 9 月 6 日前经美国 FDA 或美国农业部批准的物质，均为用于食品包装的物质（硝酸盐和亚硝酸盐除外），具体列在 21 CFR 181 章节的 B 部分。

上述食品接触物质的授权方式中，仅 FCN 授权的物质只适用于申报者，即只有申报者可以使用该授权物质，某种程度上也是一种专利保护；其他授权方式都是普适的，即申报物质获授权后所有企业都可以使用。所以，FCN 是目前最受欢迎的一种申报授权方式。本书第 2 章将重点介绍 FCN 申报的相关要求。

1.3.2 欧盟食品接触材料管理概况

1.3.2.1 欧盟立法概况

欧盟关于食品接触材料的立法，自 1976 年欧盟发布 76/893/EEC 指令为起始标志以来，经过几十年的发展已形成了相对完善的法规体系。同时，作为一个由多个成员国构成的共同体，也决定了其立法的多层次性。

作为共同体，为消除成员国间的立法差异，促进贸易便利化，欧盟一直致力于建立欧盟层面的共同立法。截至目前，欧盟已建立了包括一般立法、特定材料立法和特定物质立法三个层次的食品接触材料法规体系。一般立法为适用于所有食品接触材料的通用立法，包括框架法规（EC）No 1935/2004 和关于食品接触材料良好生产规范的（EC）No 2023/2006 法规。特定材料立法是仅适用于某一特定类别材质的食品接触材料，目前欧盟仅对塑料、陶瓷、活性与智能材料、再生纤维素和再生塑料 5 类材料建立了统一的特定材料法规或指令。特定物质立法，是关于某一种或一类化学物质安全限制的立法，目前有效的特定物质立法或指令只有关于橡胶奶嘴中 N-亚硝胺与 N-亚硝胺衍生物的 93/11/EEC 和关于有机涂层中环氧衍生物的（EC）No 1895/2005 法规。

鉴于欧盟成员国之间发展和立法差异的事实，对于在欧盟层面上无法达成共识的，成员国也可制定自己的成员国立法。因此，除了欧盟层面的共同立法，各成员国还有自己的立法，在无共同体立法的情况下，一些成员国立法也成为其他各成员国管理和立法的参考，比如瑞士的油墨法规。此外，欧洲委员会（社会和公共健康领域的部分协议）公共健康委员会还制定并发表了涵盖着色剂、涂层、有机硅等材料的一系列决议和技术文件，用于协调和指导各国食品接触材料的立法与管理。特别是在缺少欧盟层面立法的领域，这些决议发挥了非常重要的作用。

1.3.2.2 新品种管理

欧盟框架法规（EC）No 1935/2004 规定，关于特定材料可采取许可物质清单的模式进行管理，使用尚未纳入清单的物质需向成员国主管机构提出申请，成员国主管机构提交给欧洲食品安全局（EFSA），EFSA 应立即将申请通报其他成员国和欧盟委员会，并使他们能够获取申请人提供的申请和其他补充信息。EFSA 应在收到有效申请后 6 个月内，对申请的物质及其所申请人提交的资料进行评估后给出科学意见，并将其意见发送委员会、成员国和申请人。欧盟委员会根据 EFSA 意见，通过特定材料立法的形式对某物质或某类物质实行共同体许可。必要时，欧盟委员会应根据框架法规（EC）No 1935/2004 第 5 条规定拟制一个特定材料立法修订的草案，并规定或改变其使用条件。

上述评估和授权许可，是对某物质或某类物质实行共同体许可，一般仅适用于欧盟层面上建立共同立法并采用肯定列表管理的特定材料。目前，只有塑料、再生纤维素膜、活性和智能材料三大类材料明确了肯定列表的管理模式，其中塑料法规（EU）No 10/2011 针对塑料建立了单体或其他起始物、除着色剂之外的添加剂、除溶剂之外的聚合物生产助剂、通过微生物发酵得到的高分子的正清单，是国际上肯定列表相对完善的一个立法。本书第 3 章将重点介绍 EFSA 关于塑料、回收材料以及活性与智能食品接触材料新物质安全评估申请指南的内容。

参 考 文 献

[1] 中华人民共和国全国人民代表大会. 中华人民共和国食品安全法 [A]. 2018.

[2] 中华人民共和国国家卫生和计划生育委员. 食品安全国家标准 食品接触材料及制品通用安全要求：GB 4806.1—2016 [S]. 北京：中国标准出版社，2016.

[3] Commission Regulation（EU）No 1935/2004 on materials and articles intended to come into contact with food and repealing Directives 80/590/EEC and 89/109/EEC [S/OL]. [2004-10-27]. https：//eur-lex. europa. eu/legal-content/en/ALL/? uri＝CELEX：32004R1935.

[4] 宋欢，林勤保. 食品接触材料及其化学迁移 [M]. 北京：中国轻工业出版社，2011.

[5] 商贵芹，陈少泓，刘君峰. 食品接触材料质量控制与检验监管实用指南 [M]. 北京：化学工业出版社，2013.

[6] 朱蕾，张剑波. 食品安全国家标准 食品接触材料及制品用添加剂使用标准 实施指南：GB 9685—2016 [M]. 北京：中国质检出版社，中国标准出版社，2017.

[7] 刘兆平，李凤琴，贾旭东. 食品中化学物风险评估原则和方法 [M]. 北京：人民卫生出版社，2012.

[8] 王超，陈少鸿. 国外食品接触材料法律法规汇编：欧盟及其成员国食品接触材料法律法规 [M]. 北京：中国轻工业出版社，2013.

第2章
美国食品接触材料新品种评估申报指南

自 1958 年《食品添加剂修正案》发布实施以后，美国就开始了食品添加剂上市前审批的管理模式。目前，在美国食品接触材料新品种可以通过食品添加剂申报（Food Additive Petition，FAP）系统、食品接触通告（Food Contact Notification，FCN）系统、法规阈值（TOR）豁免程序、一般公认安全的物质（GRAS）和业已批准的物质（prior-sanctioned substances）获得授权使用。其中，FCN 申请是使用最多的一种方式，美国境内外的企业都可以提交 FCN 申请。因此，我国也有企业进行 FCN 申请，获得批准授权后进入美国市场销售相关食品接触材料。本章将重点介绍 FCN 申报的管理指南，申报资料中化学、毒理和环境安全三个核心技术资料的准备指南，以及婴幼儿特殊要求指南等内容，以帮助大家全面了解 FCN 申报，特别是美国对新品种评估申报的要求。为方便读者理解，对一些重要表述给出了英文原文。

2.1　美国食品接触材料新品种评估申报——管理指南

内容来自《行业指南：关于食品接触通告的准备——管理指南》。该指南由美国食品药品监督管理局（FDA）在 2002 年 5 月出版，体现了美国食品药品监督管理局关于食品接触物质上市申请中行政管理的最新思路。如果另有其他方法能够满足相关法令、法规要求，也可使用。本指南的发布符合美国食品药品监督管理局的《良好指导规范（Good Guidance Practices）》[《美国联邦规章法典》（CFR，以下简称联邦法规）第 21 章 10.115]。

2.1.1　介绍

1997 年《美国食品药品监督管理局现代化法案》（Food and Drug Administration Modernization Act of 1997，FDAMA）第 309 条修改了《联邦食品、药

品和化妆品法》(21 U.S.C. 348)第409条内容，建立了食品接触通告程序，将其确立为美国食品药品监督管理局用来管理食品接触物质（美国也将其视为食品添加剂）的主要管理措施（编著者注：美国在此之前一直要求所有食品添加剂的行政管理都需要通过"食品添加剂申报"获得行政许可）。食品接触物质是指任何用于生产、包装、运输或储存食品的材料中所含的物质成分，且该种物质的预期使用不会对所接触的食品产生任何技术影响。

在食品接触物质的食品接触通告中，必须包括充分的科学信息，以证明作为通告主题的食品接触物质在预期用途下的安全性［参见《联邦食品、药品和化妆品法》第409条（h）款］。无论是对要进行食品接触通告的还是食品添加剂申报的物质，由于所有食品添加剂的安全标准都是相同的，因此食品接触通告中所涵盖的信息应该与食品添加剂申报或法规限量豁免申报所涵盖信息一致（详见联邦法规第21章170.39）。

2.1.2　食品接触通告的适用范围

2.1.2.1　通告人

食品接触物质的制造商或供应商可以向美国食品药品监督管理局提交关于食品接触物质的新用途的通告。"供应商"一词指提供食品接触物质的任何人，包括为自身提供食品接触物质用于制造食品接触材料的公司。然而食品接触物质的通告仅对在通告中指定的制造商"有效"，这里的制造商也包括如上定义的供应商［详见 2.1.2.5(1)］。

2.1.2.2　作为FCN主题的食品接触物质的用途

食品接触物质被定义为：任何用于生产、包装、运输或储存食品的材料中所含的物质成分，且该种物质的预期使用不会对所接触的食品产生任何技术影响［参见《联邦食品、药品和化妆品法》第409条(h)款(6)条］。只有用于食品添加剂的食品接触物质才需要在上市前经美国食品药品监督管理局授权。美国食品药品监督管理局认为食品接触物质的定义应包括更大范围的与食品接触的物质，但除去被作为食品添加剂监管的物质。例如，美国食品药品监督管理局认为即使是公认可安全使用的物质或业已批准的物质，如用于食品接触的用途，也可视为食品接触物质，同时也可作为食品接触通告的主题，尽管按照食品接触通告程序，这类食品接触物质的使用无需授权。

（1）作为食品接触物质的食品添加剂

过去，美国食品药品监督管理局把食品添加剂定义并分类为"直接添加剂"——预期对食品产生技术作用，或"次级直接添加剂"——预期在食品加工过程中对食品产生技术作用但不存在于被消费的最终食品中，或"间接添加剂"——预期对食品接触材料产生技术作用。尽管这些类型的添加剂在联邦法规第21章的不同部分做了规定（"直接添加剂" 21 CFR 172，"次级直接添加剂" 21 CFR 173，"间接添加剂" 21 CFR 175～178），但在法规规定或法规条令中还没有关于直接添加剂、次级直接添加剂、间接添加剂的完整定义。

美国食品药品监督管理局会受理如下 FCN 申请：①食品添加剂在联邦法规中任何相关清单法规中未批准使用；②符合联邦法规中任何相关清单法规对食品接触物质定义的食品添加剂。美国食品药品监督管理局认为大多数食品接触通告的申请都是用于预期在食品接触制品中产生技术影响的物质（称之为间接添加剂）。然而，美国食品药品监督管理局也认识到在生产过程中对食品产生技术影响（即加工助剂）而非生产结束后产生技术影响的那些物质可能也被包含在食品接触物质的定义范围中，因此也可能作为食品接触通告的主题。

（2）其他食品接触物质

不属于食品添加剂，但可作为食品接触通告主题的食品接触物质，包括：公认为可安全使用的物质或者是之前已许可使用于预期用途的物质；在预期使用条件下与食品发生接触但合理预期下不会迁移至食品的物质；以及曾经被美国食品药品监督管理局认为是食品添加剂成分的物质。美国食品药品监督管理局认识到接受在预期使用条件下不属于食品添加剂的食品接触物质的食品接触通告，有利于明确安全使用食品接触物质的条件。因此，美国食品药品监督管理局期望受理那些在预期使用条件下不属于食品添加剂的食品接触物质作为主题的通告。美国食品药品监督管理局建议以上物质的潜在通告人，应在提交通告前与美国食品药品监督管理局咨询沟通，以确保其提交的食品接触通告中充分说明这类食品接触物质的安全性。

（3）需征得美国食品药品监督管理局同意的通告

下文 2.1.2.3 列出了美国食品药品监督管理局目前认为不适于进行食品接触通告，但按联邦法规第 21 章 170.100(c) 规定需进行申请的一些情况。然而，即使符合联邦法规第 21 章 170.100(c) 所规定的一种或两种情形，一些情况下也可不必提出申请。

例如，即使某食品接触物质的累计估计日摄入量（CEDI）>1ppm（1ppm=10^{-6}），美国食品药品监督管理局也会判定提交该食品接触物质的通告是合适的。以下列出四种这类情况的实例。

① 已给出食品接触物质及其成分的日允许摄入量（ADI）的情况。这种情况下，通告人应在提交通告前与美国食品药品监督管理局联系，以确认用于累计膳食浓度（CDI）的日允许摄入量是否适用。美国食品药品监督管理局在部门网站〔http：//www.cfsan.fda.gov/～dms/opa-edi.htmlUpdated web reference：CEDI/ADI Database（/Food/IngredientsPackagingLabeling/PackagingFCS/CEDI/default.htm）〕上提供了已规定的、豁免的和已公告的食品接触物质的数据库，数据库中包含累计估计日摄入量和日允许摄入量的信息，以帮助计划通告人/申请者准备食品接触物质的通告或申请。

② 与食品接触物质成分结构相近的类似物质已有大量数据，且这些类似物质已由美国食品药品监督管理局做出管理规定。这种情况下，建议进行一系列的毒理学试验来证明通告的食品接触物质及其成分与已有管理的结构类似物的毒性等级和代谢有相似性。毒理学试验主要包括：啮齿或非啮齿动物的亚慢性经口毒性试验，以及具有对比性的吸收、分布、代谢和排泄试验。

③ 食品接触物质及其成分很难被吸收，或者不被胃肠道所吸收（如高分子量的聚合物或在胃部 pH 值下带有高强电荷的物质）。这类结论应由相应的科学信息或数据来支持。

④ 食品接触物质经过特定的化学作用或代谢作用转化为其他物质，而转化后的物质在估计的累计膳食浓度下只有很小的毒性。这类结论应由相应的体内试验或体外试验数据来支持。

FDA 建议，在提交材料之前，计划通告人应与 FDA 就任何其他可让他们接受食品接触通告而不是食品添加剂申报的相关依据进行讨论。

（4）未做前期咨询的食品添加剂申报的提交

若某食品接触物质的食品添加剂申报递交时没有经过前期的咨询，美国食品药品监督管理局会对递交的申请进行一个归档前审查，来确定申请的用途是否应该用食品接触通告来代替食品添加剂申报。如果确认，美国食品药品监督管理局将不对添加剂申报做归档，并通知申请人。

（5）食品接触物质混合物的通告

美国食品药品监督管理局认为有两种类型的食品接触物质的混合物可以作为食品接触通告的主题。第一种类型的混合物是一种食品接触物质的配方产品，配方中所有的食品接触物质都可以按其用途在市场上合法使用。这类配方产品的食品接触通告将在 2.1.10 中进一步讨论。第二种类型的混合物是其中含有的一种或多种食品接触物质无法按其用途在市场上合法使用，此时因为一种或多种食品接触物质属于未经批准的食品添加剂，美国食品药品监督管理局需要收到混合物的食品接触通告。美国食品药品监督管理局认为如果需要通告的混合物只含有一种新的食品接触物质或者增加已许可的食品接触物质的一种新用途，按照《联邦食品、药品和化妆品法》第409条（h）款可以提交此混合物的食品接触通告。而如果混合物含有一种以上的新食品接触物质，那么就需要比较，是提交混合物的食品接触通告，还是提交关于间接食品添加剂与特定聚合物或其他食品接触材料结合使用的食品添加剂申报。这种情况下，与已规范用途的食品接触物质结合使用的聚合物的类型限制了该物质已经许可的使用条件。因此，美国食品药品监督管理局认为食品接触物质的使用条件应该作为食品接触通告的主题，通告中应包含与之结合使用的其他食品接触物质的详细说明。

美国食品药品监督管理局担心在120天内完成关于多个新食品接触物质（2.1.2.2中食品添加剂类型）的通告审核，工作量太过繁重。所以，美国食品药品监督管理局认为，针对第二种类型的混合物，应该递交混合物中每一种食品接触物质（作食品添加剂用）的单独通告。换句话说，含有两种或以上未授权的食品添加剂（作为食品接触物质）的混合物应该成为两份或以上协同食品接触通告的主题。美国食品药品监督管理局认为这种方法可以使其在审核食品接触通告方面更好地管控部门的资源，履行法定义务。

2.1.2.3 不作为FCN通告主题的物质用途

（1）已许可的或豁免的用途

根据联邦法规第21章170.100（b），美国食品药品监督管理局将拒绝受理关于以下食品接触物质的用途的通告：已在联邦法规第21章173~186部分法规中许可的，或者在联邦法规第21章170.39中已按规定准予豁免的。

（2）需要提交食品添加剂申报的用途

《联邦食品、药品和化妆品法》第409条（h）（3）（A）规定，食品接触物质在授权进入市场流通之前需要经过食品接触通告程序，以提供充足的安全性保证，除非美国食品药品监督管理局认为必须提交食品添加剂申报。《联邦食品、药品和化妆品法》第409条（h）（3）（B）授权，但并不是要求美国食品药品监督管理局颁布法规就食品接触物质在进入市场之前需提交食品添加剂申报的情形进行规定。《联邦食品、药品和化妆品法》第409条中声明美国食品药品监督管理局在做出此类决定前应考量可能的消费量和潜在毒性等标准。

根据联邦法规第21章170.100（c）规定，美国食品药品监督管理局要求以下任何一种情况都需提交食品添加剂申报：①食品接触物质（不属于生物杀灭剂的物质）的使用导致由食物摄入和与食物接触的用途带来的该物质的累计估计日摄入量达到或超过 1ppm[3mg/(p·d)]；食品接触物质，属于生物杀灭剂的物质（如旨在免除微生物毒性），它的 CEDI 达到或超过 200ppb[0.6mg/(p·d)]，1ppb=10^{-9}；②已有一个或多个关于此食品接触物质的生物学测定，但 FDA 未评估这些测定，且这些生物学测试不能清晰地证明该物质致癌性为阴性。

（3）可以提交食品添加剂申报的协议

根据《联邦食品、药品和化妆品法》第 409 条（h）（3）（A）的规定，美国食品药品监督管理局和通告人可以就授权某食品接触物质的使用是否需要提交食品添加剂申报进行协商，经协商后达成协议来提交申报。如果在达成协议前已经提交了通告，按照联邦法规第 21 章 170.103，该通告应被视为已撤回。美国食品药品监督管理局建议想要提交申请的相关人员可以在提交前与本局联系以征得他们的同意。根据联邦法规第 21 章 171.1（i）（1）的规定，如果美国食品药品监督管理局认为按照《联邦食品、药品和化妆品法》第 409 条（h）认定某食品接触物质的使用应该作为食品接触通告的主题，那么他们会拒绝受理该物质的食品添加剂申报。

2.1.2.4 同时提交食品接触通告和食品添加剂申报

《联邦食品、药品和化妆品法》第 409 条（h）（3）（A）规定，食品接触物质在授权进入市场流通之前需要经过食品接触通告程序，以提供充足的安全性保证，除非美国食品药品监督管理局认为必须提交食品添加剂申报，或者美国食品药品监督管理局和申请人一致同意需要提交申请。因此，不允许由同一个申请人同时提交同一种食品接触物质的食品添加剂申报和食品接触通告。

2.1.2.5 有效食品接触通告的范围

（1）食品接触通告对哪些人有效

《联邦食品、药品和化妆品法》第 409 条（h）（2）（C）规定，食品接触通告仅对在通告中明确的制造商、食品接触物质以及其使用条件有效，而对由非通告明确的其他制造商生产或制备的近似或相同的物质无效。《联邦食品、药品和化妆品法》第 409 条（h）（2）（C）旨在说明食品接触通告中明确的有效制造商也可为食品接触物质的供应商❶。因此，美国食品药品监督管理局确信应该在举例说明的下列情况下提交一份新的食品接触通告：

---

❶ 食品接触通告可以指定某食品接触物质的一个以上的制造商或供应商。然而，一个食品接触物质的食品接触通告可能仅涵盖一种食品添加剂。此外，食品接触通告除了对食品接触通告中指定的制造商或供应商有效外，对他们的客户也同样有效。

① 需要对先前通告中指定的制造商之外的制造商有效；

② 如果食品接触物质的性能规格发生了实质性的变化❶；

③ 如果制造方法发生了变化，且导致产品特性或杂质❷、杂质含量发生实质性变化（通告人应该意识到食品接触通告中的适用于食品接触物质的特性信息是否明确地被包含在确认函中关于食品接触物质描述部分，或 FDA 的有效通告数据库）；

④ 对于先前的通告中未涵盖的使用条件或用量。

（2）哪些人可使用有效的食品接触通告

食品接触通告仅对在通告中明确的制造商、食品接触物质以及其使用条件有效，所以任何人想使用食品接触通告，需要证明将进入市场的食品接触物质是由食品接触通告中明确的制造商制造或供应的，并且该物质将按通告主题中指定的使用条件使用。下面将以一个实例来说明使用给定的食品接触通告的原则。

这是一个关于抗氧化剂 X（聚合物）的有效食品接触通告，该物质由制造商 A 生产，且在聚合物 Y 中使用（无具体使用限制）。

如果抗氧化剂 X 的供应商能确认该抗氧化剂由制造商 A 生产，且进入市场后的抗氧化剂 X 的预期使用条件与通告主题中指定的使用条件一致，那么此抗氧化剂供应商就可以使用该通告。

如果聚合物 Y 的制造商能确认所使用的抗氧化剂 X 是由制造商 A 生产，且抗氧化剂 X 的使用条件与通告中所描述的一致，那么此聚合物制造商就可以以此通告为依据使用抗氧化剂 X。

生产食品包装的制造商使用含有抗氧化剂 X 的聚合物 Y，如果该包装制造商能确认抗氧化剂 X 由制造商 A 生产，且使用条件与通告中所描述的一致，那么由包含抗氧化剂 X 的聚合物 Y 生产的包装的制造商就可以以该通告为依据将这种食品包装投入市场。

（3）与《联邦食品、药品和化妆品法》第 409 条（a）（3）条款的一致性

《联邦食品、药品和化妆品法》第 409 条（a）（3）规定，如果食品中含有一种食品添加剂（作为食品接触物质），也已有一个与该食品添加剂有效相关的食品接触通告，且该通告依据《联邦食品、药品和化妆品法》第 409 条（i）未予驳回，那么不得因食品中含有作为食品接触物质用的食品添加剂而将食品视为

---

❶ 本指导文件要说明的是在"良好生产规范"范围内的规格上的偏差不看作是实质性变化。

❷ 在"良好生产规范"范围内的偏差不看作是实质性变化。FDA 将考虑逐案审查来自一个有效通告的其他偏差是否是实质性的。

掺假。

按照食品接触物质的食品添加剂申报程序，美国食品药品监督管理局通常会收到由化学品制造商提交的食品添加剂申报，该制造商生产的化学品用于制造食品添加剂（作为食品接触物质）。举例来说，化学品的制造商可以提交生产预期申报高分子食品接触材料的单体。在过去，为了响应这种食品添加剂申报，美国食品药品监督管理局把高分子食品接触材料作为食品添加剂进行管理，并把任何残留单体类的起始物作为食品添加剂的成分来考虑。然而，美国食品药品监督管理局目前认为，这类单体起始物可被作为食品接触物质来考虑，从而其自身可作为食品接触通告的主题。

美国食品药品监督管理局认为化学品制造商为了在通告程序中保护专利授权，可能希望以食品添加剂（作为食品接触物质）生产过程中使用的单体起始物和其他起始物作为主题向本局进行通告。因此美国食品药品监督管理局会接受这样的通告，同时希望如果根据《联邦食品、药品和化妆品法》第 409 条（h）(1)，食品添加剂本身及其起始物都属于食品接触物质的话，美国食品药品监督管理局会接受，并且后续也将继续接受关于单体和其他起始物的食品接触通告。所提交的食品接触通告应能够充分证明这些起始物在其预期使用条件下的生产加工或使用时的安全性。为了证明在预期使用条件下的安全性，食品接触通告必须充分证明使用所通告的起始物生产加工得到的食品添加剂的安全性。

对于食品添加剂起始物的以上通告，如已证明食品添加剂在预期使用条件下的安全性，美国食品药品监督管理局不会反对这些通告，同时只要美国食品药品监督管理局认为这些起始物的有效通告满足《联邦食品、药品和化妆品法》第 409 条（a）（3）要求，即这个食品添加剂被允许合法地进入市场。因此，没必要分别提交起始物通告和使用起始物生产的食品添加剂通告。（编者注：依据以上说明如能够证明食品添加剂的安全性，单独的起始物通告已可满足法规要求。）

2.1.2.6　财政要求

根据《联邦食品、药品和化妆品法》第 409 条（h）（5）（A）（i）的规定，在任何一个财政年度内未按照第 409 条（h）（5）提供资金的食品接触通告项目将不予运行。美国食品药品监督管理局目前认为为了更有效地利用资源，如果食品接触通告按照《联邦食品、药品和化妆品法》第 409 条（h）（5）的规定在一个财政年度内不予运行，而自美国食品药品监督管理局收到通告之日起计算的120 天评审期内的任何一个时间段都属于这个财政年度，那么本局必会驳回该通告。与此相应，联邦法规第 21 章 170.104（c）（3）也规定，如果某食品接触通告的 120 天的审核期的任意时间段属于该通告的不予运行期，那么美国食品药品监督管理局有权驳回该通告。

2.1.3　食品接触通告的格式

美国食品药品监督管理局要求递交的食品接触通告应一式五份。关于提交电子版通告的特别说明详见 2.1.4。食品接触通告应提交至：

Notifications Control Assistant，Office of Food Additive Safety，HFS-275 Center for Food Safety & Applied Nutrition Food and Drug Administration

地址：5001 Campus Drive

College Park，MD 20740

由于美国食品药品监督管理局进行通告评审的时间短，食品接触通告条理清晰就显得尤为重要。以下是美国食品药品监督管理局建议的食品接触通告的编辑格式：

食品接触通告中的各要求项目应以不同的单元或章节的格式来提交。如果所提交通告的不同部分插入分界符的话，条理就更加清晰了。除此以外，应提供一份完整的目录，有利于识别通告中要求的各项目，通告中各数据单元是安全性结论评定的基础。

食品接触通告可以参考食品添加剂主文件中的数据。如果食品添加剂制造商（而非通告人）以主文件的形式提交了这类数据给 FDA，而且通告人获得制造商的书面授权，那么通告人可参考该主文件。制造商也可以授权某些特定的数据供参考但不披露给通告人。

建议通告人在提交食品接触通告前应参考关于食品接触物质的化学建议和毒理学建议的相关指南。这类指南可登录美国食品药品监督管理局的网站获得（https：//www. fda. gov/food/guidance-documents-regulatory-information-topic-food-and-dietary-supplements-ingredients-additives-packaging-guidance-documents-regulatory-information）。同时，敦促通告人就指南中没有提到的问题与美国食品药品监督管理局联系咨询。根据联邦法规第 21 章 170.101 的规定，食品接触物质的食品接触通告应包括以下信息。

2.1.3.1　综合摘要

食品接触通告应有一个综述包括总结和按照《联邦食品、药品和化妆品法》第 409 条（c）（3）（A）的宗旨判定使用该食品接触物质是安全的综合讨论，这个讨论涵盖通告中提交的所有信息和数据。在大多数情况下，可以通过恰当地完成 FDA 表格 3480 以及该表格要求以附件提交的关键数据的方式来满足这个综合摘要的要求。

综述应就食品接触物质及任何可能存在的杂质的累积膳食暴露、相关毒理学试验结论以及由上述试验推导得到的日允许摄入量进行说明。如通告中讨论了所有的安全性数据，即可视为达到全面综合讨论的要求。虽然通告人不用对所有试验或研究的数据做详尽的讨论，但是通告人一定要对能形成安全性结论的关键数据做全面讨论。综合摘要还应包括安全性概述［见《行业指南：关于食品接触物质食品接触通告的准备》——毒理学指南（本书 2.3 节）或 FDA 表格 3480 第二部分 A 节］，也可以参考食品接触物质及其组分的综合毒理学资料。为了确保对现有数据的公正评价，通告人应针对出现的任何与食品接触物质使用并非是安全的所有信息进行全面讨论。据此，如果美国食品药品监督管理局认为通告人未全面考虑所有相关事实，那么他们有权驳回该食品接触通告，因为该通告无法证明食品接触物质的使用是安全的。

2.1.3.2　化学特性

见 FDA 表格 3480 第二部分，A～C 节和 E 节。

食品接触通告应包括食品接触物质（包括杂质，及食品接触物质生产过程中的残余反应物）的化学特性的详细信息，这些信息应包括化学式、结构式、CAS 注册号。［见《行业指南：关于食品接触物质上市前申请的准备——化学指南（本书 2.2 节），文件获取网址：https://www.fda.gov/regulatory-information/search-fda-guidance-documents/guidance-industry-preparation-premarket-submissions-food-contact-substances-chemistry。］

2.1.3.3　预期使用条件

见 FDA 表格 3480 第二部分，D 节。

食品接触通告应包括由食品接触物质生产的食品接触材料的预期使用条件的详细信息（如：最高使用温度、所接触的食品类型、接触的时间，以及食品接触材料是重复使用还是一次性使用）。［见《行业指南：关于食品接触物质上市前申请的准备——化学指南（本书 2.2 节），文件获取网址同上。］

2.1.3.4　预期技术效果

见 FDA 表格 3480 第二部分，D 节。

食品接触通告应包括关于食品接触物质的预期技术效果的说明和用于确定实现技术效果的最小用量的数据。［见《行业指南：关于食品接触物质上市前申请的准备——化学指南（本书 2.2 节），文件获取网址同上。］

2.1.3.5 摄入量的估计

见 FDA 表格 3480 第二部分，F～G 节。

食品接触通告应包括充分的数据，美国食品药品监督管理局可以根据这些数据计算出食品接触物质在所通告的使用情况下的估计日摄入量，这些数据应包括残余反应物的浓度、杂质的浓度以及通告人对食品接触物质在所有预期使用食品中的累计估计日摄入量的估算。[见《行业指南：关于食品接触物质上市前申请的准备——化学指南（本书 2.2 节），文件获取网址同上。]

2.1.3.6 毒理学信息

见 FDA 表格 3480 第三部分。

通告人应按照 FDA 表格 3480 将相关的毒理学试验信息整理成表格，并将全面的毒理学资料和完整的试验信息作为表格附件。[见《行业指南：关于食品接触物质食品接触通告的准备——毒理学指南（本书 2.3 节），文件获取网址：https://www.fda.gov/regulatory-information/search-fda-guidance-documents/guidance-industry-preparation-food-contact-notifications-food-contact-substances-toxicology。]

2.1.3.7 环境信息

见 FDA 表格 3480 第四部分。

食品接触通告应包括环境评估（EA）或者不属于环境评估对象的声明。

不属于环境评估对象的声明应根据 FDA 表格 3480 第四部分的要求来完成。除此以外，食品接触通告都需包括一份环境评估。

2.1.3.8 FDA 表格 3480

需提交填写完整并签字的 FDA 表格 3480。

通告人的姓名、地址也要填写在 FDA 表格 3480 中。

2.1.4 电子版提交材料

食品接触通告的电子备份必须符合联邦法规第 21 章第 11 部分的要求。电子版提交材料必须刻录在 CD-ROM 或磁盘（适用于 IBM-clone 个人电脑）中提交给美国食品药品监督管理局。最近，美国食品药品监督管理局正在制定电子版本的食品接触通告的提交指南。随着指南的制定，将提供进一步的指导。

2.1.5 食品接触通告的信息公开

《联邦食品、药品和化妆品法》第 409 条（h）明确，自美国食品药品监督管理局接受食品接触通告起的 120 天评审期内，食品接触公告的所有信息都是保密的。联邦法规第 21 章 170.102（c）明确，美国食品药品监督管理局一旦完成食品接触通告的审核，根据通告审核所做的结论即可公之于众。本部分旨在说明，美国食品药品监督管理局接受食品接触通告之日起的 120 天后，或者发出食品接触通告的驳回信后，即意味着通告审核结束。

根据联邦法规第 21 章 170.102(e)，美国食品药品监督管理局 120 天评审期结束以后，除了商业机密和机密商业信息外，食品接触通告中的所有信息，包括所有的安全性和功能性数据以及参考的信息，都将公开。然后，联邦法规第 21 章 170.102（d）明确，一旦提交了食品接触通告，通告人即放弃了以下信息保密性的声明：需要用来准确描述食品接触物质的信息和作为公告主题的预期使用条件。

根据联邦法规第 21 章 170.102（b），如果通告人在美国食品药品监督管理局评审结束前撤回食品接触通告，则通告中的信息将被保密。

美国食品药品监督管理局建议：通告人可提交食品接触通告的额外副本，副本中应标识出那些通告人认为属于商业机密或机密商业信息的部分（如提交通告的特殊标示版本）。另外联邦法规第 21 章第 20 部分也明确，美国食品药品监督管理局也可能不同意所有标识出来的部分都必须保密。

2.1.6 FDA 对食品接触通告的回应

2.1.6.1 FDA 对食品接触通告的反馈

美国食品药品监督管理局将在收到食品接触通告的 30 天内以书面形式发出接收确认函。此项确认主要有两个目的：①通知通告人收到食品接触通告的具体日期，如果美国食品药品监督管理局不反对该食品接触物质投入市场的话，可用该日期计算通告的生效日期；②明确作为通告主题的食品接触物质及其用途。

通告人一定要仔细审核确认函中关于食品接触物质及其预期使用条件的描述，因为这些描述将被美国食品药品监督管理局列入有效食品接触通告的数据库中（通告人可能希望提供确认函中关于物质身份及预期使用条件信息的语言描述）。

美国食品药品监督管理局在食品接触通告的评审过程中，可能会发现食品接触物质或其预期使用的描述需要修改或改正。在这种情况下，美国食品药品监督管理局会尽快将这类描述的变化通知通告人。一旦食品接触通告生效，美国食品药品监督管理局会将通告主题的食品接触物质识别信息、制造商和使用条件信息公布在公开的有效通告数据库中。

2.1.6.2 食品接触通告的拒收

如果食品接触通告中缺少联邦法规第 21 章 170.101 中要求的任意一项内容，美国食品药品监督管理局将拒收且不会审查该通告。大多数情况下，美国食品药品监督管理局将给予短暂的补正期来补充缺失的信息，或者撤回通告。如果通告人没有撤回通告，也没有给出补充信息，美国食品药品监督管理局将发布"拒收函"来结束所提交通告的评审。如果在"拒收函"发布前递交了补充信息，那么将从接到补充信息之日起计算 120 天的评审期〔见联邦法规第 21 章 170.104 (b)(1)〕。另外，根据联邦法规第 21 章 170.100(b)(1)，如果所通告的食品接触物质属于联邦法规第 21 章 173～186 所列监管的主题，或者属于联邦法规第 21 章 170.39 豁免的主题，美国食品药品监督管理局可以选择不接受使用该食品接触物质的通告。基于信息缺乏的原因拒绝接受通告的情况，美国食品药品监督管理局会在收到提交材料的 45 天内发出通知函。

2.1.6.3 美国食品药品监督管理局的反对意见

《联邦食品、药品和化妆品法》第 409 条（h）以及联邦法规第 21 章 170.104（c）明确，如果出现以下情况，美国食品药品监督管理局将反对所提交的食品接触通告。

① 通告不完整，因为其不符合联邦法规第 21 章 170.100 中所规定的食品接触通告一般标准。

② 对通告人所证明的食品接触物质在预期使用条件下的应用是安全的结论，美国食品药品监督管理局有不同意见。

③ 食品接触通告程序按照《联邦食品、药品和化妆品法》第 409 条（h）(5) 的规定在一个财政年度内不予运行，而自美国食品药品监督管理局收到通告之日起计算的 120 天内的任何一个时间段属于这个财政年度。

一旦反对所提交的食品接触通告，美国食品药品监督管理局就会以书面形式告知通告人用于通告主题所列用途的食品接触物质不准予投入市场，同时说明反对的依据，以及需增加的支持该物质预期用途的安全性的必要信息。联邦法规第 21 章 170.104（c）(1) 明确，美国食品药品监督管理局驳回信的日期即是《联邦食品、药品和化妆品法》第 409 条（h）(2)（A）所规定的驳回日期。

2.1.6.4 最终信函

如果对所通告的物质投入市场没有反对意见，美国食品药品监督管理局无需进行信函通知。然而，美国食品药品监督管理局认识到这样一封信函意味着评审程序的结束，因此他们希望能够以信函的形式告知通告人作为通告主题的食品接触物质的确认信息，以及通告生效的具体日期。

2.1.6.5　有效食品接触通告的数据库

为了提高联邦法规的效力，美国食品药品监督管理局会定期更新有效食品接触通告的数据库。美国食品药品监督管理局希望这个数据库成为公告有效食品接触通告的主要工具。该数据库包括作为通告主题的食品接触物质的识别信息，视为安全的使用条件，食品接触物质的使用限制，食品接触物质的质量指标，通告许可的制造商或供应商，通告生效的具体日期，以及追踪号。详细数据库可在美国食品药品监督管理局官网（https://www.fda.gov/）获取。

2.1.7　无影响的撤回

联邦法规第 21 章 170.104 明确，通告人只要在美国食品药品监督管理局结束食品接触通告的评审之前撤回通告，则不会影响其再次申请。此部分主要为了明确食品接触通告的评审期可以按照美国食品药品监督管理局收到食品接触通告（且未驳回）之日起的 120 天来计算，或者驳回信的发出日期即意味着评审期的结束。当美国食品药品监督管理局收到通告人发出的关于撤回的书面授权时，通告的撤回即生效。

2.1.8　食品接触通告失效的决议

联邦法规第 21 章 170.105（a）指出，向美国食品药品监督管理局提供的数据不再能够证明食品接触物质的预期用途的安全性，美国食品药品监督管理局可以声明该食品接触通告失效。美国食品药品监督管理局可以使用通告人所提交信息之外的信息来确定食品接触通告是否继续有效。如联邦法规第 21 章 170.105（a）所规定的，如果出现了相关的信息证明食品接触物质的使用（即食品接触通告的主题）不再安全，美国食品药品监督管理局将信函通知通告人他们的初步结论以及支持这一结论的相关材料。而根据联邦法规第 21 章 170.105（b），通告人有机会就美国食品药品监督管理局所担忧的问题做充分的解释。美国食品药品监督管理局提供给通告人一定的时限来回应所担忧问题。如果通告人在规定时限内无法充分解决所担忧的问题，美国食品药品监督管理局将在《联邦公报》上发布公告，声明本局关于该食品接触通告失效的决议以及相关原因。公告一旦发布，该食品接触通告即失效〔见联邦法规第 21 章 170.105（c）〕。根据联邦法规第 21 章 170.105（d），美国食品药品监督管理局关于食品接触通告失效的决议成为受司法审查管制的最终机构行为。

2.1.9　通告前咨询（PNCs）

美国食品药品监督管理局鼓励通告前咨询，有利于形成符合要求的食品接触通告。尤其是特定情况下现有的指导文件无法完全适用，进行通告前咨询显得更为明智。一般有三种情况，美国食品药品监督管理局建议进行通告前咨询。

① 美国食品药品监督管理局建议每次通告都要在提交食品接触物质的通告资料前进行通告前咨询。咨询有利于核实通告是否必要，以及通告中提供的信息是否充足。

② 当不确定如何解释试验数据，而这些不确定性将很大程度上影响全面安全性评估的结果时，美国食品药品监督管理局建议进行通告前咨询。例如，如果估计日摄入量与日允许摄入量非常接近，此时无作用剂量水平的不同选择会导致日允许摄入量大于或小于估计日摄入量，这种情况下有必要进行通告前咨询。

③ 当试验数据的不同解释会影响是否需要提交食品接触通告的结论时，美国食品药品监督管理局建议进行通告前咨询。例如，当生物学测试试验数据的不同解释可能会改变关于该物质致癌性的结论时，这种情况下有必要进行通告前咨询。

2.1.10　食品接触物质配方的通告格式

根据联邦法规第 21 章 170.106 (a)，如果某食品接触物质配方中的所有组分的预期用途已获授权，美国食品药品监督管理局会接受关于该食品接触物质配方的通告。美国食品药品监督管理局严重担心，食品接触物质配方的通告提交可能会导致机构工作量的负担。因此，联邦法规第 21 章 170.106 (b) 指出，美国食品药品监督管理局只需在《联邦公报》上发布公告，声明本局没有足够的资源评审配方类通告，就可以拒绝食品接触物质配方类通告的提交。

这类通告主要从两个方面与通常的食品接触通告区分开来。首先，食品接触物质配方类通告主要是针对两种以上食品接触物质的特定混合物。其次，配方中的每种物质的预期用途已获授权。因此，美国食品药品监督管理局关于这类通告的评估应包括与《联邦食品、药品和化妆品法》第 409 条符合性的基础评估。因为食品接触物质配方类通告中的所有物质的预期用途都已获得授权，所以《联邦食品、药品和化妆品法》第 409 条对这类通告不做要求。

美国食品药品监督管理局目前的观点是，配方类通告无需重新提交证明配方中每种食品接触物质在其预期用途下都是安全的相关信息。配方类通告的通告人一般只需提交完整填写的 FDA 表 3479，以及对确认配方中每种组分的预期用途已获授权的相关文件即可。如果配方中的某个食品接触物质有可以依从的有效食品接触通告为基础，配方的通告人需要确认他可以使用所引用的食品接触通告，同时该通告对该物质在配方中的预期用途有效。

美国食品药品监督管理局要求提交的食品接触材料的配方类通告应一式两份。通告人可以以电子版的形式提交第二份通告。关于提交电子版通告的特别说明详见 2.1.4。提交通告的地址同 2.1.3 所述。

2.2 美国食品接触材料新品种评估申报——化学指南

内容来自《行业指南：关于食品接触物质上市前申请的准备——化学指南》。该指南由美国食品药品监督管理局（FDA）在 2002 年 4 月出版，2007 年 12 月更新。该指导文件体现了美国食品药品监督管理局关于食品接触物质食品接触通告的准备过程中在化学建议方面的最新思路。本指南不为任何人创造或赋予任何权利，不对美国食品药品监督管理局或公众有任何束缚作用。如果有指南以外的其他方法，而方法能够满足相关法规和条例的要求，也可以使用。

2.2.1 介绍

本指导文件包括美国食品药品监督管理局有关化学数据信息的相关建议：在食品接触物质（FCS）的食品接触通告或食品添加剂申请中，必须提交这些化学数据信息。本文件也是对 2002 年"关于食品接触物质食品接触通告和食品添加剂申报的准备——化学建议"的更新。更新的文件将给读者提供帮助，并在近期实践和经验的基础上，对现行方法进行说明，对 2002 版的行业指南做进一步阐明。

食品接触物质是指任何在食品加工、包装、运输或储藏过程中作为原料而使用的物质成分，并且其使用不应对食品产生任何技术性的影响［参见《联邦食品、药品和化妆品法》的第 409 条（h）（6）款］。

食品接触物质作为一种食品添加剂，必须符合联邦法规（CFR）第 21 章 173～178 中规定的预期用途；或经法规阈值（TOR）豁免程序［参见联邦法规第 21 章 170.39］从管理规定中豁免的，或作为《联邦食品、药品和化妆品法》第 409 条（h）款规定的有效通告的主题［参见《联邦食品、药品和化妆品法》第 409 条（a）（3）款］。在食品接触通告、食品添加剂申请以及法规阈值豁免申请中，必须包括充分的科学资料，以证明作为通告或申请主题的食品接触物质在预期用途条件下的安全性［参见《联邦食品、药品和化妆品法》第 409 条（h）（1）款和第 409 条（b）款］。由于所有食品添加剂的安全标准都是一样的，因此不管是食品接触通告，还是食品添加剂申请或法规阈值豁免，申请程序中所涵盖的数据和资料是相似的。法规阈值豁免申请的程序中所需提交的数据详见联邦法规第 21 章 170.39，此处不作重复。

《联邦食品、药品和化妆品法》第 409 条（b）款中提出了对食品添加剂申请中数据的法定要求，以便确立每种食品添加剂的安全性。法定要求主要包括以下内容：①该添加剂的特性；②该添加剂的使用条件；③技术效果的数据；④添加剂的分析方法。

美国食品药品监督管理局的指南文件，包括本文，不建立任何法律上的强制性责任。相反，指南只体现美国食品药品监督管理局目前对某一专题的最新思路，并应仅被看作是建议，除非引用的是特定法规或法定要求。在本指南中，"应该"（should）一词应被看作是"建议或提议"，而不是"必须要求"。

另外，本文中的"申请人"是指食品接触通告人、食品添加剂申请人或法规阈值豁免申请人。

2.2.2 化学数据资料的要点

按照下文所描述的格式对化学数据资料进行清晰、简明的介绍，将有助于所提交申请的审核通过。

当某些用途导致的膳食摄入量等于或小于 0.5ppb 时，食品接触通告或食品添加剂申请的数据要求类似于联邦法规第 21 章 170.39（法规阈值）中对食品接触制品中所使用的物质的要求。更明确地说，其化学数据要求将类似于联邦法规第 21 章 170.39（c）条款（1）和（2）中所引用的要求。如同联邦法规第 21 章 170.39（c）条款（1）中所指出的，提交时，应包括一份对于该食品接触物质的化学成分的说明。说明应包括食品接触物质的特性信息，以及所有可能的杂质（即残余的原料、催化剂、佐剂、生产助剂、副产物和分解产物）的特性和质量分数。当涉及具体的安全性考量时，可能需要更详细的信息，而提供附加的制造信息可能是说明这种考量的最简单的方法。例如，制造信息可用于支持以下结论：由于制造过程中所遇到的高温，有挥发性的化学物质不大可能残留在最终的食品接触物质产品中。类似地，提供制造过程中所使用的各种类型的溶剂的相关信息以及可能杂质在上述溶剂中的溶解度数据，可用于支持以下结论：在最终的食品接触物质产品中，不可能存在某种杂质。如同联邦法规第 21 章 170.39（c）条款（2）中所指出的，应提交关于食品接触物质使用条件的详细信息，这其中应说明物质使用所产生的技术作用。对于使用量符合联邦法规第 21 章 170.39 中规定的法规阈值标准的物质，美国食品药品监督管理局一般不需要数据来证明其使用所产生的技术作用。

2.2.3　食品接触物质的特性信息

见 FDA 表格 3480（PDF 或 Word 版）的第二部分，A—C 节。特性信息用于对食品接触物质（食品接触通告或食品添加剂申请的主题）进行描述，并对食品接触物质使用过程中可能迁移到食品中的物质进行识别。迁移物质不仅包括食品接触物质本身，还包括食品接触物质的降解产物和杂质。

用于识别食品接触物质的信息（包括其名称、成分和制造方法）应尽可能地详细。这些项目包括：

① 化学名称。可以使用化学文摘（Chemical Abstracts）或国际纯粹化学与应用化学联合会（IUPAC）的名称。

② 通用名称或商品名称。这不是唯一的识别途径。美国食品药品监督管理局对通用名称或商品名称的编辑不作主张。

③ 化学文摘社（CAS）的注册号（Registry Number）❶。

④ 成分。食品接触物质成分的完整描述通常是潜在迁移物的列表汇编。这其中应包括单一化合物或混合物商品中每一成分的化学式、结构以及分子量。对于聚合物，申请人应提交重均分子量（M_w）、数均分子量（M_n）、分子量分布以及这些数据的确定方法。如果难以获知分子量，申请人应提供聚合物的其他属性信息，这些属性应为分子量的其他理化属性，例如固有黏度或相对黏度或熔体流动速率。

另外，此项目下申请人还应提供下述信息：

a. 制造过程的完整描述，包括净化程序，以及所有合成步骤的化学方程式。

b. 列出制造过程中所使用的试剂、溶剂、催化剂、净化助剂等的清单，以及它们的使用量或使用浓度、规格及 CAS 注册号。

c. 在食品接触物质的制造过程中所出现的、已知的或可能发生的副反应的化学方程式，包括催化剂的降解反应。

d. 所有主要杂质的浓度（例如，残余的原料，包括所有的反应物、溶剂和催化剂；此外，还包括副产物和降解产物），连同支撑性的分析数据和具体计算过程。如果是聚合物，还应包括残余单体的浓度。

---

❶ 可以通过写信给化学文摘社（CAS）客户服务部（2540 Olentangy River Road，P. O. Box 3343，Columbus，OH 43210）或访问其网站 http：//www. cas. org/External Link Disclaimer 获得新化合物的 CAS 注册号和命名方面的帮助。

e. 用以描述食品接触物质特性的光谱数据。在一些情况下，只需提供一个红外光谱（IR）即可；但有时如能提供其他信息则更为有用，例如可见光或紫外吸收光谱或核磁共振光谱（NMR）。

如有数据和信息（例如商业秘密或机密的商业信息）不想公开，应做注明。

⑤ 物理/化学特性参数。申请人应提交食品接触物质的物理和化学特性参数（例如熔点、杂质特性），连同一些可能引起潜在迁移的特性（例如物质在食品模拟物中的溶解度）。如果食品接触物质的粒度是发生技术作用的重要因素或是与毒性相关，申请人应提供该物质的粒径大小、粒径分布和形态学信息，并提供与粒径相关的其他性能参数。如果是新的聚合物，申请人应提供玻璃化转变温度、密度范围、熔体流动速率范围以及形态学（例如结晶度）和立体化学方面的信息。对于被授权聚合物中使用的新助剂，申请人应提交迁移试验中所使用的聚合物的相关性能参数信息（例如 T_g）。本节附录 2-2 第 2 部分将对此做更详细的讨论。

⑥ 分析。如果食品接触物质拟作为另一种被授权的材料（例如被授权的聚合物中的抗氧化剂）的成分，申请人应提供用以确定该材料中食品接触物质的浓度的相关分析方法，并提交支撑数据（参见 2.2.6.3）。

2.2.4 食品接触物质的使用信息

见 FDA 表格 3480（PDF 或 Word 版）的第二部分，D.1、D.2 节和 E 节。

申请人应调查有效通告中的一般使用限制以及相似的食品接触物质的有关规定，申请人应提供所有与预期用途有关的使用限制方面的数据。在估计食品接触物质的摄入量时会给出一些假设，而这些限制中的某些部分可以作为这些假设的基础。对于食品接触通告，可以通过确认函草稿的形式，在通告的用途部分列出所有适用的限制。而对于食品添加剂申请，则在适用法规草案用语部分列出所有适用的限制。如果没有适当的限制，那么，在估计摄入量时，FDA 可能需要使用一些假定值，而这些假定值的使用，可能会导致某些食品接触物质得到更保守的摄入量数值。

申请人应提供食品接触物质的最高使用浓度，以及可能使用该食品接触物质的食品接触制品的类型。"使用浓度（use level）"指的是一种食品接触物质在食品接触制品（而不是食品本身）中的浓度。申请人应说明可能的应用范围（例如薄膜、模制物品、涂层等制品），并报告这些制品每单位面积的预计最大厚度和/或质量。

申请人应说明食品接触物质是在一次性使用的食品接触制品中应用，还是在多次使用的食品接触制品中应用。同时，对于在使用的过程中将与食品接触物质发生接触的食品，申请人应说明其类型（举例说明即可），以及食品接触的最高温度和时间❶。本节附录Ⅴ中给出了一些可供参考的食品分类以及各种使用条件。

申请人应该说明食品接触物质在预期使用条件下的稳定性。

2.2.5 食品接触物质预期的技术效果

见 FDA 表格 3480（PDF 或 Word 版）的第二部分，D.3 节。

申请人应给出相关的数据，以证明食品接触物质可以达到预期的技术效果，同时，所推荐的使用浓度是达到该预期技术效果所需的最低浓度。"技术效果（technical effect）"指的是对食品接触制品（而非食品本身）的作用。如抗氧化剂的添加可以防止某种聚合物氧化降解。如果是一种新的聚合物，申请人应提出相关数据，以证明聚合物的特定属性使得该聚合物可用于食品接触方面。如果技术效果与食品接触物质的粒径相关，申请人应提供相关数据，以证明与其粒径相关的特定属性使得该物质可用于食品接触方面。这些信息不需过于详细，而且很容易从产品的技术公告中获得。

如果一种食品接触物质的使用浓度具有自限性，那么申请人应提供支撑文献或数据。

2.2.6 迁移试验和分析方法

见 FDA 表格 3480（PDF 或 Word 版）的第二部分，F 节。

申请人应提供足够的信息以满足对食品接触物质每日膳食摄入浓度（即消费者日摄入量）进行估计的需要。美国食品药品监督管理局将根据可能迁移到食物中的成分在食品或食品模拟物中的分析或估计浓度，来计算食品接触物质及其内在成分在日常膳食中的预期浓度。在 2.2.7 和附录 2-4 中，将对上述内容进行更为完整的讨论。

一种食品接触物质在日常膳食中的浓度可以通过在食品或食品模拟物中测量出的浓度来确定，或使用与该食品接触物质在食品接触制品中的配方或残余量的相关信息，并按照食品接触物质 100% 迁移到食品中的假设来进行估计。尽管美国食品药品监督管理局公认真实食品中食品接触物质的分析是更为可靠，然而，

---

❶ 迁移到食品中的情况取决于食品接触物质（FCS）的化学结构、与 FCS 接触的食品基质的性质、与之接触的食品类型以及与食品接触的温度和时间。在提交食品接触通知书或食品添加剂申请书之前，潜在的提交者不妨与食品药品监督管理局会面或通信，讨论适当的迁移测试方案（见附录Ⅱ）。

在实际操作中，很多被分析物是很难在真正的食品中进行测量。作为一个替代方案，申请人应提交使用食品模拟物进行试验所获得的迁移数据，这些食品模拟物应能够再现该食品接触物质在食品中的迁移规律和迁移量。由于在使用的过程中，一种食品接触物质可能接触到很多加工条件和保存期限各不相同的食品，因此，所提交的迁移数据应该能够反映包括含有该食品接触物质的食品接触制品可能面临的最极端的温度/时间条件。

在进行迁移试验之前，申请人应仔细考虑该食品接触物质的潜在用途。例如，如果预期使用的温度不超过室温，那么就没有必要进行模拟高温食品接触的迁移试验。此类试验将导致食品接触物质在食品模拟物中的浓度升高，进而需要更全面的毒理学数据以支持被夸大的膳食摄入量估计。在食品接触物质的使用量非常低的情况下，就算假定食品接触物质向食品100%迁移，也可能完全不需要进行任何迁移试验，以下范例对这种情况进行了说明。

在纸张的制作过程中，假设在纸幅成型操作之前，加入了一种助剂。如果分析或计算显示：纸中的最终助剂浓度不超过 1mg/kg，同时制成纸张的基本质量为 50lb（磅）/3000ft² (1lb=0.4536kg，1ft=0.3m) 或 50mg/in² (in 即英寸)，那么每单位面积纸中最大助剂含量为 1×10^{-6}g 助剂/g 纸 $\times$ 50mg/in² = 0.000050mg/in²❶。假设 10g 的食品与 1in² 的纸相接触（美国食品药品监督管理局默认的假定值），而所有的助剂均迁移到食品中，则食品中的该助剂的最大浓度将为 5μg/kg。可以预计，食品接触物质在食品中的浓度如此之低，相应地，其在实际膳食中的浓度也会较低。因此，迁移试验可能使每日摄取量的估计值进一步降低，试验也许没有进行的必要。

食品接触物质在食品中的浓度应以迁移试验或其他适用方法的结果为基础，以便尽可能如实地反映含有该食品接触物质的食品接触制品的实际使用条件。一般来说，应避免通过假设向食品100%迁移的方式来确定迁移量，以便尽可能地减低估算的保守性。假如使用100%的方式来计算聚合物中助剂的迁移，申请人应提供聚合物厚度的相关数据。如果没有提供厚度数据，将使用缺省假设值即 10mil（密耳，1mil=1/1000in）和单面面积来计算助剂的迁移。

2.2.6.1 迁移试验的设计

见 FDA 表格 3480（PDF 或 Word 版）的第二部分，F 节，第 1 条。

---

❶ 迁移量通常以 mg/dm² 为单位。然而，为了便于换算成食物中的浓度，最好采用混合单位 mg/in²。如果 10g 食品与 1 平方英寸的食品接触面接触，则 0.010mg/in² 的迁移量相当于食品中的浓度为 1mg/kg。

（1）迁移测试池

当准备将一种食品接触物质在某种特定类型的食品接触制品（如饮料瓶）中使用时，可以在该制品中注满食品模拟物来进行迁移试验。对于用途更为普通的食品接触制品，或者当食品接触制品的表面积所提供的提取物不足以显示其特性时，应使用迁移测试池。在测试池中，用已知体积的模拟物从已知表面积的样品中提取目标物。推荐使用 Snyder 和 Breder（参见文后关于迁移测试池的文献）介绍过的双面迁移测试池。尽管这种测试池可能无法适用于所有情况，但美国食品药品监督管理局仍建议在改良设计中包括这种测试池的两个基本特点。

① 使用惰性的隔离物（如玻璃珠）将已知表面积和厚度的聚合物薄板［更多的讨论见下文（2）试验样本"］分隔开来，这样模拟物就可以在每块薄板间自由流动，薄板的两面都被用于迁移试验。

② 尽量减少顶部空间，密封应保证气密性和无渗漏。（如果迁移物是非挥发性的，那么最小顶部空间和气密性的要求相对来说没有那么重要。）

很重要的一点是试验过程中，应轻微摇动测试池，以便尽量减少任何局部的溶解度限制。这种限制可能导致在食品模拟物中出现传质阻力。

如果遇到了不适合使用两面式测试池的情况，例如夹层结构，申请人可以参阅文后参考文献，寻找使用其他类型测试池的可能性。申请人也可以自行设计其他类型的测试池。在进行迁移试验之前，美国食品药品监督管理局愿意对此类设计作出评论。

（2）试验样本

以下是一些重要的注意事项。

① 配方选择：在准备迁移试验的试样时，申请人应根据食品接触物质在食品接触制品中建议使用的最高浓度来制备测试样品。申请人应提供相应的信息，以便说明在试验中所使用的树脂样品的特性，包括可能存在的其他成分的浓度和特性、树脂的化学组成（如有必要应说明各种共聚单体的含量）、分子量范围、密度和熔体流动速率。如果配方是增塑的，那么，应使用塑化程度最高的配方进行试验。

② 试样厚度和表面积：申请人应同时报告试验薄板的厚度和总表面积。如果该薄板是通过浸没的方式进行试验的，同时，薄板的厚度足以确保在试验的过程中，其中心处的初始食品接触物质浓度不会随着迁移（两面均发生）而改变，那么，计算迁移量（单位为 mg/in^2）时可使用双面积。

如果样本薄板的厚度大于等于 0.05 cm（20 mil 或 0.020in），同时试验结束时只有不超过 25% 的食品接触物质发生了迁移，那么这种情况下，迁移可以被看作是双面独立进行的。如果没有达到上述条件，进行迁移量计算时只能用单面积。同时应考虑对薄膜厚度给定限制。

与扩散性相比，来自纸张的迁移主要取决于溶解度。因此，在迁移试验中使用的纸张样本，不管其厚度如何，计算时都只考虑单面积。

③ 聚合物属性：如果该食品接触物质是一种聚合物添加剂，那么申请人应使用平均分子量最小的聚合物（应符合联邦法规第 21 章 177 中的规范）进行迁移试验［更进一步的讨论，见附录 2-2 的第（2）部分］。如果该食品接触物质是一种新的聚合物，那么在试验中应使用能产生最高提取量的聚合物，也就是说使用平均分子量、结晶度和交联度最低的聚合物。

（3）食品模拟物

推荐使用表 2-1 所列的食品模拟物（更进一步地讨论，见附录 2-1）。

表 2-1　食品类型与食品模拟物

联邦法规第 21 章 176.170(c) 表 1 中定义的食品类型	推荐的食品模拟物
水性和酸性食品（食品类型 Ⅰ、Ⅱ、ⅣB 和ⅦB）	10% 乙醇[①]
低酒精浓度和高酒精浓度食品（食品类型ⅥA、ⅥC）	10% 或 50% 乙醇[②]
油脂类食品（食品类型 Ⅲ、ⅢA、Ⅴ、ⅦA、Ⅸ）	食用油（如玉米油）、HB307、Miglyol 812 或其他[③]

[①]有例外的情况，参考正文。

[②]实际的乙醇浓度可以被取代（见正文及附录 2-2）。

[③]HB307 是人工合成三酸甘油酯的一种混合物，主要为 C_{10}、C_{12} 和 C_{14}。Miglyol 812 取自椰子油（见正文及附录 2-1）。

当预计食品酸性将会导致比 10% 乙醇更高的迁移量时，或当聚合物或添加剂对酸敏感时，或当聚合物或添加剂与乙醇发生酯交换时，应分别使用水和 3% 乙酸替代 10% 乙醇来进行试验[❶]。

10% 乙醇的酒精浓度为中等，介于葡萄酒和啤酒之间。可以预计，食品接触物质向葡萄酒和啤酒中迁移的值与向 10% 乙醇迁移的值相差不大。因此，使用 10% 乙醇所取得的迁移试验结果一般可以用于评估与酒精类饮料（≤15% 乙醇，体积分数）相接触的食品接触物质的膳食摄入量，也可作为许可申请的支撑数据。

使用不饱和食用油（如玉米油和橄榄油），有时难以进行准确的迁移分析。

---

❶ 过去，FDA 建议使用 8% 的乙醇作为水性食品模拟物。将乙醇浓度从 8% 提高到 10%，对佐剂/聚合物体系的迁移研究影响很小。这一变化也使 FDA 的迁移方案与其他国家的方案更加一致。见附录 2-2 末尾有关 FDA 使用食品模拟物的参考清单。

因为这些油类极易氧化，尤其是在高温条件下。Miglyol 812 是一种精馏椰子油，其沸点范围为 240～270℃，由饱和 C_8（50%～65%）和 C_{10}（30%～45%）三酸甘油酯组成，可以作为迁移试验的一种油脂类食品模拟物❶。HB 307 是人工合成三酸甘油酯的一种混合物，主要为 C_{10}、C_{12} 和 C_{14}，同样可以用作油脂类食品模拟物❷。

一些情况下，对一种食用油中的某种迁移物质进行分析不具备可操作性，此时必须使用一种简单的溶剂作为模拟物。目前尚未找到一种既可用于所有聚合物，又能有效模拟食用油的溶剂。附录 2-1 中列出了多种聚合物及相应的油脂类食品模拟物。未列入附录 2-1 的聚合物，申请人在进行迁移试验之前，应向美国食品药品监督管理局就油脂类食品模拟物的是否适用进行咨询。

试验中所用模拟物的体积，应尽可能反映出实际的食品包装中预期出现的食品与食品接触制品接触的体积与表面积之比。可以接受的比值为 $10mL/in^2$。如果迁移量与浓度表达的分配极限（如食品接触物质在食品模拟剂中的溶解度）存在差距，那么，也可以适用其他的体积与表面积比值。如食品接触物质在溶液中析出时，或溶液出现浑浊时，说明该分配极限已经达到，此时的体积-表面积之比应写入试验报告。

（4）试验的温度和时间

申请人所采用的迁移试验的温度和时间条件应为预期使用条件下可能遇到的最极端的温度和时间。如果食品接触物质预期在比室温更高的条件下与食品发生接触，此时，应在最高使用温度下进行迁移试验，试验的时间也应为最长的预期时间。很多时候，食品接触物质与食品在高温下发生短时间的接触后，会被长时间储存在室温条件下。对于这类情况，美国食品药品监督管理局建议进行短期加速试验，用于模拟在与食品接触的完整时间段内可能出现的食品接触物质的迁移。附录 2-2 中列举了一些情况下的推荐试验方案。然而，对于特殊的食品接触情况，还可能需要设计专门的试验方案。

对于在室温条件下使用的食品接触物质及制品，推荐的加速试验条件为 40℃（104℉），10d。该加速试验方案是建立在相关的试验结果上的，试验结果显示，40℃/10d 试验所得的迁移量与 20℃（68℉）条件下长期储存（6～12 个

---

❶ Miglyol 812 是 SASOL，GMbH 的一款产品。

❷ HB307 可从 NATEC，Behringstrasse 154，Postfach 501568，2000 Hamburg 50，Germany 处获得。

月）所得的迁移量大致相等❶。

对于冷藏或冰冻保存食品，推荐的试验温度为20℃（68 ℉）。

一些聚合物，例如聚烯烃，与食品一起使用的温度高于聚合物的玻璃化转变温度（此时聚合物处于橡胶态）时，这些聚合物试验所得的最高迁移值（一般情况下为10d，但也有例外）通常被美国食品药品监督管理局用于计算食品中迁移物质的浓度。

然而，另一些聚合物，例如聚对苯二甲酸乙二醇酯（PET）和聚苯乙烯（PS），与食品一起使用的温度低于聚合物的玻璃化转变温度（即该聚合物处于玻璃态）。因为，在一个固定温度下，当聚合物处于玻璃态时，迁移物质在其中的扩散率低于该聚合物处于橡胶态时的扩散率。所以，40℃/10d加速试验的结果，可能导致整个食品接触过程中可能出现的迁移量偏低。因此，40℃/10d条件下所获取的迁移数据应按照30d的条件进行外推，以使结果更接近环境温度下长时间储存后所预期的迁移量。为了避免外推过程中可能出现的不确定性，申请人可以将试验时间更改为30d。如果提供的数据可以证明：对于某一种给定的添加剂/聚合物混合物，应采用不同的外推时间，那么，该信息将用于膳食摄入量的估计。

对于一些在最高存放期限和食品接触温度上做了已知限定的食品接触物质或制品，美国食品药品监督管理局鼓励申请人对其进行迁移试验，以便了解接近预期使用温度下的最高存放期限。在进行此类试验之前，申请人可以咨询美国食品药品监督管理局。

美国食品药品监督管理局建议在每一项迁移试验中，应在至少四个时间间隔点，分别取出一部分试验溶液进行分析。对于10d的试验条件，推荐的取样时间为第2h、第24h、第96h和第240h。美国食品药品监督管理局建议使用与试验样品时相同的测试池进行空白试验或控制分析。

（5）最终试验（符合性试验）

应指出的重要一点是，对于一个新的食品接触物质，适当的迁移试验条件并非为联邦法规第21章的175.300、176.170或其他小节中所介绍的条件。这些已

---

❶　1995年以前的测试方案建议测试温度为49℃&10天。然而，FDA最近研究表明，49℃和40℃（104 ℉）的迁移水平差别不大。此外，49℃和40℃之间迁移水平的差异对于需要在前两小时内升高温度（如100℃或121℃）的迁移研究来说意义更小。在10d期间观察到的、高达80％的总迁移通常是在较高温度下的这两小时内完成的。因此，对于室温应用的迁移研究和旨在反映长期环境储存的高温应用下迁移测试部分，40℃是可以接受的。

发布的"最终试验"或"符合性试验"摘要是针对质量控制的试验方法,这些试验方法用于验证一种特定产品是否等同于法规已规定的食品接触材料。"最终试验"与用于估计一种新的食品接触物质膳食摄入量的迁移试验之间没有任何关联。

2.2.6.2 关于试验溶液及数据报告

见 FDA 表格 3480(PDF 或 Word 版)的第二部分,F 节,第 1 条。

申请人应进行三次独立平行迁移试验,并对迁移试验溶液进行分析。

提交聚合物的申请时,申请人应确定不挥发萃取物(TNEs)的数量和性质。不挥发萃取物总量通常用重量法测定。不挥发物可包括单体、低聚物、助剂和催化剂残留物,其性质应通过适当的化学或物理方法进行测定,例如核磁共振波谱法(NMR)、紫外-可见吸收光谱法(UV-vis)、原子吸收光谱法(AAS)、质谱法(MS)以及气相色谱法(GC)或液相色谱法(LC)。应在申请中指出检测方法的定量限(LOQ)和所用检测方法的选择原则。如果没有办法定量单个的迁移物,申请人应该通过溶剂分馏的方法确定萃取物在有机馏分和无机馏分之间的分配情况(即不挥发萃取物残渣中可溶解于氯仿或其他合适溶剂的部分❶)。这是确定摄入量估算时的第一步工作——识别应做风险评估的迁移物(如有机组分)。这些情况下,美国食品药品监督管理局通常会评估由食品接触物质的使用所带来的不挥发萃取物引起的膳食摄入量风险,并假设不挥发萃取物(或可溶于溶剂的不挥发萃取物)仅由化学等价的低分子量寡聚物组成。由于毒理学试验要求提交的数据级别是基于摄入量估计值决定的,因此对不挥发萃取物中非化学等价成分进行定量测定对申请人是有利的(如可以将低分子量寡聚物与聚合物的添加剂区分对待)。

申请中聚合物的试验溶液也要针对组成单体进行分析。或者可以根据聚合物中已知残留单体的浓度来计算单体的摄入浓度,同时还需要使用聚合物的密度、食品接触制品的最大预期厚度,并假定所有的残留单体迁移到食品中,且每 10g 食品接触 $1in^2$ 的食品接触制品。

---

❶ 对于某些聚合物/迁移物体系来说,氯仿可能不是一个良好的溶剂。这很可能是由于聚合物/迁移物体系与氯仿之间的溶解度差异较大。如果提取物和溶剂之间的 Hildebrand 溶解度参数差值落在 ±3(SI)的范围之外,就应该使用另一种能够有效溶解潜在提取物的溶剂,或者证明预期的提取物在所选溶剂中是可溶的。聚合物/溶剂体系的 Hildebrand 溶解度参数可以在《聚合物手册》第 4 版 [J. Brandrup(Editor),Edmund H. Immergut(Editor),Eric A. Grulke,Akihiro Abe,Daniel R. Bloch,John Wiley & Sons.] 中找到。

如果是聚合物添加剂的申请，那么一般只对试验溶液中的添加剂进行分析。但是如果添加剂中杂质和分解产物有毒且量大，并且预期会成为日常膳食的组成部分，对试验溶液中添加剂中的杂质和分解产物应适当地进行定量测定。最常见的是添加剂中杂质致癌的情况。

当食品接触物质在食品接触制品中产生预期技术效果时或食品接触物质迁移到测试溶液中产生分解产物时，则应对试验溶液中的分解产物进行适当的定量测定。新型聚烯烃抗氧化剂的使用就是典型例子。从属性上来说，在对含有该物质的树脂或食品接触制品进行热处理的过程中，聚合物抗氧化剂会发生部分分解。食品接触物质已经迁移到食品或食品模拟物中，当脂肪类模拟物温度达到120℃时，食品接触物质的分解作用仍会经常发生。可以在进行迁移试验的同时，借助食品接触物质的稳定性试验获得食品接触物质在食品模拟物中的分解信息。

申请人应以每平方英寸表面积所萃取的物质毫克量（mg/in^2）来报告结果。虽然迁移量通常用 mg/dm^2 来表示。但是，为了便于换算成食品中的浓度，多使用混合单位 mg/in^2。如果10g食品与 $1in^2$ 的食品接触制品表面接触，那么0.01 mg/in^2 的迁移物浓度相当于1mg/kg的食品中的浓度。如果在特殊食品接触应用中（如双层烘箱用托盘和微波加热托盘），采用假定的10g食品与 $1in^2$ 表面积的比例不合适，申请人应使用实际食品接触时的最小比例，并提供选用该比例的依据。

2.2.6.3　分析方法

见 FDA 表格 3480（PDF 或 Word 版）的第二部分，F 节，第 1 条。

申请人对每种分析方法应提交如下内容。

（1）方法描述

此项应包括对分析方法的准确度、精确度、选择性、定量限（LOQ）以及检测限（LOD）的全部讨论❶。申请人应提供充分详细的描述，以便有经验的分析化学专家可以照此进行。如有参考文献，应在申请中附上一份副本。

（2）标准曲线

---

❶　LOD 是分析方法在空白（或对照）之上能够可靠地检测到的被分析物的最低浓度，且最好是由五个空白样品的分析结果来确定。测量空白信号（即空白样品的分析响应或接近实际或预期分析物峰的基线宽度），并计算空白的平均信号和标准差。LOD 的信号响应应大于平均空白信号标准偏差的 3 倍。LOD 的空白信号通常由在接近实际或预期分析物信号的基线上测得的峰-峰噪声来确定。参见美国材料与试验协会（ASTM），E 1303-95 或 ASTM E 1511-95。被分析物的定量区域应明显高于 LOD，与 LOD 相对应的信号应大于平均空白信号标准偏差的 10 倍，参见（Currie，1968）和（Keith.，et al，1980）。

标准曲线或校正曲线是通过分析一系列配制好的标准添加液得出的，标准添加液中添加了一定量的分析物，分析物的浓度高于和低于试验溶液中迁移物的浓度。纯溶剂、某种离子强度已知的溶液等都可以作为标准添加液。用作绘制标准曲线的数据点的浓度范围应包括试验溶液中迁移物的浓度。如根据 10mg/kg、15mg/kg、20mg/kg 浓度所绘制的标准曲线来确定 1mg/kg 的分析物浓度，那么这种测试是不合理的。相关系数以及 Y 轴截距和曲线斜率的标准误差应与标准曲线一同提交。

（3）色谱或光谱分析实例

申请人应提交样品的色谱图和光谱图，并明确识别和标注所有重要的峰值，以避免在解释过程中引起歧义。

（4）计算范例

申请人需提交样品计算范例，从而把仪器测定的数据（结果多用每平方英寸样品表面积的迁移物毫克量来表示）与报告的数据联系起来。样品数据范例应包括样品的体积、浓度和稀释步骤，以及仪器测量的数据（如峰面积及检测器灵敏度）。现代数据库通常能用内置公式基于一系列标准值来执行计算。仪器测量数据应提取自内部数据库。可以通过查阅分析过程中所用仪器和软件的说明书，来指导提供这些范例数据。这些计算范例能让评测人员就报告所提交的方法做出一个快速的内部核对。

（5）分析方法验证

申请人需适当进行所有分析方法的验证。方法使用意图的验证、准确度与精密度的测定通常包括：

① 对添加已知量标准物的样品基质的重复分析，其中所加标准物的浓度应与迁移试验中待测物的浓度接近；

② 添加标准物的回收率（即加标回收率）的测定。研究聚合物添加剂时，未加入添加剂的聚合物试验溶液可作为一个样本基质，用于进行加标和回收试验。回收量被认为是待测物在加标基质与未加标基质中的差异量。回收百分比（即回收率）是回收量除以加标浓度后再乘以 100 求得的。也就是说，如果"a"代表的是在未加标溶液中测出的浓度，"b"代表的是加标溶液测出的浓度，"c"代表加标浓度，那么回收率为 $(b-a)/c \times 100$。

如果是迁移试验溶液中要进行加标，那么标准物的添加必须在规定试验时间（如 240h）后，在分析整理工作之前进行。标准物必须要添加到实际试验溶液中，而不是添加到纯食品模拟物中。分析方法验证中最常见的问题往往是在纯食品模拟物中而不是在迁移试验模拟物中进行加标试验。

另外如 2.2.6.2 所述，还应提供待测物在迁移试验溶剂中稳定性的相关数据。

申请人应运用 3 组试验样品（3 个/组）进行加标和回收试验。分别在每组样品中添加不同浓度的标准物，标准物的浓度分别是测得的食品模拟物中待测物浓度的 0.5 倍、1 倍和 2 倍。在食品接触物质未被检出的情况下，申请人应确定试验方法的检出限（LOD）。对于可以定量的待测物浓度，可接受的回收率应遵从表 2-2 标准。

表 2-2　能定量的待测物浓度可接受的回收率标准

食品或食品模拟物中的待测物浓度[①]	可接受的回收率平均值	可接受的相对标准偏差
＜0.1mg/kg	60%～110%	＜20%
＞0.1mg/kg	80%～110%	＜10%

① 如果将从 $1in^2$ 的包装材料上提取的 0.001mg 的待测物加入到 10g 食品或食品模拟物中，那么待测物在食品中的浓度估计为 0.1 mg/kg。

在评估分析方法的精密度时，如果可行的话，独立样品分析结果的差异性可以通过对均匀符合样品（即三组样品的混合物）进行一式三份的重复分析来消除。

根据具体的分析情况，也可采用其他适当的验证程序。比如，用两种不同的分析方法对相同的试验溶液进行分析也是一种可以接受的验证方法。在某些情况下，标准加入法也是可以接受的，比如利用原子吸收光谱进行金属分析。这种情况下，除了未加标的基质浓度，至少还应有其他两份在基质中添加了不同浓度标准物的溶液进行测定，并通过计算最小二乘法拟合曲线的相关系数来验证标准加入曲线的线性（要求 $r>0.995$）。

对加标样品与空白样品做出验证分析后，申请人需提交具有代表性的光谱或色谱分析图。空白样品的光谱或色谱图可以帮助对无干扰情况做出确认。阐释实例见附录Ⅲ。

2.2.6.4　迁移数据库

见 FDA 表格 3480（PDF 或 Word 版）的第二部分，F 节，第 2 条。

如果在给定温度下，某个迁移物/聚合物/食品模拟物系统的迁移数据显示出一个可预测的迁移-时间关系［如菲克（Fick）扩散定律］，那么就可以用这个关系来预测其在其他温度条件下的迁移。这样，可以尽量减少进行那些在某些新应用场合（如高温条件下的应用）中难以实现的迁移试验。

比如，在 40℃条件下维持 10d（240h）所获得的迁移数据显示出菲克扩散行为，将此条件下的迁移数据与其他温度条件（如 60℃ 和 80℃）下获得的迁移数据相结合，就能够利用阿伦尼乌斯曲线图（Arrhenius plot）推测出杀菌条件（121℃/2 h 和 40℃/238 h）下的迁移。前提是在 30～130℃的温度下，聚合物的形态不会出现明显变化（如玻璃态转化或聚合物熔化）。在 121℃ 条件下，每个迁移物/聚合物/食品模拟物的表观扩散系数 D 可以通过作试验数据的 $\ln D \sim 1/T$（K）图（即阿伦尼乌斯曲线图）获得。这样，121℃ 条件下、2h 内的迁移量就可以估算出来，再将其与 40℃ 条件下，238h 后的迁移量加在一起，就可以得到在蒸馏条件和室温存储条件下的总迁移量。计算过程中还必须用到聚合物样品的密度和厚度以及聚合物中迁移物的初始浓度之类的数据。

美国食品药品监督管理局的迁移数据库作为迁移数据的一个资源库，包括扩散系数及相关聚合物/添加剂的性质。美国食品药品监督管理局不断地从各种途径增编、完善迁移数据，以便将它们更好地用于估算食品接触物质的迁移量。可靠的迁移数据，例如那些符合菲克扩散定律并提交作为上市前食品接触通告的支撑性数据，将被加入数据库中。此外，只有在给定温度条件下，经三次及以上的时间间隔测定所得的迁移量数据才会被考虑纳入迁移数据库。申请人可以将适合纳入迁移数据库的数据，以书信的形式作为食品接触通告、食品添加剂申请的一部分，或者放在食品添加剂主文件（FMF）中进行提交。食品及药品管理局迁移数据库的资料可通过食品接触通告部门（DFCN）获得（premarket @ fda. hhs. gov）。

2.2.6.5　迁移模型

见 FDA 表格 3480（PDF 或 Word 版）的第二部分，F 节，第 2 条。

如上所述，食品中的迁移量通常是基于在预期使用条件下通过分析迁移试验结果或在假定所有的食品接触物质 100% 迁移到食品中估算出来的。这两种情况在大多数情况下都适合。

第三种可选择的方法与迁移模型有关。根据选定的试验数据对特定迁移物/聚合物/食品模拟物进行模拟迁移的方法在前面 2.2.6.4 已经讨论过。如果采用该方法，无论原始资料是来自美国食品药品监督管理局数据库或公开的文献资料，任何在做迁移模型过程中使用到的关于重要常数的原始资料都要正确引用。

最近发展起来一些半经验方法，这些方法用于迁移数据有限或无任何迁移数据的情况测定迁移量（相关实例可见 Limm，Hollifield，1996 和 Baner，et al.，1996）。这些扩散模型取决于扩散系数的估算，而扩散系数是基于迁移物属性和聚合物理性质进行估算的。在条件有限的情况下，这些模型可作为试验数据的有效替代或补充。在应用这些扩散模型时，应考虑以下注意事项。首先，聚合物中的迁移物分布应该是各向同性的（即均质的）。无论是有意的或无意的各向异性的（即不均质的）分布都会导致不符合菲克定律的迁移发生。其次，迁移的其他影响因素，如迁移物的分离、质量转移、聚合物形态、迁移物的形状/极性以及聚合物的增塑作用在这类迁移模型中并没有被考虑。然而，在使用迁移模型技术进行食品中迁移量的评估时，还是应该仔细考虑这些因素。

2.2.7　消费者摄入量

见 FDA 表格 3480（PDF 或 Word 版）的第二部分，G 节。

利用 2.2.6 所列程序计算出的迁移数据，目的在于估算出食品接触物质预期使用所导致的最高迁移量。在综合考虑迁移数据和可能含有食品接触物质的食品接触制品的相关使用信息（也就是人群膳食中可能接触到含有 FCS 的食品接触制品的比例）后，美国食品药品监督管理局对食品接触物质可能的膳食摄入量做出估计。

假设每人每天食品总摄入量为 3kg〔即 kg/（p•d），固体和液体总量〕，根据给定的日常膳食中食品接触物质的浓度，就可以估算出含有该浓度制品中食品接触物质的估计日摄入量。与日常膳食中 1ppm 浓度相当的估计日摄入量为 $1mg/kg \times 3kg/(p•d)$，即 $3mg/(p•d)$。

美国食品药品监督管理局在食品接触物质的安全性评价过程中会用到日常膳食浓度，提交申请中的估计日摄入量，以及所有授权用途下的累计估计日摄入量〔包括来源于所有食品添加剂申请、食品接触通告和法规阈值豁免〕。食品接触物质的累计估计日摄入量用来确定毒性试验的类型，毒性试验对确保预期使用条件下的使用安全性是必要的。累计估计日摄入量取决于食品接触物质所有建议和允许的用途，包括法规已批准的用途，已有的通告中的使用用途以及本通告中提到的用途，同时对应累计估计日摄入量需要提交的各层次的毒理学测试建议将在 2.3 美国食品接触材料新品种评估申报毒理学建议中进行详细的描述，文件获取网址：http：//www.cfsan.fda.gov/guidance.htm。

以下列出的方法，仅针对大多数一次性使用的食品接触物质而言。对于重复使用的食品加工设备中或配合其使用的食品接触制品和材料，在估算其成分的膳食暴露时也需考虑食品接触制品使用寿命内所接触的食品总量（见附录Ⅱ的第四部分）。

2.2.7.1 摄入量的计算

（1）消费系数

术语"消费系数（CF）"表示日常饮食结构中可能与某些特定包装材料相接触的比例。消费系数指的是接触某种特定包装材料的食品质量与所有包装内的食品质量的比值。包装类别（如金属、玻璃、聚合物和纸）及特定食品接触聚合物的消费系数值都归纳在附表2-2中。这些因素值是经过分析下列信息后得出的，信息包括：所消耗食品的种类、与包装表面接触的食品种类、每种食品包装类别下食品包装单位的数量、容器尺寸大小以及被包装食品的质量与包装质量的比值。每当有新的信息提供时，这些因素值都可能要作修改。

当美国食品药品监督管理局计算食品接触物质的膳食摄入量时，通常会假定食品接触物质会占据整个目标市场。这种假设反映出可能的市场占有率的不确定性以及调查数据的局限性。因此，如果一个公司要求在聚苯乙烯中使用抗氧化剂，也就假定了所有生产的食品接触用聚苯乙烯中都使用了同一种抗氧化剂。在某些情况下，如果添加剂只打算在包装的某一部分或树脂类制品中使用，那么就要使用代表所调查覆盖率的较低的消费系数值。例如，如果只打算在刚性或半刚性聚氯乙烯中使用稳定剂，那么在评估摄入量时，消费系数值应该是0.05而不是0.1。这是因为只有50%的食品接触用聚氯乙烯含有稳定剂。另一个例子是聚苯乙烯可分为耐冲击性和非耐冲击性包装这两种类别（见附表2-2）。为了减少评估的保守性，美国食品药品监督管理局鼓励申请人尽可能详细地提交关于可能使用通告的食品接触物质的树脂或包装材料的市场占有信息。

也可使用预计最高年产量来估算消费系数。如果使用这样的消费系数来估算消费者摄入量，则食品接触物质的年产量只能等于或低于指定的最高年产量。如果新的预计最高年产量超过目前指定的产量，则需要申请人重新提交新的通告/申请，用于解释增长的消费者摄入量。

新产品引入之初，只作为现有技术的替代产品。如前所述，美国食品药品监督管理局通常基于假设新产品会占据整个市场的前提下，做出新产品的膳食摄入风险评估。例如，蒸煮袋最初作为有涂层金属罐的替代产品，其消费系数值被确定为0.17。当关于蒸煮袋的实际应用的信息进一步完善后，消费系数值就被降低到了0.0004。某些情况下，树脂或包装材料市场数据的提交可能有助于降低消费系数值。

（2）食品类型分布系数

在使用迁移量与消费系数值去获得可能消费量评估数据之前，必须知道可能与含有食品接触物质的食品接触制品所接触的食品的性质。比如，如果食品接触物质仅用于与水性食品接触的制品中，那么在评估可能的膳食摄入风险时，脂肪性食品模拟物中的迁移研究就没有什么意义了。为了解释与每种食品接触制品所接触的各种食品的性质，美国食品药品监督管理局已计算出每种包装材料的"食品类型分布系数（f_T）"，反映出每种材料与水性、酸性、酒精类和脂肪类食品接触时的因数。常见包装材料类型及聚合物类型的食品类型分布系数 f_T 见 附表2-2。

（3）日常膳食浓度及估计日摄入量

美国食品药品监督管理局用以下办法来计算日常膳食中食品接触物质的浓度。与食品接触制品相接触的食品中食品接触物质的浓度（食品接触物质的迁移浓度）$<M>$ 的计算方法：恰当的食品类型分布系数（f_T）乘以迁移浓度值 $<M_i>$，i 代表四种食品类型的食品模拟物。根据每种类型食品与食品接触制品发生接触的实际比例，可有效地确定出每种食品模拟物中食品接触物质的迁移浓度。

$$<M> = f_{水和酸}(M_{10\%乙醇}) + f_{酒精}(M_{50\%乙醇}) + f_{脂肪}(M_{脂肪})$$

其中 $M_{脂肪}$ 指食用油或其他脂肪性食品模拟物的迁移浓度。

用 $<M>$ 乘以消费系数（CF）求得膳食中食品接触物质的浓度（DC，即膳食浓度）。然后用膳食浓度乘以每人每天消耗的食品总量求得估计日摄入量（EDI）。美国食品药品监督管理局假设个人每天消耗 3kg 食品（固体和液体食品总量）（关于计算示例，参见"附录Ⅳ"）。

估计日摄入量（EDI）＝3kg/(p·d)× $<M>$ × CF

（4）累计摄入量

如果联邦法规第 21 章 170～199 中已经规定了该食品接触物质的其他用途的使用，或者法规阈值（联邦法规第 21 章 170.39）豁免的此物质，或者其他有效接触通告主题中涉及的此物质，申请人应评估其在这些拟用的和已获准的使用条件下此食品接触物质的累计摄入量（CEDI，示例见附录2-4）。食品接触物质的相关法规信息可登录政府印刷局网站 http：//www.gpoaccess.gov/cfr/index.html[2]，搜索美国联邦法规集，查阅联邦法规第 21 章 170～199 获得，或直接与美国食品药品监督管理局取得联系。有效的食品接触通告信息以及食品接触物质法规阈值的豁免规定可从美国食品药品监督管理局的网站查询或与该局直接联系获得。同时，美国食品药品监督管理局在网站（http：//www.cfsan.fda.gov）上还有食品接触物质的累计估计日摄入量数据库。

2.2.7.2 摄入量的细化评估

总的来说，摄入量可以利用前文提及的方法进行评估。然后，利用申请中提供的附加信息，可以进行更为精细的摄入量细化评估。例如，对包装材料或树脂类型的进一步细分，可降低某些材料的消费系数，从而可以降低计算得到的摄入量。聚氯乙烯分为刚性和塑性两类以及聚苯乙烯分为耐冲击和非耐冲击性两类，就是两个很好的例子。再举例来说，用于纸制品涂层的聚合物涂料可进一步细分为聚乙酸乙烯酯涂料，苯乙烯-丁二烯涂料等。如果只在纸制品的苯乙烯-丁二烯涂料中单独使用某食品接触物质，用聚合物涂层纸的消费系数（0.2，见附表2-2）去计算摄入量，其结果就被过分夸大了。如上所述，美国食品药品监督管理局鼓励提交使用含有食品接触物质的产品的预期市场信息，从而可以将市场占有率进一步细化。

有些情况下，包装物的属性要求必须提供更详尽的信息，或当申请人认为如果简单地选择附录Ⅳ中提供的消费系数（CF）和食品类型分布系数（f_T）会过高估计摄入量，为了便于计算可能含有食品接触物质的材料的消费系数和食品类型分布系数，就需要提交以下类型的数据：

① 利用以下数据估计与包装材料接触的所有食品总量：

a. 包装单元的数据（单元数量及其尺寸分布状况）；

b. 生产的与食品接触的包装材料的总质量，容器尺寸分布，以及包装食品质量与包装质量的比值。

② 可能与食品接触制品发生接触的食品的特性，并附上支持性文件，以及可能的食品类型分布系数。

③ 解释仅部分的包装材料或树脂类包装物预期被覆盖的理由信息。

④ 技术性限定信息：它可以限制接触的食品类型或膳食暴露。

2.2.8 缩略语

表2-3列出了本节使用的缩略语。

表2-3 缩略语

缩略语	英文全称	中文翻译
AAS	atomic absorption spectroscopy	原子吸收光谱分析
CAS	chemical abstracts service	化学文摘社
CEDI	cumulative estimated daily intake	累计估计日摄入量

缩略语	英文全称	中文翻译
CF	consumption factor	消费系数
CFSAN	center for food safety and applied nutrition	食品安全与应用营养学中心
CFR	code of federal regulations	联邦法规
D	diffusion coefficient	扩散系数
DC	dietary concentration	日常膳食浓度
DFCN	division of food contact notifications	食品接触通告部门
EDI	estimated daily intake	估计日摄入量
FAP	food additive petition	食品添加剂申请
FCN	food contact notification	食品接触通告
FCS	food contact substance	食品接触物质
FDA	food and drug administration	美国食品药品监督管理局
FDAMA	food and drug administration modernization act	美国食品药品监督管理局现代化法
FMF	food additive master file	食品添加剂申请的主文件
FOIA	freedom of information act	资讯自由法
f_T	food-type distribution factor	食品类型分布系数
EVA	ethylene vinyl acetate copolymer	乙烯-乙酸乙烯酯共聚物
GC	gas chromatography	气相色谱法
GPC	gel permeation chromatography	凝胶渗透色谱法
HDPE	high-density polyethylene	高密度聚乙烯
IR	infrared spectrum	红外光谱
LC	liquid chromatography	液相色谱法
LDPE	low-density polyethylene	低密度聚乙烯
LLDPE	linear low-density polyethylene	线性低密度聚乙烯
LOD	limit of detection	检测限
LOQ	limit of quantitation	定量限
$<M>$	the concentration of the FCS in food contacting the food-contact article	食品接触物质在与食物接触材料接触的食品中的浓度（食品接触物质的迁移浓度）
MS	mass spectrometry	质谱法
M_n	number average molecular weight	数均分子量
M_w	weight average molecular weight	重均分子量
NMR	nuclear magnetic resonance	核磁共振
OFAS	office of food additive safety	食品添加剂安全办公室
OMB	office of management and budget	管理和预算办公室

缩略语	英文全称	中文翻译
PET	polyethylene terephthalate	聚对苯二甲酸乙二醇酯
PP	polypropylene	聚丙烯
ppb	parts per billion（ng/g 或 μg/kg）	十亿分之一
ppm	parts per million（μg/g 或 mg/kg）	百万分之一
PS	polystyren	聚苯乙烯
PVC	poly(vinyl chloride)	聚氯乙烯
PVDC	poly(vinylidene chloride)	聚偏二氯乙烯
T_g	glass transition temperature	玻璃化转变温度
TNE	total non-volatile extractive	总不挥发物质
TOR	threshold of regulation	法规阈值
UV	ultra-violet spectroscopy	紫外光谱

2.2.9 参考资料格式

所有在食品接触通告和食品添加剂申请中引用的已出版和未出版的研究和资料，在正文中引用时应注明文献的作者和出版年份。每个已出版的参考文献都应包括所有的作者名、出版年份、文献的完整名称、引用页码和杂志或出版物名称。如果引用的是参考书，则应包括书名、版本、编著者姓名和出版商名称。如引用的是尚未出版发表的研究，则应注明所有作者、研究项目的赞助人、实施研究的实验室、最终报告时间、最终报告的完整标题、报告识别号码和所引用内容的页码。引用政府出版物，应包括部、局或办公室、标题、出版单位地址、出版单位、出版年份、引用页码、出版丛书系列以及报告编号或专著专论的编号。

附录 2-1 特定聚合物的油脂类食品模拟物

食用油是油脂类食品最极端的例子。如果预计要与油脂类食品接触，美国食品药品监督管理局建议使用食用油作为食品模拟物进行迁移试验。除了食用油（如玉米油和橄榄油）已有大量的迁移数据以外，还建议使用 HB307（一种合成的甘油三酸酯混合物，主要为 C_{10}、C_{12} 和 C_{14}）作为油脂类食品模拟物。美国食品药品监督管理局实验室的研究结果表明 Miglyol 812 [一种精馏椰子油，沸程为 240~270℃，由饱和 C_8（50%~65%）和 C_{10}（30%~45%）甘油三酸酯组成] 是另一种可接受的替代物。使用这些油类进行食品接触物质的迁移试验有时是不可行的，因此有时需要使用水基溶剂来模拟这些液体油脂的作用，但似乎不太可能找到一种既适用于所有食品接触类聚合物又可以有效模拟食用油作用的溶剂。

附表 2-1 列出了多种聚合物，以及有充分的数据表明可作为这些聚合物的油脂类食品模拟物的水基溶剂。这些溶剂的推荐是建立在美国食品药品监督管理局的研究、国家标准和技术研究院（NIST，前身为国家标准局）的研究以及与美国食品药品监督管理局有合约关系的 Arthur D. Little 管理咨询公司的研究（与这些研究有关的一般参考文献见节后）。对于没有列入附表 2-1 的聚合物，申请人应该在进行迁移试验之前咨询美国食品药品监督管理局。

附表 2-1　聚合物及其可作为这些聚合物的水基溶剂模拟物

序号	聚合物	水基溶剂模拟物
1	符合 21 CFR 177.1520 规定的聚烯烃和符合 21 CFR 177.1350 规定的乙烯-醋酸乙烯酯共聚物(EVA)	95％乙醇或无水乙醇
2	刚性聚氯乙烯(PVC)	50％乙醇
3	聚苯乙烯和橡胶改性聚苯乙烯(PS)	50％乙醇
4	聚对苯二甲酸乙二醇酯(PET)	50％乙醇或异辛烷

尽管无水乙醇或 95％乙醇被看作是聚烯烃的一种有效的脂肪性食品模拟物，但对于其他食品接触用聚合物，它似乎会导致过高地估计迁移值。

以前的试验方案（1988 年以前）推荐使用正庚烷作为油脂类食品模拟物。考虑到正庚烷与食用油相比具有较强的提取能力，从而允许将所得迁移量除以 5（换算系数）。然而，试验结果表明正庚烷相对食用油的迁移量会产生数量级性高估，且高估程度取决于所萃取的聚合物。因此，不再推荐使用正庚烷作为油脂类食品模拟物。然而美国食品药品监督管理局也认为，如果预计某些食品接触物质的迁移发生得非常缓慢，例如无机添加剂或者一些高交联度聚合物，正庚烷的使用可以使分析检测变得较容易。由于已知正庚烷相对食用油具有高估影响的差异性，因此，如果使用正庚烷，除非有充分的理由，通常情况下迁移量将除以任何系数。

附录 2-2　常见迁移试验方案

以下的迁移试验方案旨在模拟食品接触制品的常见可预期的使用条件。制订这些方案基于以下前提：食品接触物质向水基和脂基食品的迁移通常是一种控制在聚合物内部的扩散，迁移受到接触时温度的强烈影响，并进一步受到食品接触物质在食品中溶解性的影响。因此，建议在食品接触过程中食品接触制品会遇到的最高温度下，使用食品模拟物进行迁移试验。也可以选择使用真实的油脂类食品进行试验，但确定目标分析物会比较困难。当下列方案不能充分模拟预期使用条件，或者无法在预期最高使用温度下对食品模拟物进行试验时，应与美国食品药品监督管理局磋商，选择或建立其他替代性方案。

（1）与使用条件对应的常规方案（一次性应用）

如附录 2-1 所述，油脂类食品迁移量评估使用油脂类食品、纯液体脂肪作为模拟物进行，但当分析测试方法的局限性妨碍高敏感度的分析时，可使用乙醇水溶液作为代替模拟物。如 2.2.6.1（3）所述，通常使用 10％乙醇模拟含水食品、酸性食品和低酒精含量食品，使用 50％乙醇模拟高酒精含量食品进行迁移量的评估。

以下推荐的迁移试验方案旨在模拟聚合物的热处理和长期储存的情况，例如聚烯烃类物质在高于其玻璃化转变温度与食品接触的情况。这时长期储存通常采用 40℃下 240h（10d）的模拟加速试验。如 2.2.6.1（4）所述，聚合物在低于玻璃化转变温度下模拟试验 10d 所获得的迁移数据，应该外推到 30d，30d 对应的数据更接近于常温常态下长期储存后的预期迁移量。

① 高温加热，热灭菌或蒸馏［约 121℃（250℉）］，模拟方案如下所示。

包括高于 121℃（250℉）的食品烹饪和重热，以及高于 121℃（250℉）的瞬时高温或蒸馏灭菌。

10％乙醇①	121℃（250℉），2h
食用油（如玉米油）或 HB307 或 Miglyol 812	121℃（250℉），2h
50％或 95％乙醇①②	121℃（250℉），2h

① 需要一个压力传感器或高压灭菌设备，见参考文献。当使用产生高于 1 个大气压压力的设备时，应该采取适当的安全防范措施。

② 由食品接触层材料决定，见附录 2-1。

2h 的高温试验后，还应在 40℃（104℉）下继续进行 238h 的模拟试验，总计 240h（10d）。分别取 2h、24h、96h 和 240h 的试液进行分析。

② 沸水灭菌。使用与条件①相同的试验方案，但最高试验温度应改为 100℃（212℉）。

③ 66℃（150℉）以上的热灌装或巴氏法灭菌。将加热至 100℃（212℉）的模拟物加入试验样品中，保持 30min 后，将温度降至 40℃（104℉）。测试池应在 40℃（104℉）下保持 10d，并按先前规程中提到的同样时间间隔，取样进行分析。如果热灌装的最高温度低于 100℃（212℉），可以在最高使用温度下加入模拟物。或者也可以先在 66℃（150℉）下进行 2h 的迁移试验，然后在 40℃（104℉）下继续进行 238h 的迁移试验。备选方法中，较长时间的低温试验可以

弥补 100℃高温下的短时间（66℃、2h 或 100℃、30min）。

说明：方案③所述的迁移试验只适用于使用条件③到⑦（不包括使用条件⑧）。

④ 热灌装或 66℃（150℉）以下的巴氏法灭菌。推荐方案与方案③相似，除了应在初始温度为 66℃（150℉）时向试验样品中加入模拟物，并保持 30min，然后再将温度降至 40℃（104℉）进行后续试验。

⑤ 室温灌装和储存（不在容器内进行热处理）。申请人应在 40℃（104℉）下持续进行 240h 的迁移试验。并分别取 24h、48h、120h 和 240h 的试液进行分析。

⑥ 冷藏（不在容器内进行热处理）。除了试验温度为 20℃（68℉）外，推荐方案的其他内容与方案⑤所描述的相同。

⑦ 冷冻储藏（不在容器内进行热处理）。除了试验时间为 5d 外，推荐方案的其他内容与方案⑥所描述的相同。

⑧ 冷冻或冷藏保存，食用时被重新加热的预包装食品。模拟方案如下：

10%乙醇①	100℃（212℉），2h
食用油（如玉米油）、HB307 或 Miglyol 812	100℃（212℉），2h
50%或 95%乙醇①②	100℃（212℉），2h

① 需要一个压力传感器或高压灭菌设备，见附录 2-5。

② 由食品接触层材料决定，见附录 2-1。

⑨ 受辐射（离子辐射）。目前，我们还没有针对使用条件为离子辐射的食品接触物质的迁移试验方案。请联系美国食品药品监督管理局进行磋商，讨论此情况下的可行方案。

⑩ 超过 121℃（250℉）的烹饪（烘烤或烤制）。在使用高温烤箱的情况下（传统或微波），应在预期的最高烹饪温度和最长烹饪时间的条件下进行，并使用食用油或油脂类模拟物（如 Miglyol 812）进行迁移试验。

对于使用微波烤箱专用容器，可双重加热（能够耐传统烤箱和微波炉高热的）容器和微波热感包装来加热和烹饪食品的情况，其迁移试验方案将在本附录的第（11）部分进行讨论。

（2）聚烯烃用助剂

在相同的试验情况下，低密度聚乙烯（LDPE）的迁移量往往高于高密度聚乙烯（HDPE）或聚丙烯（PP）的迁移量。因此，通常在 100℃（接近低密度聚乙烯能保持性能的最高温度）对低密度聚乙烯进行单独的迁移实验［符合联邦法规第 21 章 177.1520（a）（2）的规定］。该迁移试验足以覆盖所有聚烯烃类，包括聚丙烯在高温杀菌条件下的使用。在这种情况下，聚烯烃通用的消费系数（CF＝0.35）将替代单独 LDPE 的消费系数（CF＝0.12，见附表 2-2）。

然而，在寻求应用在所有的聚烯烃中，分别使用符合联邦法规第 21 章 177.1520 规定的高密度聚乙烯（HDPE）、聚丙烯（PP）、线型低密度聚乙烯（LLDPE），低密度聚乙烯进行迁移试验通常得到的结果相对是有利的。因为这些聚烯烃的实际迁移量结果可能比单独使用 LDPE 的迁移量低，这些迁移量同样可以用来计算估计日摄入量。

迁移试验中所使用的特定聚合物试验样品应具备食品包装应用中特有的使用形态。试验材料必须符合联邦法规第 21 章 177.1520 中列出的性能规范。除了标出所适用的联邦法规第 21 章 177.1520 中列出的性能以外，还需提供聚合物树脂的其他特性信息，如分子量分布、熔体流动速率以及结晶度。

制造聚烯烃的催化剂技术在不断改进。合成聚烯烃（如 LLDPE、HDPE 和 PP）时所选择的特定催化剂技术，决定了聚烯烃的物理特性，如分子量和熔体流动速率。在为添加剂选择合适的聚合物试验样品时，这些因素都应考虑在内。另外，与均聚物相比，共聚物中共聚单体含量的增加通常会降低熔融范围、密度和结晶度。因此，为了涵盖添加剂应用的最大范围，在迁移试验中应使用含有最高含量共聚单体（除乙烯外的）的 LLDPE、HDPE 或 PP 共聚物（而不是均聚物）进行试验。

（3）共聚物（除聚烯烃外）用助剂

针对共聚物（除聚烯烃外）推荐的迁移试验方案与本附录（1）中推荐的方案相同。推荐使用的油脂类食品模拟物见附录 2-1。

如果一种食品接触物质没有限制应用在具体的聚合物中，申请人应该用符合联邦法规第 21 章 177.1520（a)(2) 规定的一种无规低密度聚乙烯（LDPE）样品进行试验。试验方案取决于预期使用条件［见本附录（1）］。如果其最极端应用符合使用条件①，试验温度应该为聚合物仍可保持功能性的最高温度（LDPE 的最高有效温度约 100℃）。使用涵盖所有聚合物的消费系数（CF＝0.8，见附表 2-2）和迁移数据来计算日常膳食中食品接触物质的浓度。一般来说，如果使用一系列典型聚合物分别进行试验，并结合各自聚合物类型的消费系数（见附录 2-4 中的例子）来计算，会降低食品接触物质在日常膳食中的浓度。申请人应与美国食品药品监督管理局进行磋商，从而确定选择哪种典型聚合物作为试验样品。

（4）重复使用的制品

应使用 10％乙醇、50％乙醇、食用油（如玉米油）或其他油脂类食品模拟物（如 HB307 或 Miglyol 812）对食品接触制品进行试验，试验时间为 240h，试验温度为预期最高使用温度。分别对 8h、72h 和 240h 的食品接触物质的试验溶液进行分析。申请人应提供估算的已知时间段内与已知面积的重复使用制品发生接触的食品总量，以及重复使用制品的平均使用寿命。结合迁移数据，就能计算出该制品在整个使用周期内向食品中迁移的量。

对于用于重复使用制品的助剂，美国食品药品监督管理局强烈建议使用以食物中的"最坏情况"进行初始计算，其方法是假设助剂在制品使用周期内 100％向食品中迁移，然后用所得的迁移量除以预计加工食品的总量。如果计算出来的浓度足够低，则无需进行迁移试验。

（5）罐头涂层

使用条件为高温加热、热灭菌、或蒸煮的制品所常用的迁移试验方案列于本附录（1）中的①项中。如果想要广泛覆盖所有涂层的应用范围，申请人应当与美国食品药品监督管理局进行磋商，从而确定应以哪种涂层作为试验样品。当使用条件未达到 121℃蒸煮灭菌严苛条件时，可参照（1）中②～⑥项中与预期使用的条件最为接近的一项条件下的迁移试验方案。

（6）带有乳胶黏合剂的未涂布纸和白土涂布纸

这些纸将在低于 40℃的情况下与食品发生短时间的接触。推荐试验方案如下：

10％乙醇	40℃（104℉），24h
50％乙醇	40℃（104℉），24h
食用油（如玉米油）、HB307 或 Miglyol 812	40℃（104℉），24h

由于纸和纸的涂层中有大量的低分子量和可溶性成分，所以对未涂布纸或白土涂布纸进行的迁移试验通常会得到较高量的提取物。因此，当测定纸涂层的总不挥发性萃取物或不挥发性溶剂❶萃取物时，不应将未涂布纸测得的相应的提取物作为空白校正来扣除。与使用纸作为涂层载体相比，使用玻璃或金属一类的惰

---

❶ 1995 年以前的测试方案建议测试温度为 49℃&10 天。然而，FDA 最近研究表明，49℃和 40℃（104℉）的迁移水平差别不大。此外，49℃和 40℃之间迁移水平的差异对于需要在前两小时内升高温度（如 100℃或 121℃）的迁移研究来说意义更小。在 10d 期间观察到的、高达 80％的总迁移通常是在较高温度下的这两小时内完成的。因此，对于室温应用的迁移研究和旨在反映长期环境储存的高温应用下迁移测试部分，40℃是可以接受的。

性底物涂布涂层后的测试样品更适于进行迁移试验。对于一种新纸涂层添加剂来说，应分析测试试验溶液中的这个添加剂。而对于一种新的纸涂层的聚合物来说，应分析测试试验溶液中的相关低聚物和单体。

（7）经特殊处理的纸

这一类别包括氟聚合物和硅处理纸，这类纸具有耐油和/或耐热的特性。具体的试验方案取决于其预期的特殊用途。建议可以由申请人自行设计方案，然后提请美国食品药品监督管理局进行咨询，或者就适用的试验条件向美国食品药品监督管理局直接咨询。

（8）黏合剂（室温或低于室温）

如果黏合剂应用在功能性的阻隔层后与食品隔离；或者只有痕量的黏合剂在接缝和边缘处与水质和油脂类食品发生接触，黏合剂成分物质的迁移量一般会被假定不超过 50 ppb。当采用添加剂的消费系数（CF）即 0.14 时，则得到黏合剂在膳食中的浓度为 7 ppb。如果以上迁移假设不能直接成立，应当提交与黏合剂相关成分的预期用途匹配的数据或进一步计算其迁移量。［编著者注：参照 1977 年 Monsanto v. Kennedy 案件判决美国法院认定如果无预期迁移的食品添加剂无需提交食品添加剂申报，在当时情况下，一个灵敏度适合的迁移水平检测法的未检出值（ND）为 50 ppb。］

如果申请人希望进行迁移试验，多层样品应该由最大预期黏合剂使用量和最薄的食品接触层构成。迁移试验方案与使用条件⑤一致。另外，膳食中的迁移量也可以通过迁移模型进行估算（见 2.2.6.5）。

（9）多层复合制品和共挤制品

高于室温情况下使用的多层复合制品由以下两条法规管理：一类适用于在 120～250℉（49～121℃）之间条件下使用的多层复合制品（21 CFR 177.1395）；另一类适用于在 250℉（121℃）及更高温度的条件下使用的多层复合制品（21 CFR 177.1390）。

在以上预期使用的多层复合制品中，未被阻隔层阻隔而与食品发生迁移的结构层必须符合上述规范，或已是有效食品接触通告（FCN）的主题［如果它们的预期使用用途不符合在 21 CFR 177.1395（b）（2）和 21 CFR 177.1390（c）（1）的规定］。本附录（1）使用条件①～⑩中所列的试验方案可能适于评估一些多层复合制品中非食品直接接触层的迁移量。如本指南中未考虑到的用途，应当与美国食品药品监督管理局协商特定试验方案。

（10）可蒸煮袋

推荐采用使用条件③的方案。

（11）特殊高温应用

包装技术的进步带动了食品包装材料的发展，这些材料在加热或烹饪预包装食品的短时间内能够耐受远远超过121℃（250℉）的高温。美国食品药品监督管理局使用以下试验方案对微波专用容器，可双重加热（耐传统烤箱和微波炉高热）容器和微波热感材料进行迁移试验。

① 微波专用容器。

用微波炉烹饪食品时，食品接触材料的最终试验温度由很多因素决定。这些因素包括食品成分、加热时间、食品的数量及形状和容器的形状。例如当食品量超过 5 g/in² 容器表面积并且形状较厚时，需要较长的烹饪时间食品内部才能达到预期的烹制程度，相较而言，重量与表面积比例低且形状薄的食品需要的烹饪时间则较短。典型的一般烹饪条件应不超过130℃（266 ℉）。按使用条件 8 的试验方案对包装材料进行广覆盖的迁移试验足以模拟微波专用容器的迁移。不过，如果申请人提出申请的是一种专用于微波容器中的食品接触材料，迁移试验应使用食用油或油脂类食品模拟物在 130℃（266 ℉）下进行 15min。如使用水性食品模拟物，迁移测试则应在 100℃（212 ℉）下进行 15min。

② 双重加热托盘。用于高温烤箱时，迁移试验应该在预期的传统烤箱最大烹饪温度下进行，试验时间为预期的最长烹饪时间，并且使用食用油或油脂类食品模拟物（如 Miglyol 812）。

③ 微波热感包装。采用热感技术的包装所达到的高温可能导致：

a. 从热感成分中形成大量挥发性化学物质；

b. 食品接触材料的阻隔性减低，从而引起非挥发性助剂向食品中快速迁移。

美国食品药品监督管理局的研究结果表明，当热植物油与热感容器接触后，热感材料释放出来的挥发性化学物质会以十亿分之几（ppb）的量残留在油中。美国食品药品监督管理局建议使用 McNeal 和 Hollifield 的文章中提出的方案对热感容器中的挥发物质进行定性和定量分析。

要想分离并鉴别所有现存的非挥发性提取物，申请人应该如美国材料与试验协会标准 ASTM method F1349—91 的附录 X1 中所提到的，将薄层状热感材料切碎后使用极性和非极性溶剂对其进行索氏提取（Soxhlet extraction）。非挥发性紫外吸收物质的迁移方案同样列于 ASTM method F1349—91 中，并在 Begley 和 Hollifield 的文章（Begley and Hollifield，1991）中被提到。美国材料与试验协会（ASTM）的方法依赖于按照标签说明对加工食品进行的最长时间烹饪所得到的时温分布图。而微波热感容器达到的温度则取决于加工食品的数量和性质。试验方法应包括一系列的条件标准，这些条件代表预期使用条件的最大限度值。因此，美国食品药品监督管理局建议使用与 Begley 和 Hollifield 的文章所提的相似的方法进行迁移试验。推荐的标准试验条件如下：

a. 使用充分代表预期指定用途的片状热感原料；

b. 使用输出功率至少为 700W 的微波炉；

c. 使用微波最长时间为 5min；

d. 使用的油量与热感容器表面积的比例接近 5 g/in²；

e. 水载量约为 5 g/in²。

在没有有效的迁移试验结果时，假设所有非挥发性提取物 100% 移至食品中，然后根据索氏提取的结果，估计膳食摄入量。

目前还没有可有效地直接测定脂肪族迁移物的迁移试验方案。但是，可以将索氏提取获得的非挥发性物质总量减去非挥发性紫外吸收物质和惰性物质的量，来估计脂肪族的迁移量（见 ASTM method F1349-91 的附录 X1）。脂肪族的膳食摄入量估计应该以 100% 迁移至食品中的假设为基础。

（12）塑料着色剂

一些着色剂，特别是色素，可能无法在食品模拟物——10% 和 95% 乙醇中溶解。在这种情况下，由于预期使用温度下的迁移量不可能超过着色剂溶解度的限值，因此，溶解度的资料为另一种评估最极端情况下膳食摄入量的迁移试验提供了基础。如果预计要在所有塑料包装中使用着色剂，若着色剂的消费系数 CF=0.05，且其溶解度低于 100μg/kg（温度为 40℃），那么即便按照使用条件 ⑤（40℃，240 h）这样严格的条件进行迁移试验，所得的每日膳食摄入量也不会高于 5ppb。当溶解度低于 10μg/kg 时，所得的膳食摄入量将低于 0.5ppb 的日常膳食浓度阈值（见联邦法规第 21 章 170.39）。

（13）表面无游离脂肪或油的干性食品

联邦法规第 21 章 176.170（c）中表 1 所列的食品类型Ⅷ。

表面无游离脂肪或油的干性食品一般很少或不会产生迁移，尽管有些研究表明某些添加剂能够迁移至干性食品中（如挥发性或低分子量助剂与多孔或粉状食品发生接触）。如果食品接触物质预期只与干食品与表面无脂肪或油接触，可以将迁移量假设为 50 ppb 来计算。然后用此迁移量乘以适当的食物类型分配因数和消费系数，来估计膳食浓度。如果预期食品接触物质除了用于表面无脂肪或油的干性食品外，还包括其他食物类型（如酸性食物，水性食物，或油脂类食物），则总迁移量将是对各种不同食物类型的迁移试验所得的迁移量的总和（表面无脂肪或油的干性食品所得的迁移量也归入其中）。如果希望进行表面无脂肪或油的干性食品的迁移试验，请与美国食物药品监督管理局联系，就迁移试验方案进行咨询。

（14）制造纸和纸板时使用的湿布添加剂

造纸的湿布工艺使用的纸添加剂包括那些用于改善造纸工艺的添加剂（如加工助剂），以及用于改变纸的特性的添加剂（如功能性助剂）。功能性助剂多为用于黏合纸纤维的有机树脂或无机填充剂，因此将大量存留于纸内。对于那些大量存留纸内的食品接触物质，应该对其进行迁移试验，并对试验溶液进行分析以了解物质的组成。例如，对于聚合物类助留剂，通过分析其试验溶液了解其低聚物和单体组分。另外一些添加剂（非功能性加工助剂）将保留在加工水浆中，因此通常不会大量存留纸内。对于这类加工助剂，其膳食摄入量的估计，可以基于迁移试验；或基于添加剂从纸纤维与浆水之间分离的情况。下面的例子对此进行了说明：

假定造纸期间在纸幅成形前加入添加剂（非功能性加工助剂），纸浆内预期加入水平为 10 mg/kg。由于该添加剂不会大量存留于纸内，因此在造纸过程中，当纸浆进入干燥机时，与纸浆接触的水量（水中含添加剂）决定了保留在纸中的助剂的浓度。在进入干燥机以前，利用机械手段将纸浆浓缩至约含 33% 纸浆和 67% 水的状态。相应的，此时相对于纸浆而言，添加剂的浓度为 20 mg/kg。假设最终制成的纸含 92% 的纸浆，纸的基本质量为 50 mg/in^2，添加剂 100% 迁移至食品中，每 10 g 食品接触 1 in^2 的纸，那么得到食品中助剂的浓度为 0.09 mg/kg 或 90 μg/kg。假设未涂布纸或白土涂布纸的消费系数为 0.1，那么估算得到加工助剂的膳食摄入量为 9ppb。

（15）预包装食品辐射过程中使用的材料

目前，还没有专门针对使用过程中会受到辐射的食品接触物质的迁移试验方案，此类情况请咨询美国食品药品监督管理局。

（16）可降解的聚合物与具有反应活性的食品接触物质

申请人应该提交关于食品接触物质的预期使用情况的详细内容，以及其在预期使用条件下的稳定性。对食品接触物质的降解和反应机制应该做出详尽说明，并应给出可能的降解产物和中间物的结构图。食品接触物质的稳定性和迁移试验应包括对总不挥发物、低聚物、分解产物以及其他杂质的分析。建议在提取试验前后应分别使用凝胶渗透色谱法（GPC）来分析是否存在变化，如分子量的分布变化和低分子量聚合物的浓度变化。如进行迁移试验，申请人应使用在预期使用条件下适当老化后的食品接触物质样品，以模拟食品接触物质在储存过程（使用前）中和食品接触制品的货架寿命（使用中）期间发生的降解。申请人应阐明所采取的加速迁移试验是否符合食品接触物质的反应机理。如果食品接触物质在使用前将被储存，建议增加稳定性测试试验，以分析在储存过程中可能遇到的极端环境条件产生的影响。

附录 2-3 分析验证的实例说明

用 10％乙醇对含有新型抗氧化剂的聚乙烯薄膜进行迁移试验，对试验溶液进行抗氧化剂的迁移量测定。试验应在单独的测试槽内进行，每个测试槽内放置 100 in² 薄膜。分别取试验时间为 2h、24h、96h 和 240h 的试验溶液 4 组，每组 3 份平行样，共 12 份样品进行分析。每一个时间段后，将一组试验溶液中的每一份溶液蒸发至干，将残留物溶解于适当的有机溶剂后，将已知量的试样注入气相色谱仪分析。

对显示出抗氧化剂最高迁移量的一组试验模拟物进行验证试验。验证分析方法时，另取 3 组（每组 3 个平行样）使用 10％乙醇为模拟物的试验溶液进行持续 240h 的试验。然后在每组试验溶液中加入一定浓度的抗氧化剂，其加入浓度分别为普通（未添加抗氧化剂）试验溶液在进行 240h 试验后所得的平均迁移量的 1/2 倍、1 倍和 2 倍。

申请人使用足够多的薄膜和溶剂进行一项大型试验，来替代 12 项分别试验（按时间段分 4 组，每组 3 份样）。240h 试验后，试验溶液被等分成 12 份（即每组 3 个平行样，共 4 组）。结果测得一组（3 份）溶液中包含的抗氧化剂平均浓度为 0.00080 mg/in²。假定 10g 食品接触到 1 in² 的薄膜，则该值可相当于食品中抗氧化剂迁移量为 0.080 mg/kg。在剩下的 9 份溶液（3 组）中，3 份加标量为 0.00040 mg/in²，3 份加标量为 0.00080mg/in²，3 份加标量为 0.00160 mg/in²。如上所述，对每份溶液进行加标分析。为说明回收率的计算，下表总结了在加标浓度为平均迁移量的 1/2，即 0.00040 mg/in² 时，3 份平行样的试验结果如下：

各样本的测定浓度/(mg/in²)[①]	回收量/(mg/in²)[②]	回收率/%[③]
0.00110	0.00030	75.0
0.00105	0.00025	62.5
0.00112	0.00032	85.0

① 加标量为 0.00040 mg/in²。

② 每个加标样本的测定浓度减去平均迁移量（0.00080 mg/in²）计算得出。

③ 用回收量除以加标浓度（0.00040 mg/in²）再乘以 100 计算得出 [见 2.2.6.3（5）]。

计算得到平均回收率为 74.2％，相对标准偏差为 15.2％。对食品中抗氧化剂浓度为 0.080 mg/kg 这个值而言，回收率和相对标准偏差处于规定的限度范围内〔如 2.2.6.3（5）所列，回收率应在 60%～110%；相对标准偏差不得超过 20%〕。如果其他两个加标浓度相对应的回收率和相对标准偏差也在此限度范围内，则可认为该 10%乙醇迁移试验验证合格。当然，实际采用的验证程序取决于具体的分析类型。

附录 2-4　消费系数、食品类型分布系数以及膳食摄入量估算的案例

本附录对美国食品药品监督管理局建议用于食品接触物质膳食摄入量估算的包装数据进行了汇总说明。并给出了说明如何将这些数据与食品中的食品接触物质浓度相结合的示例。有关这些数据的来源及其在膳食摄入量计算中的应用的完整说明，请参见 2.2.7。

附表 2-2　消费系数（CF）

包装类别	消费系数(CF)	包装类别	消费系数(CF)
A. 普通			
玻璃	0.1	胶黏剂	0.14
覆膜金属	0.17	蒸煮袋	0.0004
无覆膜金属	0.03	微波感受器包装材料	0.001
覆膜纸	0.2	所有聚合物[①]	0.8
未涂布或白土涂布纸	0.1	聚合物	0.4
B. 聚合物			
聚烯烃	0.35[②]	聚氯乙烯(PVC)	0.1
低密度聚乙烯(LDPE)	0.12	刚性/半刚性	0.05
线型低密度聚乙烯(LLDPE)	0.06	增塑	0.05
高密度聚乙烯(HDPE)	0.13	聚对苯二甲酸乙二醇酯(PET)[③④]	0.16
聚丙烯(PP)	0.04	其他聚酯	0.05
聚苯乙烯	0.14	尼龙	0.02
EVA(乙烯-乙酸乙烯酯共聚物)	0.02	丙烯酸树脂、酚醛树脂等	0.15
玻璃纸（cellophane）	0.01	所有其他[⑤]	0.05

① 来源于聚合物覆膜金属，聚膜纸和聚合物的消费系数总和（0.17＋0.2＋0.4＝0.8）。

② 聚烯烃薄膜 0.17〔高密度聚乙烯薄膜（0.006）、低密度聚乙烯薄膜（0.065）、线型低密度聚乙烯薄膜（0.060）和聚丙烯薄膜（0.037）的总和〕。

③ 聚对苯二甲酸乙二醇酯（PET）涂层板（0.013）；热成型聚对苯二甲酸乙二醇酯（0.0071）；聚对苯二甲酸乙二醇酯碳酸饮料瓶（0.082）；特制聚对苯二甲酸乙二醇酯（0.056）；结晶聚对苯二甲酸乙二醇酯（0.0023）和聚对苯二甲酸乙二醇酯薄膜（0.03）。

④ 对于回收的聚对苯二甲酸乙二醇酯，使用消费系数 0.05（请参照《再生塑料在食品包装中应用的化学因素指南》）。

⑤ 如文中所述，在初次预估膳食摄入量时，使用的消费系数不能低于 0.05。

附表 2-3　食品类型分布系数（f_T）

包装类别	食品类型分布系数（f_T）			
	水性[①]	酸性[①]	含酒精	含脂
A. 普通				
玻璃	0.08	0.36	0.47	0.09
覆膜金属	0.16	0.35	0.40	0.09
无覆膜金属	0.54	0.25	0.01[②]	0.20
覆膜纸	0.55	0.04	0.01[②]	0.40
未涂布纸或白土涂布纸	0.57	0.01[②]	0.01[②]	0.41
聚合物	0.49	0.16	0.01[②]	0.34
B. 聚合物				
聚烯烃	0.67	0.01[②]	0.01[②]	0.31
聚苯乙烯	0.67	0.01[②]	0.01[②]	0.31
耐冲击性	0.85	0.01[②]	0.04	0.10
不耐冲击性	0.51	0.01	0.01	0.47
丙烯酸树脂、酚醛树脂等	0.17	0.40	0.31	0.12
聚氯乙烯（PVC）	0.01[②]	0.23	0.27	0.49
聚丙烯腈、离子聚合物、聚二氯乙烯（PVDC）	0.01[②]	0.01[②]	0.01[②]	0.97
聚碳酸酯	0.97	0.01[②]	0.01[②]	0.01[②]
聚酯	0.01[②]	0.97	0.01[②]	0.01[②]
聚酰胺（尼龙）	0.10	0.10	0.05	0.75
EVA（乙烯-乙酸乙烯酯共聚物）	0.30	0.28	0.28	0.14
蜡	0.47	0.01[②]	0.01[②]	0.51
玻璃纸	0.05	0.01[②]	0.01[②]	0.93

① 当 10% 乙醇作为水性及酸性食品模拟物时，其食品类型分布系数应为两者加和。

② 等于或小于 0.01

　　下面用假设的案例来说明在每日膳食中食品接触物质的浓度（CF×<M>，即用膳食中与食品接触制品发生接触的消费系数乘以食品中食品接触物质的平均浓度），以及估计日摄入量和累计估计日摄入量的计算。

　　例 1

　　提交的食品接触通告中，描述了一种新型抗氧化剂在聚烯烃制品中的应用，其最大添加浓度为 0.25%（质量分数），聚烯烃制品在室温或室温以下与食品发生接触（见附录 2-2 第一部分使用条件⑤～⑦）。在提交给美国食品药品监督管理局的报告中，给出了低密度聚乙烯（LDPE）在三种食品模拟物中的迁移量：

溶剂(i)	迁移值(M_i)/(mg/kg)
10%乙醇水溶液	0.060
50%乙醇水溶液	0.092
Miglyol 812	7.7

申请人使用的溶剂体积与接触表面积的比值为 10 mL/in^2。因此，抗氧化剂在迁移模拟物中的浓度基本上等于其在食品中的浓度（假定 10 g 食品接触 1 in^2 的表面面积）。附表 2-2 和附表 2-3 中分别给出了聚烯烃的消费系数（CF）和食品类分配因数（f_T）。

计算得到抗氧化剂在膳食中的平均浓度$<M>$：

$$<M> = (f_{水性} + f_{酸性})(M_{10\%乙醇}) + f_{含酒精}(M_{50\%乙醇}) + f_{含脂}(M_{Miglyol\,812})$$
$$= 0.68 \times (0.060\ \text{mg/kg}) + 0.01 \times (0.092\ \text{mg/kg}) + 0.31 \times (7.7\ \text{mg/kg})$$
$$= 2.4\ \text{mg/kg}$$

根据预期用途求得每日膳食中抗氧化剂的浓度：

$$CF \times <M> = 0.35 \times 2.4\ \text{mg/kg}$$
$$= 0.84\ \text{mg/kg}$$

如果没有其他的已规范应用，则采用上面的值来计算累计估计日摄入量（CEDI）：

$$CEDI = 3\text{kg}(\text{p} \cdot \text{d}) \times 0.84\ \text{mg/kg}$$
$$= 2.5\ \text{mg/} (\text{p} \cdot \text{d})$$

例 2

在接下来的通告中，描述了同一种抗氧化剂在聚碳酸酯和聚苯乙烯食品接触制品中的扩展应用，每一种聚合物制品均在室温或室温以下与食品发生接触。报告中给出的迁移相应的迁移量：

溶剂	向食品的迁移/(mg/kg)		
	聚碳酸酯	聚苯乙烯	耐冲击性聚苯乙烯
10%乙醇水溶液	0.020	0.020	0.020
50%乙醇水溶液	0.025	0.035	0.22
Miglyol 812	0.033	0.15	6.2

根据各项的预期用途进行的每日膳食中抗氧化剂的浓度的计算，如下所示。计算时，耐冲击性聚苯乙烯的消费系数（CF）为 0.04；而其他聚苯乙烯的消费系数（CF）均为 0.06。

聚碳酸酯：

$$CF \times <M> = 0.05 \times [0.98 \times (0.020\ \text{mg/kg}) + 0.01 \times (0.025\ \text{mg/kg})$$
$$+ 0.01 \times (0.033\ \text{mg/kg})]$$

$$=0.001 \text{ mg/kg}$$

聚苯乙烯：

$$\begin{aligned} CF \times <M> &= 0.06 \times [0.52 \times (0.020 \text{ mg/kg}) + 0.01 \times (0.035 \text{ mg/kg}) \\ &\quad + 0.47 \times (0.15 \text{ mg/kg})] \\ &= 0.0049 \text{ mg/kg} \end{aligned}$$

耐冲击性聚苯乙烯：

$$\begin{aligned} CF \times <M> &= 0.04 \times [0.86 \times (0.020 \text{ mg/kg}) + 0.04 \times (0.22 \text{ mg/kg}) \\ &\quad + 0.10 \times (6.2 \text{ mg/kg})] \\ &= 0.026 \text{ mg/kg} \end{aligned}$$

由于增加了在聚碳酸酯和聚苯乙烯的附加应用，导致每日膳食中抗氧化剂的总浓度大约为 0.032 mg/kg。

估计日摄入量（EDI）为：

$$EDI = 3 \text{ kg}(p \cdot d) \times 0.032 \text{ mg/kg}$$
$$= 0.096 \text{ mg/} (p \cdot d)$$

之前允许的应用［见例 1，EDI 为 2.5 mg/（p·d）］和之后附加的预期应用［EDI 为 0.1 mg/（p·d）］，最终计算得到，累计估计日摄入量为 2.6 mg/（p·d）。

附录 2-5　食品分类及使用条件

附表 2-4　食品原料和加工的类型

序号	原料和加工的食品类型
I	非酸性的含水食品,可含盐、糖或两者均含(pH>5.0)
II	酸性的含水食品,可含盐、糖或两者均含,包括高脂或低脂的水包油乳液
III	含油或脂肪的水性、酸性或非酸性食品,可含盐,包括高脂或低脂的油包水乳液
IV	乳制品及加工过的乳制品： A. 高脂或低脂的油包水乳液； B. 高脂或低脂的水包油乳液
V	低水分油脂或脂肪
VI	饮料： A. 酒精含量不高于 8%； B. 不含酒精； C. 酒精含量高于 8%
VII	不包括在本表的第 VIII 或 IX 内的烘烤食品(如面包)： A. 表面含油或脂肪的湿性烘烤类食品； B. 表面不含油或脂肪的湿性烘烤类食品
VIII	表面无脂肪或油的干固体食品(无需进行最终试验)
IX	表面含脂肪或油的干固体食品

附表 2-5　食品的使用条件

序号	使用条件
A	高温加热,热灭菌或蒸煮[约 121℃(250 ℉)]
B	沸水灭菌
C	热灌装或巴氏灭菌[高于 66℃(150 ℉)]
D	热灌装或巴氏灭菌[低于 66℃(150 ℉)]
E	室温灌装和储存(容器内无热处理)
F	冷藏(容器内无热处理)
G	冷冻储藏(容器内无热处理)
H	冷冻或冷藏;食用时被重新加热的现成食品
I	受辐射(电离辐射)
J	烹饪温度超过 121℃(250 ℉)

参 考 文 献

1. 通用文献

[1] American Society for Testing and Materials (ASTM), E 1303-95, Standard Practicesfor Refractive Index Detectors used in Liquid Chromatography. ASTM, WestConshohocken, PA 19428-2959.

[2] Arthur D. Little, Inc., July 1983: A Study of Indirect Food Additive Migration. Final Summary Report. 223-77-2360.

[3] Arthur D. Little, Inc., September 30, 1988: High Temperature Migration Testing of Indirect Food Additives. Final Report. FDA Contact No. 223-87-2162.

[4] Arthur D. Little, Inc., August 1990: High Temperature Migration Testing of Indirect Food Additives to Food. Final Report. FDA Contract No. 223-89-2202.

[5] ASTM E 1511-95. Standard Practice for Testing Conductivity Detectors Used in Liquid or Ion Chromatography. ASTM, West Conshohocken, PA 19428-2959.

[6] Baner A, Brandsch J, Franz R. et al. The Application of a predictive migration model for evaluating the compliance of plastic materials with European food regulations. Food Additives and Contaminants, 1996, 13 (5): 587-601.

[7] Begley T H, Hollifield H C, Application of a polytetrafluoroethylene single-sided migration cell for measuring migration through microwave susceptor films. American Chemical Society Symposium Series 473: Food and Packaging Interactions Ⅱ, Chapter 5, 1991: 53-66.

[8] Chang S, Migration of low molecular weight components from polymers: 1. Methodology and diffusion of straight-chain octadecane in polyolefins. Polymer, 1984, 25: 209-217.

[9] Currie L A, Limit of qualitative detection and quantitative determination, application to radiochemistry. Analytical Chemistry, 1968, 40: (3): 586-593.

[10] Goydan R, Schwope A, Reid R, et al. High temperature migration of antioxidants from polyolefins. Food Additives and Contaminants, 1990, 7 (3): 323-337.

[11] Helmroth E, Rijk R, Dekker M, et al. Predictive modeling of migration from packaging materials in-

to food products for regulatory purposes. Food Science and Technology，2002，13：102-109.

[12] Katan L L. Migration from Food Contact Materials，Blackie Academic & Professional. Keith，L. H.，Crummett，W.，Deegan，Jr.，J.，Libby，R. A.，Taylor，J. K.，and Wentler，G.，1980，Principles of environmental analysis. Analytical Chemistry，55，2210-2218.

[13] Limm W，Hollifield H C. Effects of temperature and mixing on polymer adjuvant migration to corn oil and water. Food Additives and Contaminants，1995，12 (4)：609-624.

[14] Limm W，Hollifield H. Modeling additive diffusion in polyolefins. Food Additives and Contaminants，1996，13 (8)：949-967.

[15] McNeal T P，Hollifield H C. Determination of volatile chemicals released from microwave-heat-susceptor food packaging. J. AOAC International，1993，76 (6)：1268-1275.

[16] National Bureau of Standards. Migration of low molecular weight additives in polyolefins and copolymers. Final Project Report，NBSIR 82-2472. NTIS PB 82-196403，National Technical Information Services，Springfield，VA.

[17] Piringer O G，Baner A L. Plastic Packaging Materials for Food，Wiley-VCH.

[18] Schwope A D，Reid R C. Migration to dry foods. Food Additives and Contaminants，1988，5 (Suppl. 1)：445-454.

[19] Schwope A D，Till D E，Ehntholt D J，et al. Migration of an organo-tin stabilizer from polyvinyl chloride film to food and food simulating liquids. Deutsche Lebensmittel Rundschau，1986，82 (9)：277-282.

[20] Schwope A D，Till D E，Ehntholt D J，et al. Migration of Irganox 1010 from ethylene-vinyl acetate films to foods and food-simulating liquids. Food and Chemical Toxicology，1987，25 (4)：327-330.

[21] Schwope A D，Till D E，Ehntholt D J，et al. Migration of BHT and irganox 1010 from low-density polyethylene (LDPE) to foods and food-simulating liquids. Food and Chemical Toxicology，1987，25 (4)：317-326.

[22] Snyder R C，Breder C V. New FDA migration cell used to study migration of styrene from polystyrene into various solvents. Journal of Association Official Analytical Chemist，1985，68 (4)：770-775.

[23] Till D，Schwope A D，Ehntholt D J，et al. Indirect food additive migration from polymeric food packaging materials. CRC Critical Reviews in Toxicology，1987，18 (3)：215-243.

[24] Till D E，Ehntholt D J，Reid R C，et al. Migration of BHT antioxidant from high density polyethylene to foods and food simulants. Industrial & Engineering Chemistry，Product Research and Development，1982，21 (1)：106-113.

[25] Till D E，Ehntholt D J，Reid R C，et al. Migration of styrene monomer from crystal polystyrene to foods and food simulating liquids. Industrial & Engineering Chemistry，Fundamentals，1982，21 (2)：161-168.

[26] Till D E，Reid R C，Schwartz P S，et al. Plasticizer migration from polyvinyl chloride film to solvents and foods. Food and Chemical Toxicology，1982，20 (1)：95-104.

2. 关于迁移测试池的文献

以下列出的参考资料包括对不同包装类应用进行迁移试验时，使用的迁移测试池的具体说明、照片或迁移测试池示意图。

（1）常见应用

[1]　ASTM F34-98, Standard Practice for Construction of Test Cell for Liquid Extraction of Barrier Materials. ASTM, West Conshohocken, PA 19428-2959.

[2]　Dow Chemical, Inc., A single-sided migration cell, known as the Dow cell, has been used with food oil at 175℃. The cell is available from: Kayeness, Inc., 115 Thousand Oaks Blvd., Suite 101, P. O. Box 709, Morgantown, PA 19543 (610-286-7555). Model no. D9030.

[3]　Figge K, Koch J. Effect of some variables on the migration of additives from plastics into edible fats. Food Cosmetics Toxicology, 1973, 11: 975-988.

[4]　Goydan R, Schwope A D, Reid R C, et al. The cell used was a double-sided (immersion), stainless steel cell, with water, 95％ ethanol, and oil at 130℃.

[5]　Limm, W. and Hollifield, H., 1995. The cell used was a single-sided glass cell with water, food oil, and food at 135℃.

[6]　Snyder, R. C. and Breder, C. V., 1985. The cell used was a double-sided (immersion) glass cell with water, 3％ acetic acid, 95％ ethanol, and oil at 40℃ and 50％ aqueous ethanol at 70℃. This cell is also specified in ASTM D4754-87 " Standard Test Method for the Two-Sided Liquid Extraction of Plastic Materials Using FDA Migration Cell. " ASTM, West Conshohocken, PA 19428-2959.

[7]　Till D E, Ehntholt D J, Reid R C, et al. The cells used were glass, single-sided and double-sided (immersion) cells, with water, 3％ acetic acid, 95％ ethanol, and oil at 40℃ 1982.

（2）微波应用

[1]　ASTM F1349-91, Standard Test Method for Nonvolatile Ultraviolet (UV) Absorbing Extractables from Microwave Susceptors. ASTM, West Conshohocken, PA 19428-2959.

[2]　Begley T and Hollifield H. The cell was used with food oil at temperatures up to 240℃, 1991.

[3]　Rijk R and De Kruijf. N. Migration testing with olive oil in a microwave oven. Food Additives and Contaminants, 1993, 10 (6): 631-645.

2.3　美国食品接触材料新品种评估申报——毒理学指南

内容来自《行业指南：关于食品接触物质食品接触通告的准备——毒理学指南》。该指南由美国食品药品监督管理局（FDA）在2002年4月出版，体现了美国食品药品监督管理局关于食品接触物质食品接触通告的准备过程中在毒理学建议方面的最新思路。本指南不为任何人创造或赋予任何权利，不对美国食品药品监督管理局或公众有任何束缚作用。如果有指南以外的其他方法，而方法能够满足相关法规和条例的要求，也可以使用。本指南的发布符合美国食品药品监督管理局的《良好指导规范（Good Guidance Practice）》[21 CFR10.115]。

2.3.1 毒理学建议要点

2.3.1.1 安全性概述和全面毒理学综述

食品接触通告中食品接触物质的安全信息是食品接触通告的主体。它应该包括食品接触物质的安全性概述（SN）和全面毒理学综述（CTP）两方面。安全性概述是 FDA 表格 3480 的第三部分，为通告人判断食品接触物质的预期用途是否安全提供了依据。全面毒理学综述应提供所有与食品接触物质安全评估有关的毒理学信息概要。在某些情况下，食品接触通告可能需要涵盖食品接触物质中所有有毒组分的全面毒理学综述。如果食品接触物质中的某种组分为致癌物质，那么食品接触通告中的全面毒理学综述应包括定量风险评估。

2.3.1.2 关于食品接触物质及其组分安全性测试的建议

本文件建议对食品接触物质及其组分进行安全性测试，主要以一系列遗传毒性试验为基础。当食品接触物质的摄入量达到一定水平时，则以亚慢性毒性研究为基础。本建议给出了在不同摄入量的情况下通常应达到的安全测试的最低水平。当食品接触物质的初始量或递增性摄入量小于或等于 0.5 ppb 时，不需要进行安全测试；当累计摄入量值处于 0.5 ppb 和 1ppm 之间时，建议进行遗传毒性试验和/或亚慢性试验；当累计摄入量值大于或等于 1 ppm 时，根据《联邦食品、药品和化妆品法》（Federal Food，Drug and Cosmetic Act，简称 FFDCA）第 409 条（h）（3）（B）款的规定，美国食品药品监督管理局通常要求提交食品添加剂申请。

2.3.1.3 已知有毒物质的结构相似性评估

在可行的范围内，可以将通过结构-活性关系（也称构效关系）推测出的潜在毒性信息纳入到食品接触物质的安全评估中。这类信息可以作为食品接触物质安全评估总体策略的一部分，也可用来帮助解释安全测试的结果。

2.3.2 介绍

《1997 年美国食品药品监督管理局现代化法》（Food and Drug Administration Modernization Act of 1997，FDAMA）第 309 条修改了《联邦食品、药品和化妆品法》第 409 条内容，建立了食品接触通告程序，将其确立为美国食品药品监督管理局用来管理食品接触物质（被视为间接食品添加剂）的主要手段。食品接触物质是指任何在食品加工、包装、运输或储藏过程中作为原料而使用的物质组分，并且其使用不应对食品产生任何技术性的影响［参见《联邦食品、药品和化妆品法》的第 409 条（h）（6）款]。

食品接触物质作为一种间接食品添加剂，必须符合 21 CFR 173～178 中规定的预期用途；或经法规阈值豁免程序（参见 21 CFR 170.39）规定免于管理，或者属于《联邦食品、药品和化妆品法》第 409 条（h）款中有效通告的物质［参见《联邦食品、药品和化妆品法》第 409 条（a）（3）款］。在食品接触物质的食品接触通告和食品添加剂申请中，必须包括充分的科学资料，以证明作为通告或申请主体的食品接触物质在预期用途下的安全性［参见《联邦食品、药品和化妆品法》第 409 条（h）（1）款和第 409 条（b）款］。《联邦食品、药品和化妆品法》第 409 条（b）款规定了食品添加剂申请（FAP）中用于确定食品添加剂安全性的法定要求，其中包括与食品添加剂安全性有关的所有调查报告。由于所有食品添加剂的安全标准都是一样的（不管是要进行食品接触通告还是食品添加剂申请），因此食品接触通告或食品添加剂申请中所涵盖的数据和资料是相似的。

2.3.3 摄入量估计

安全性测试作为某食品接触物质在食品接触通告中的基础内容，所测试项目很大程度上取决于食品接触物质的累计估计日摄入量。累计估计日摄入量是食品接触物质估计日摄入量的总和。它是由本通告中所描述的应用和该物质在任何其他已规范的应用共同产生的量。关于人类膳食摄入量的估算方法，参见"行业指南：关于食品接触物质食品接触通告和食品添加剂申报的准备——化学建议"。

在某些情况下，提交不完全的化学资料可能会影响摄入量估计值，进而影响毒理学测试的建议。因此，美国食品药品监督管理局建议通告人提供关于食品接触物质在食品中的预期使用水平的充分信息，以便估算累计估计日摄入量以反映消费者对食品接触物质的可能摄入量，同时确保开展适当水平的毒理学试验。

美国食品药品监督管理局意识到该指南中使用的累计估计日摄入量的方法与法规阈值豁免程序（参见 21 CFR 170.39）的方法看上去有所不同。实际上，这两种方法是一致的。TOR 规定，如果膳食中使用的间接食品添加剂其递增摄入量≤0.5ppb，则无需进行食品添加剂申请。在法规阈值程序建立时，美国食品药品监督管理局明确表示：由于在估算膳食摄入量时通常采取保守假设，因此某些零星的添加剂的使用对累计估计日摄入量的影响可以忽略不计。所以仅在法规阈值接触水平时，无需使用累积估计日摄入量。美国食品药品监督管理局相信在法规阈值建立过程中做出的此决定仍然合理。

2.3.4 测试物质

通常，FDA 建议安全性测试试验中使用的测试物质应与将要迁移到食品中的物质一致。相关测试物质通常为食品接触物质本身。然而，在某些情况下，相关测试物质可以包括食品接触物质的多种组分，如微量组分、制造过程中使用的原料、分解产物等，其前提是这些组分可能迁移到食品中。例如：当食品接触物质是一种聚合物时，美国食品药品监督管理局建议应对低分子量低聚物而不是对聚合物本身进行毒理性试验，因为低聚物可能是食品接触物质向食品中迁移的主体。

一些食品接触物质分解成其他物质，这些物质会对食品接触材料（如除黏菌剂）的制造或食品接触材料本身（如磷基抗氧化物中的磷会氧化成磷酸盐和亚磷酸盐）产生技术性的影响。其他的食品接触物质由于生产技术的影响而分解，或在加工、储藏过程中及食品或食品模拟物中分解（如聚合体中的抗氧化剂）。在这种情况下，食品接触物质的分解产物可作为安全性测试试验的测试物质。

在安全性测试试验中使用的测试物和对照物的表征和处理应符合《良好实验室操作规范》（Good Laboratory Practice，GLP）中对非临床实验室研究的相关条例（21 CFR 58，Subpart F——Test and Control Articles）。在任何情况下，应该了解安全性测试中所使用的测试物质的成分组成信息。通告人应该提供测试物质的主要成分和其他组分的名称、分子式和含量，以及未定性物质的大致含量。如有常用名和商品名，也应一并提供。如果可能，应使用同一批测试物质进行安全性测试。如果使用多批测试物质，各批次的浓度、成分组成、纯度及其他特性应大致相同。

有关食品接触物质化学特性及其组分的更多信息，参见《行业指南：关于食品接触物质上市前申请的准备——化学指南》。若需要具体测试物质的安全性测试指导，建议通告人与 FDA 联系。

2.3.5 安全性测试建议

2.3.5.1 最低限度检测建议

美国食品药品监督管理局建议以累计估计日摄入量（参见 2.3.3）为基础进行研究（如果适合的话），以评定食品接触物质及组分的安全性。这些建议符合一般性原则，即物质的潜在风险可能会随着接触量的增加而增加。

美国食品药品监督管理局建议通告人应至少提交以下试验资料和其他信息以评估食品接触物质（及其适用组分）的安全性：

（1）食品中递增摄入量小于或等于 0.5 ppb［即 1.5μg/（p·d）］

① 如果单次使用的摄入量小于或等于 0.5 ppb，则不建议对食品接触物质

（或适用的组分）进行安全性测试。

② 在全面毒理学综述中应提供有关食品接触物质潜在致癌性的可用信息［例如：致癌试验、遗传毒性试验与已知的诱变剂或致癌物质结构相似性方面的信息（参见2.3.10）等］。

③ 对于食品接触物质中包含的某种致癌组分，在全面毒理学综述中应评估该食品接触物质在预期使用条件下其致癌组分对人类造成的潜在致癌风险（参见2.3.8.3）。

（2）累计摄入量大于 0.5 ppb［即 $1.5\mu g /$（p·d）］，但不超过 50 ppb［即 $150\mu g /$（p·d）］

① 当食品接触物质（和/或适用的组分）的累计摄入量介于 0.5 ppb 和 50 ppb 之间时，应采用遗传毒性试验对其潜在致癌性进行评估。建议使用的遗传毒性试验包括：

a. 细菌回复突变试验；b. 体外哺乳动物细胞染色体畸变试验或小鼠淋巴瘤 tk^+ 基因突变试验。美国食品药品监督管理局倾向于体外小鼠淋巴瘤 tk^+ 试验，这是因为该试验既能检测活细胞的可遗传性损害，也能区分化学物诱导的基因突变或染色体畸变，包括与致癌作用相关的遗传学变化。在进行小鼠淋巴瘤 tk^+ 试验分析时，应采用软琼脂法或微孔平板法。

② 全面毒理学综述应适当讨论关于该物质潜在的致癌性的附加信息［例如：致癌性试验、遗传毒性试验与已知的诱变剂或致癌物质结构相似性方面的信息（参见2.3.10）等］。

③ 对于食品接触物质中包含的某种致癌组分，在全面毒理学综述中应评估该食品接触物质在预期使用条件下其致癌组分对人类造成的潜在致癌风险（参见2.3.8.3）。

（3）累计摄入量介于 50 ppb［即 $150\mu g /$(p·d)］和 1ppm［即 3mg /(p·d)］之间

① 当食品接触物质（和/或适用的组分）的累计摄入量介于 50 ppb 和 1ppm 之间时，应采用遗传毒性试验对其潜在致癌性进行评估。建议使用的遗传毒性试验包括：

a. 细菌回复突变试验；b. 体外哺乳动物细胞染色体畸变试验或小鼠淋巴瘤 tk^+ 基因突变试验（倾向于小鼠淋巴瘤 tk^+ 试验）；c. 利用啮齿类动物造血细胞检测染色体损伤的体内试验。在进行小鼠淋巴瘤 tk^+ 试验分析时，应采用软琼脂法或微孔平板法。

② 全面毒理学综述应适当讨论关于该物质潜在的致癌性的附加信息〔例如：致癌性试验、遗传毒性试验与已知的诱变剂或致癌物质结构相似性方面的信息（参见 2.3.10）等〕。

③对于食品接触物质中包含的某种致癌组分，在全面毒理学综述中应评估该食品接触物质在预期使用条件下其致癌组分对人类造成的潜在致癌风险（参见2.3.8.3）。

④ 食品接触物质（和/或适当的组分）的潜在毒性应由啮齿动物和非啮齿动物的亚慢性经口毒性试验进行测定。以累计估计日摄入量为基础，该试验应为确定食品接触物质或其组分的每日允许摄入量（ADI）提供足够的基础数据。此外，试验结果也将有助于确定是否应进行长期或专门的毒理学试验（如新陈代谢试验、致畸性试验、生殖毒性试验、神经毒性试验和免疫毒性试验）以评估这些物质的安全性。

（4）累计摄入量大于或等于 1ppm〔即 3mg /（p•d）〕

当食品接触物质或某组分的累积摄入量大于或等于 1 ppm 时，美国食品药品监督管理局建议提交食品添加剂申请书（参见 2.3.12）。

2.3.5.2 安全性测试方案

《关于食品中直接使用的食品添加剂和色素添加剂安全性评估的毒理学准则》(Toxicological Principles for the Safety Assessment of Direct Food Additives and Color Additives Used in Food)（美国食品药品监督管理局，1982）提供了标准毒理试验（遗传毒性试验除外）的通用指南，这些指南适用于食品接触物质及其组成组分的毒理试验。更多的附加说明可以在 1993 年的红皮书 Ⅱ（Redbook Ⅱ）草案中找到。关于红皮书 1993 年草案的修正部分（针对评论的答复）可登录以下网站查阅：http：//www.cfsan.fda.gov/～redbook/red-toca.html（美国食品药品监督管理局，2000）。

红皮书的部分章节，包括某些遗传毒性试验的操作指南，可在美国食品药品监督管理局网站（http：//www.cfsan.fda.gov）上查阅。对于没有在网上发表的遗传毒性试验，美国食品药品监督管理局建议通告人参考经济合作与发展组织（OECD，欧洲）出版的测试指南、美国环境保护署（EPA）的指南以及"人用药品注册技术要求国际协调会"（International Conference on Harmonization of Technical Requirements for Registration of Pharmaceuticals for Human Use, ICH）的遗传毒性试验指南。

如果采用替代的安全性试验及其程序，美国食品药品监督管理局建议通告人应在进行试验之前就计划使用的试验与毒理学建议中提供的试验存在的偏差，与美国食品药品监督管理局的科学家进行咨询协商。

所有的安全性试验应根据食品与药物管理局的《良好实验室规范（GLP）条例》或美国环境保护署的《良好实验室规范指南》或经济合作与发展组织的《良好实验室规范指南》进行。如果某项试验未按照这些规范或指南进行，则应提供一份简短的原因声明。对于 1978 年以后执行的，不符合 FDA《良好实验室规范》的安全性试验，美国食品药品监督管理局建议：如果该试验对食品接触物质的安全性评估起到关键作用，则要求通告人在提交的文件中应包括一份由独立第三方对数据的审计报告。

2.3.5.3　杀菌剂的测试建议

杀菌剂是一种人为的有毒食品接触物质。因此，美国食品药品监督管理局建议：评估杀菌剂在估计日累积摄入量水平时的安全性时需最低毒性测试试验要求（参见 2.3.5.1），通告人应采用评估其他食品接触物质安全性的估计日累积摄入量的 1/5 值对应的毒性测试要求。美国食品药品监督管理局认为更低摄入量的限制适用于以抗微生物或抗真菌为主要效用的食品接触物质。

2.3.5.4　遗传毒性试验建议

美国食品药品监督管理局建议：如果食品接触物质的累计估计日摄入量大于 0.5 ppb，则应进行遗传毒性试验。因为即使致癌性物质的暴露量处于低水平，仍可能引起健康损害。并且，除全面的慢性动物致癌试验以外，遗传毒性试验是目前最可靠的潜在致癌性试验指标。

在某些情况下，遗传毒性试验也许并无用处，以上提供的建议可能需要修改。例如，美国食品药品监督管理局认为没有必要对聚合物进行遗传毒性试验，而应对能迁移至食品中的低聚物和其他组分进行测试。

2.3.5.5　应用 FDA 建议的灵活性

本文件提供的信息和指导旨在帮助确保可供使用的食品接触物质及其组分的安全信息是足够的，以便判定该物质在预期使用条件下是否安全。尽管本文件包含的信息陈述了当前美国食品药品监督管理局关于安全信息的观点，这些安全信息可用于判定食品接触物质及其组分的安全性，但是，如果有其他方法符合适用的法规条例，通告人也可以采用这些替代方法。

本文件中讨论的建议允许通告人根据他们自己的判断选择食品接触物质安全性测试的方法。在确定某一特定食品接触物质或其组分的安全性时，所需的安全测试标准和安全信息类别应具体情况具体分析。在预期用途下，潜在急性和慢性毒性（例如：神经毒性或增生所表现的体征及症状）以及结构可疑的化合物等都是需要考虑的因素。

2.3.6　准备安全性信息

美国食品药品监督管理局建议通告人应分两部分来准备安全性信息。第 1 部分安全性信息应按 FDA 表格 3480（新食品接触物质的通告）的第 Ⅲ 部分提供；第 2 部分安全信息是作为 FDA 表格 3480 附录的安全数据包。

FDA 表格 3480 的第 Ⅲ 部分是安全概要，包含 4 个部分的内容：

a. 安全性概述；b. 食品接触物质相关安全性试验表格；c. 潜在致癌性和毒性组分的相关信息表格；d. 所有未包含于上述 3 部分中的其他相关信息的简要说明。

关于安全性概述（FDA 表格 3480 的 A 部分）的详细信息参见 2.3.7。

通告中的第 2 部分安全性信息是安全数据包。美国食品药品监督管理局建议通告人按下列条目准备安全数据包：

第 1 部分：全面毒理学综述；

第 2 部分：安全性研究的原始报告；

第 3 部分：公开出版的文献；

第 4 部分：附录。

关于全面毒理学综述（安全数据综合报告的第 1 部分）的详细信息参见 2.3.8。

安全数据包的第 2 部分应包括安全性研究的原始报告，第 3 部分应包括出版的文献（即通告人准备第一部分内容时所依据的数据或信息）。如有可能，最好应递交所建议的安全性研究、致癌生物鉴定和关于食品接触物质及其组分的其他关键试验的完整报告，包括所有原始数据（即个体动物资料、平板计数等）。不管是由通告人还是由第三方来执行的试验，包含原始数据的完整试验报告都应包括在安全数据包中。尤为重要的是，完整试验报告中应包含定量试验［例如风险评估或确定无可见作用剂量水平（NOEL）试验］的原始试验数据和相关信息。对于澄清或确定特定安全试验的完整试验报告是否应包含在食品接触通告中，建议通告人与美国食品药品监督管理局联系。

安全数据包的第 4 部分作为附录，主要包括未在前 3 个部分中提及的试验数据及其他信息。此类数据主要由通告人考虑和判断进行补充，由美国食品药品监督管理局对这些信息的效用作独立评估。美国食品药品监督管理局特别建议通告人在第 4 部分中应该提供一个摘要，用以说明在全面毒理学综述中没有对上述试验及信息进行讨论的原因。如果此类试验和信息太多，美国食品药品监督管理局建议通告人在准备这样的附录前应先与 FDA 取得联系。另外，附录还应包含一个独立部分，其内容包括所有文献搜索的结果及与搜索有关的所有相关信息（例如：所选用的数据库名、检索年限、指定检索词等）。第 4 部分还应包括材料安全数据表、书的章节、综述等其他信息。

2.3.7 安全性概述

每则通告均应包括安全性概述（SN）。安全性概述是对安全性决策的科学基础的简述。通常，安全性概述应涉及评估膳食摄入量和食品接触物质及其组分的潜在毒性，并且应以在本通告其他部分中详述的化学与安全性信息及相关分析为基础。在安全性概述中，通告人应明确报告食品接触物质的所有影响，包括那些被认为是不利的或生理性的影响。必要时，安全性概述还应包括与食品接触物质及其组分潜在的诱导突变和致癌性相关的结论。此外，如果食品接触物质的有关组分是致癌的，安全性概述还应提供其相应的最极端情况、终身风险上限水平。但是，此部分不需要致癌物质详细的定量风险评估程序（参见 2.3.8.3）。如果食品接触物质的每日允许摄入量（ADI）是根据某些试验而确定，则主要的试验方法、选择的终点、选择的动物类别和采用的安全（或不确定性）因子应符合要求。一般来说，如果累计估计日摄入量小于 50 ppb，则无法计算食品接触物质的每日允许摄入量。但是如果有合理的试验数据，每日允许摄入量也是可以计算出来的。如果使用之前确定的每日允许摄入量支持食品接触物质的新用途，则应该予以讨论说明。

每日允许摄入量的计算方法：将所有相关安全试验识别出的不利影响的各个未观察到有害作用水平除以一个适当的不确定系数。关于如何确定无可见作用剂量水平（NOEL）的信息，参见本指导文件的 2.3.8.2。当无可见作用剂量水平是通过啮齿和非啮齿类亚慢性毒理试验得出时，美国食品药品监督管理局通常会建议通告人使用 1/1000 作为不确定系数；当无可见作用剂量水平是通过两类动物的慢性毒理试验得出时，美国食品药品监督管理局通常会建议通告人使用 1/100 作为不确定系数。对于生殖和发育造成影响的，当观测到的有害作用影响严重或是有不可逆转的改变时（例如：缺肢或活胎率减少），美国食品药品监督管理局建议通告人使用 1/1000 作为不确定系数；其他情况，美国食品药品监督管理局建议使用 1/100 作为不确定系数。当然，也可以依据各试验具体的情况做出其他适当调整。

从传统上来说，应选择最小的每日允许摄入量，除非有科学理论或数据证明并非如此（例如：验证动物体内发现的毒性效应不会出现在人体内）。

2.3.8 全面毒理学综述

每则通告均应包括全面毒理学综述（CTP），它应包括所有未出版的和已出版的安全性试验以及与该食品接触物质安全评估相关的相应信息。如果食品接触物质的某些组分估计会转移到食品中，则通告中还应提供与各组分潜在毒性相关的全面毒理学综述。

在准备全面毒理学综述时，应包括所有能够明确不良健康效应的毒理学试验或对决定物质的每日允许摄入量有重要影响的试验。在 2.3.9 中将介绍美国食品药品监督管理局对各种安全试验相关性的观点。这些观点在全面毒理学综述准备过程中也应予以考虑。

如果在全面毒理学综述中的某项具体试验中的试验物质与食品接触物质不同，则应清楚地指明它与食品接触物质的关系。例如，应该将试验物质视为食品接触物质的一种组分（例如：适当的单体、低聚物、分解产物、副产物或杂质）。

以下是美国食品药品监督管理局关于准备全面毒理学综述重要部分（包括研究总结、无可见作用剂量水平的确定、风险评估、参考书目）的建议。

2.3.8.1 准备全面毒理学综述研究总结

（1）遗传毒性试验的总结

遗传毒性的潜在性是食品接触物质安全评估的考虑重点。在全面毒理学综述中应详细描述食品接触物质及其组分的遗传毒性信息。在评估食品接触物质及其组分的安全性时，通告人应考虑所有已出版和未出版的遗传毒性数据。

总结遗传毒性试验时，美国食品药品监督管理局建议通告人：

① 根据测试系统（例如：细菌中的基因突变、培养的哺乳动物细胞的基因突变、体外的染色体畸变、体内染色体畸变等）将可用数据进行分组，再按时间先后顺序介绍同一测试系统中的各个试验。

② 在适当的情况下，编制食品接触物质及其组分的遗传毒性数据表格。

③ 如有可能，阐明并充分论证关于食品接触物质及其组分的潜在遗传毒性的全面性结论。

（2）体内毒性测试试验的总结

在全面毒理学综述中应详细说明食品接触物质及其组分的体内毒性测试试验

的标准。应系统地介绍未出版及已出版的安全数据。按物种（如：小鼠、大鼠、狗等）将同一试验类型（即亚慢性、慢性、生殖等）的试验报告和已出版的文章进行分组，再按时间顺序逐一进行总结。以下是一个提纲示例，通告人可以照此准备全面毒理学综述中的试验：

① 急性毒性试验（可以以表格形式列出）；

② 短期毒性试验；

③ 亚慢性毒性试验：

a. 小鼠；

b. 大鼠；

c. 狗；

d. 其他物种。

④ 生殖和发育试验；

⑤ 慢性试验（按物种）；

⑥ 致癌性试验；

⑦ 特殊试验（包括适当的体外研究）。

美国食品药品监督管理局建议每个独立试验的总结中至少应包括以下信息：

① 试验物质的特性；

② 试验动物的物种和品种；

③ 动物数目/性别/剂量和对照组；

④ 给药途径；

⑤ 剂量［mg/（kg·d）］、服用频率与时间、给药载体（如果有的话）；

⑥ 试验设计中的其他要素，视情况而定（如：恢复期、筛选方法、中间处死等）；

⑦ 测量参数（例如：临床症状、临床检验试验、器官质量、组织病理学等）和测量频率；

⑧ 重要的、与测试物相关的效应（包括观察到效应的剂量、动物的发病率及影响等）；

⑨ 最高剂量的无可见作用剂量水平（即：每种效应的无可见作用剂量水平）。

2.3.8.2 无可见作用剂量水平的确定

无可见作用剂量水平（NOEL）应由相关安全试验所鉴别的最敏感、非肿瘤性不良作用确定。无可见作用剂量水平的单位应为 mg/（kg·d）。

如果试验中测试动物摄入食品接触物质或组分的浓度是以膳食结构中的百分比或百万分率（ppm）来表示，通告人应使用这些单位来报告无可见作用剂量水平并且根据 mg/（kg·d）来计算出摄入量。在这种情况下，通告人应指明计算中是否使用实际的膳食消耗量数据。如果有的话，应根据试验类型（即：亚慢性、慢性、生殖等）编制一份所观察到不良作用的汇总表，以帮助评估和确定所有与测试物质相关的无可见作用剂量水平。

2.3.8.3 致癌组分的风险评估

必要时，全面毒理学综述应包括食品接触物质的致癌组分的风险评估。《联邦食品、药品和化妆品法德莱尼修正案》食品添加剂条款［《联邦食品、药品和化妆品法》的 409(c)（3）（A）部分］规定：禁止批准使用致癌物作为食品添加剂（包括食品接触物质）。重要的是，法德莱尼修正案适用于添加剂本身，而不适用于添加剂的组分。因此，如果未证明食品添加剂（食品接触物质）会致癌，但食品添加剂中包含了一种致癌组分，那么美国食品药品监督管理局会根据常规的安全标准［《联邦食品、药品和化妆品法》409（c）（3）（A）部分］，使用定量风险评估程序评估该组分。

如果关于该组分的流行病学研究或啮齿动物致癌性试验的结果是阳性的或是不确定的，通常通告人应以该组分的摄入量来计算相对应的最极端情况、终身致癌风险上限。通告人也可以使用其他方法来评估致癌组分的风险，但必须提出有力的科学依据来证明这种风险评估方法的合理性。在计算风险度时通告人应：

① 使用最敏感物种、品种、性别和试验的肿瘤数据进行研究；

② 假设出现在多个部位的肿瘤彼此独立，则应对其风险度进行累加；

③ 用单位致癌风险乘以某组分的估计每日摄入量（基于通告中的使用浓度）来计算相对应的最极端情况、终身致癌风险上限。单位致癌风险是指从最低明显作用剂量外推到零所得到的直线斜率。美国食品药品监督管理局已计算出某些食品接触物质组分的单位致癌风险度，承索即寄。

在 Kokoski et al.（1990）和 Lorentzen（1984）的出版物中包含了美国食品药品监督管理局关于风险评估方法的常规信息。有关食品安全与应用营养学中心的定量风险评估程序的更多详细信息，通告人请与美国食品药品监督管理局联系。

2.3.8.4 参考书目

全面毒理学综述应包括按字母顺序列出的所有参考的文献目录。所有出现在全面毒理学综述中的已出版和未出版的研究和信息，在正文中引用时应注明文献的作者和出版年份。每个已出版的参考文献都应包括所有的作者名、出版年份、文献的完整名称、引用页码和杂志的名称。如果引用的是参考书，则应包括书名、版本、编著者姓名和出版商。如引用的是尚未出版发表的研究，则应注明所有作者、研究的发起人、实施研究的实验室、最终报告时间、最终报告的完整标题、报告识别号码和包含的页码。引用政府出版物，应包括部门、局或办公室、标题、出版单位地址、出版单位、出版年份、引用页码、出版丛书系列以及报告编号或专题论文的编号。

2.3.9 美国食品药品监督管理局对通告中各种安全试验相关性的观点

除急性毒性试验之外，美国食品药品监督管理局认为测试物质经口途径的安全试验与食品物质安全评估的相关度最高。如果观测到有末端部位的全身效用产生，则从其他摄入途径（包括经呼吸道和经皮）的试验得到的数据也可能是有价值的。只有与食品物质安全评估相关的试验和信息才需要在全面毒理学综述中讨论。

下面简要介绍美国食品药品监督管理局关于食品接触物质安全评估的各种毒性试验相关性的观点。

2.3.9.1 急性毒性试验

在消费者可能长期反复接触的食品接触物质的综合安全评估中，很少使用急性毒性数据，包括半数致死剂量（LD_{50}）。不需要对急性毒性试验进行单独讨论。只有一种情况例外，即急性毒性试验提供的重要有用信息可能会为测试物质不良作用的潜在目标器官提供线索。除此以外，急性毒性试验的结果列表概述即可。

2.3.9.2 遗传毒性试验

因为在缺少致癌性数据的情况下，遗传毒性试验可用于考量物质潜在的致癌性，所以美国食品药品监督管理局认为物质的遗传毒性信息对物质的安全评估来说至关重要。

在确定遗传毒性试验结果是否表明食品接触物质具有潜在的安全问题的过程中，应考虑以下因素：

① 其他可用的安全数据，如生物测试；

② 遗传毒性试验的质量；

③ 阴性和阳性遗传毒性试验结果的数组；

④ 测试物质的化学结构（参见 2.3.10）。

2.3.9.3　短期毒性试验

动物的短期毒性试验，通常持续 7～28 天，不应用于确定食品接触物质的每日允许摄入量。但是，在全面毒理学综述中应列出各个短期试验的总结。对于这些试验，必要时应强调与长期毒性试验的毒性反应和使用剂量有潜在关系的终点和靶器官。

2.3.9.4　亚慢性毒性试验

亚慢性毒性试验的无可见作用剂量水平通常是确定食品接触物质每日允许摄入量的基础。在这种情况下，提供完整的亚慢性试验总结是非常重要的，在全面毒理学综述中应包括对试验结果的详细讨论。如果亚慢性试验的主要目的是识别在慢性毒性试验中的靶器官或所选剂量，那么就可以在试验总结中适当强调这些目的。如果对不同物种进行亚慢性试验，则应该讨论物种的差异性（如果存在的话）。

2.3.9.5　生殖和发育毒性试验

由于生殖和发育毒性试验的无可见作用剂量水平可以作为确定食品接触物质每日允许摄入量的基础。因此，应提供所有试验结果的总结和详细讨论。对于亲代动物及其各代后代，应对所有由测试物质有关变化产生的无可见作用剂量水平进行鉴别。总结应阐明哪些效应被用于确定无可见作用剂量水平。应对所有报道的变化的毒性相关性进行评估，而且，并发母体毒性对试验结果的影响，也应进行描述。

2.3.9.6　慢性毒性试验

如果以食品接触物质安全评估为目的，进行了慢性毒性试验，一般来说这些试验结果可以取代亚慢性试验结果。由于这些试验耗时较长，所以在短期试验中未发现的毒性作用也可能被鉴别出来。在全面毒理学综述中，应该总结并详细讨论啮齿动物和非啮齿动物慢性毒性试验的试验结果。

2.3.9.7　致癌试验

致癌性试验与食品接触物质及其组分的安全评估相关。如果进行了这类试验，则应该讨论所有肿瘤性和非肿瘤性的试验观察结果。应列出由测试物所致的所有器官或组织部位的肿瘤性和非肿瘤性病变的汇总表。同时，应提供测试动物具体器官部位单独/并发出现良性和恶性肿瘤的风险。如果可能，还应对重要病变进行详细的形态学描述。除了对剂量和对照组之间的重要性进行检验外，还应进行统计学趋势分析。另外，应评估所有明显作用之间的潜在生物关联性。在有关的组织病理学信息中，还应讨论从试验中获得的肿瘤形成的时间以及执行实验室的肿瘤历史对照数据。美国国家毒理学计划（National Toxicology Program）编制的报告中，为如何陈述以上要求的组织病理学数据提供了良好的示例。全面毒理学综述应清楚地说明食品接触物质是否与肿瘤性或前期肿瘤性的变化有关，并讨论在本试验中发现的肿瘤发病率、肿瘤位置和类型是否证明了食品接触物质或其某些组分会致癌。注意：以上详细信息对支持试验中没有发现致癌效应这一结论来说非常重要。

2.3.9.8　特殊试验

特殊研究包括新陈代谢和药物动力学试验，以及旨在测试其他特殊类型的动物毒性试验（例如：神经毒性、免疫毒性）。临床试验和所报道的人体内的发现也被视为特殊试验。通常来说，临床试验不是食品接触物质试验范例的一部分。但是，如果可以利用临床试验，则应该在全面毒理学综述中提供各个试验的总结。临床试验的结果可以影响食品接触物质每日允许摄入量的确定。

2.3.10　已知有毒物的结构-活性关系评估

食品接触物质及其组分的化学结构和物理化学性质是毒性的潜在决定性因素，这种概念或推测是合理的。在可行的范围内，可以将通过结构-活性关系（构效关系）预测出物质潜在毒性的讨论或说明纳入食品接触物质及其组分的安全评估中。必要时，可用专家的分析、决策树方法或者计算机辅助定量构效关系的方法来推测相关物质的化学结构和毒性观察终点之间的关系。然而，此类信息不能用来代替实际试验数据，但是它有助于制定安全评估的总体策略和解释致癌性试验及其他安全试验的结果。

2.3.11　提交前会议

通告人可以要求召开关于食品接触物质通告的提交前会议。多数通告不需要进行美国食品药品监督管理局和通告人之间的提交前会议。是否举行提交前会议，由通告人自行决定。提交前会议旨在帮助成功递交通告。因为如果没有充分的科学数据支持，通告不会被接受。美国食品药品监督管理局认为提交前会议以咨询为主要目的。提交前会议不应被看作是美国食品药品监督管理局对是否接受（通告人在提交前会议后提交的）通告的最终决定。

举例来说，当每日允许摄入量与累计估计日摄入量之间的比值小于 5 的时候，提交前会议也许是有帮助的。这种情况下，通告人可能希望在递交通告前举行一次会议，讨论确定无可见作用剂量水平来计算每日允许摄入量的过程中可能存在的解释上的差异。由于安全试验中的测试剂量差通常至少为 3 倍，所以，确定的无可见作用剂量水平很少会存在多于一个剂量档的差异。因此，美国食品药品监督管理局认为，当每日允许摄入量与估计日累积摄入量之间的比值小于 5 时，可考虑举行提交前会议。

如果对食品接触物质的致癌性以及与致癌组分有潜在关系的重大风险存在疑问时，或者存在可疑的诱变数据时，提交前会议可以提供帮助。

2.3.12　决定提交通告时的其他毒理学注意事项

美国食品药品监督管理局在评估食品接触物质及其组分的安全性上的经验表明，即使食品接触物质或其组分的累计摄入量等于或大于 1 ppm，或对杀菌剂而言，等于或大于 200 ppb 时，食品接触通告也可适用。下面是相关例子：

在下列情况下，即使估计累积摄入量高于 1 ppm，或对杀菌剂而言，高于 200 ppb，食品接触通告也适用于食品接触物质：

食品接触物质及其组分的每日允许摄入量已有规定。在这种情况下，在提交食品接触通告前，通告人需联络美国食品药品监督管理局，以确定规定的每日允许摄入量是否适用于欲提交的食品接触物质。

已拥有大量与食品接触物质或其组分结构相近的类似物的数据库，且该类似物已通过美国食品药品监督管理局的批准。这种情况下，建议使用下列毒理学测试办法，以验证美国食品药品监督管理局所批准的类似物与欲提交的食品接触物质及其组分的毒性和代谢相似度：

① 历时 90 天的啮齿或非啮齿动物的经口毒性试验；

② 具有对比性的吸收、分布、代谢和排泄试验。

如果断定食品接触物质和/或其组分胃肠道吸收很少或不被吸收，那么这一论断应得到相关科学信息或数据支持。

如果断定以累计估计日摄入量摄入时，食品接触物质经化学反应或新陈代谢单一转化成已知的几乎无毒性的产物，那么这一论断应得到体内或体外相关试验数据的支持。

参 考 文 献

［1］ Cramer G M，Ford R A ，Hall R L. Estimation of toxic hazard - A decision tree approach. Food Cosmet. Toxicol，1978，**16**：255-276.

［2］ Code of Federal Regulations，Chapter 1，Title 21，Part 58 - Good Laboratory Practice for Non-Clinical Laboratory Studies. Final Rule for Good Laboratory Practice Regulation under the Federal Food，Drug，and Cosmetic Act. *Federal Register*，1978，**43**：59986-60025.

[3] Kokoski C J, Henry S H, Lin C S, et al. Methods used in safety evaluation. Food Additives, 1990: 579-616.

[4] Lorentzen R. 1984. FDA Procedures for carcinogenic risk assessment. Food Technology, 1984, 38 (10): 108-111.

[5] McConnel E E, Solleveld H A, Swenberg J A, et al. Guidelines for combining neoplasms for evaluation of rodent carcinogenesis studies. J. Natl. Canc. Inst., 1986, 76: 283-289.

[6] Office of Premarket Approval. 1999. Guidance for Industry: Preparation of FCNs for FCSs: Chemistry Recommendations, U. S. Food and Drug Administration, Center for Food Safety and Applied Nutrition, 200 C Street S. W., Washington, D. C. 20204.

[7] FDA. 1982. Toxicological Principles for the Safety Assessment of Direct Food Additives and Color Additives Used in Food. The Redbook. U. S. Food and Drug Administration, Bureau of Foods, National Technical Information Service, Springfield, VA.

[8] FDA. 1993. Toxicological Principles for the Safety Assessment of Direct Food Additives and Color Additives Used in Food. Draft Redbook Ⅱ. U. S. Food and Drug Administration, Center for Food Safety and Applied Nutrition, Washington, D. C.

[9] FDA, 2000. Toxicological Principles for the Safety of Food Ingredients: Redbook 2000. U. S. Food and Drug Administration, Center for Food Safety and Applied Nutrition, Washington, D. C.

2.4 美国食品接触材料新品种评估申报——环境指南

内容来自《行业指南：提交给 CFSAN 的分类排除（categorial exclusion，CE）声明或环境评估（environmental asssessment，EA）——环境指南》。该指南由美国食品药品监督管理局（FDA）在 2006 年 5 月更新，体现了美国食品药品监督管理局关于食品接触物质食品接触通告的准备过程中在环境方面的最新思路。本指南不为任何人创造或赋予任何权利，不对美国食品药品监督管理局或公众有任何束缚作用。如果有指南以外的其他方法，而方法能够满足相关法规和条例的要求，也可以使用。

2.4.1 简介

1969 年《国家环境政策法》（NEPA）要求每个联邦机构评估其行为的环境影响，并作为其决策过程的一个组成部分，确保感兴趣和受影响的公众了解环境分析。美国食品药品监督管理局在 21 CFR 25 中的法规规定了程序，以补充 40 CFR1500～1508 中的环境质量委员会（CEQ）的法规。该机构于 1997 年 7 月 29 日修订了第 25 部分（62 FR 40570）（以下简称"1997 年最终规则"），要求对这类单独或累计不会对人类环境造成重大影响的行为进行分类排除，从而提高 FDA 实施 NEPA 法案的效率并减少 NEPA 评估的次数，因此要求提交无需环境评估（EA）和环境影响报告书（EIS）。21 CFR 25.20 规定了通常需要准备环境评估的行为类型，除非该行为符合 21 CFR 25.30 或 21 CFR 25.32 规定的分类排除的要求，此类行为包括：批准食品添加剂申请和着色剂申请；根据 21 CFR 170.39 批准作为食品添加剂的豁免申请；根据《联邦食品、药品和化妆品法案》（21 U.S.C. 348（h））第 409（h）节提交的食品接触物质通告生效；确认食品接触物质作为公认安全的物质使用；以及根据法规的要求建立食品标签。相关方可以通过向机构提交在此罗列的任何申请书、豁免请求或申报给政府机构来请求他们行动。这些行动的请求将在本文件中统称为"提交材料"，提交材料的相关方称为"提交方"。

本指南旨为提交者提供关于分类排除（CE）和环境评估提交时需要涵盖哪些信息的建议。该指南参照 21 CFR 25 要求，还介绍了有助于机构审查提交材料的信息类型。包含以下讨论主题：

① 何种类型工业界发起的行为可提供分类排除声明；

② 按照法规要求，分类排除的声明必须包括什么信息；

③ 什么是环境评估；

④ 法规何时要求环境评估，应使用何种格式；

⑤ 什么是特殊情况；

⑥ CFSAN 对准备环境评估有什么建议。

如果本文件未涵盖拟议的行为，提交方可联系 CFSAN，以寻求如何评估潜在环境影响的指导。

根据 21 CFR 25.15（a），所有请求机构采取行为提交的材料必须附有分类排除声明或充分的环境评估。充分的环境评估是指解决相关环境问题，并包含足够的信息，使机构能够确定拟议的行为是否会对人类环境质量产生重大影响。对于可能严重影响人类环境质量的行为，机构必须根据 21 CFR 25.22 准备一份环境影响报告书。

美国食品药品监督管理局的指导文件（包括本指南），并未确立法律上可强制执行的责任。相反，指南描述了机构当前对某一主题的想法，除非引用了特定的监管或法定要求，否则应仅将其视为建议。"应该"一词在机构指南中的使用意味着建议或推荐，不是必须。

2.4.2 分类排除的行为

行为不会单独或累计对人类环境造成重大影响适用于分类排除，因此无需环境评估和环境影响报告书。然而，根据 21 CFR 25.21 和 40 CFR 1508.4 的要求，如果特殊情况表明拟议的特定行为可能会对人类环境质量产生重大影响，则美国食品监督药品管理局将要求至少需要一个环境评估。有关特殊情况的更多信息，参见 2.4.3.3，21 CFR 25.30 和 21 CFR 25.32 中列出的适用于 CFSAN 措施的类分类排除项。

2.4.2.1 哪些工业界发起的行为适用使用分类排除声明？

下列 21 CFR 25.30 和 21 CFR 25.32 中列出的分类排除声明适用于工业界向 CFSAN 提出的行为请求，包括食品添加剂申请和着色剂申请、豁免申请、允许用于食品接触物质的通知生效、确认食品接触物质作为公认安全的物质使用，以及为符合相关食品标签的申请：

① 法规的更正和技术变更 [21 CFR 25.30 (i)]。

② 在产品或替代品的现有使用水平没有增加或预期用途没有改变的情况下，市售制品标签法规的建立或废止 [21 CFR 25.30 (k)]。

③ 食品标准的发布、修订或废除 [21 CFR 25.32 (a)]。

④ 着色剂申请的批准，将暂时列入清单中的着色剂更改为永久列入，用于食品、药品、设备或化妆品中 [21 CFR 25.32 (c)]。

⑤ 物质为人类或动物的 GRAS 的确认，以回应食品药品监督管理局的倡议或依据联邦法规 21 CFR 第 182、184、186 或 582 条提交的申请；21 CFR 170.3 (l) 和 181.5 (a) 章节中已批准的食品成分的法规的建立，同时这个食品成分或物质已经按照其提议的用途在美国上市 [21 CFR 25.32 (f)]。

⑥ 食品添加剂申请的批准、GRAS 申请的确认、豁免请求的批准或通告生效的批准，前提是这些物质在食品包装材料成型品中的质量百分比不超过 5%，并且预期通过消费者的使用而保留在食品包装材料成型品中时，或者当该物质是食品包装材料成型品的涂层的组成 [21 CFR 25.32 (i)]。

⑦ 食品添加剂申请的批准、GRAS 申请的确认、豁免请求的批准或通告生效的批准，前提是当该物质用作永久性或半永久性设备的食品接触面或另一个用于重复使用的食品接触物品的部件 [21 CFR 25.32 (j)]。

⑧ 食品添加剂、色素添加剂的批准或 GRAS 申请的确认，或通告生效的批准，前提是这些物质旨在直接添加到食品中且保留在食品中，最后被消费者摄入，同时它不是替代食品中的基本营养素 [21 CFR 25.32 (k)]。

⑨ 用于隐形眼镜、缝合线、人工晶状体中用来支撑的细丝、骨水泥以及其他 FDA 监管的使用水平类似较低的产品中使用的着色剂的批准 [21 CFR 25.32

（l）］。

⑩ 来源于新植物品种且以预期形式用于食品中的食品添加剂申请的批准［21 CFR 25.32（o）］。

⑪ 食品添加剂申请的批准，豁免请求的批准，或通告生效的批准，前提是该物质根据《联邦杀虫剂、杀菌剂和杀鼠剂法案》（FIFRA）已被美国环境保护署（EPA）批准注册，且申请的用途与其一致［21 CFR 25.32（q）］。

⑫ 食品添加剂、着色剂的批准，GRAS 申请的确认，或通告生效的批准，前提是这些物质在环境中自然存在，预期的行为不会显著改变物质本身，其代谢物或降解产物在环境中的浓度或分布❶［21 CFR 25.32（r）］。

⑬ 法规的版本，修订和撤销，以回应依据 21 CFR 101.12（h）出现的民众请愿申请，依据 21 CFR 101.69 的营养成分声称申请或依据 21 CFR 101.70 的健康声称申请❷［21 CFR 25.32（p）］。

此时提交者仅需要提交一个分类排除的声明，即使一个特定的行为满足多个可排除的情况。

2.4.2.2 法规要求的分类排除声明必须包括哪些内容？

如果提交方选择对拟议的行为请求分类排除，则必须按照 21 CFR 25.15 提交分类排除声明，主要内容包括：

① 引用 CFR 中的分类排除主张的依据；

② 符合分类排除标准条件的声明；

③ 一份声明说明据提交方所知，不存在需要提交环境评估的特殊情况。

美国食品药品监督管理局已经制定了其分类排除规则的特定标准，因此在大多数情况下，通过审查提交的其他信息就能很容易地确定是否满足分类排除要求。这种方法与 CEQ 的观点一致，因为在分类排除请求中提交的信息通常就足够了。在有限的必要情况下，CFSAN 可能会要求提供其他补充资料，以确保满足分类排除的标准，特别是对于 21 CFR 25.32（i），21 CFR 25.32（o）和 21 CFR 25.32（q）涉及的分类排除。如下所述，此类信息可帮助 CFSAN 确定是否适用排除条款。

---

❶ 环境中自然存在的物质是从自然资源或生物系统中获得的，并以与环境中自然存在的物质相同的形式存在于环境中。如果合成物质与环境中天然存在的物质相同，也可视为天然存在的物质。

❷ 21 CFR 25.32（p）节提及与第 101.103 节（21 CFR 101.103）中所述成分标签声明有关的请愿书。然而，FDA 在 1996 年 6 月 3 日撤销了第 101.103 条（61 FR 27779），因为它与 21 CFR 10.30 中针对公民请愿的程序重复了。机构打算通过删除对 21 CFR 101.103 的引用来纠正 21 CFR 25.32（p）。

根据 21 CFR 25.32（i），在食品包装材料成型品中存在的且其质量不超过5％的物质属于排除情形。在主张这种分类排除时，只需要简单地指出：该物质存在于食品包装成型品中，并发挥作用。对于在最终食品包装材料中没有功能的物质（即加工助剂），但确实存在于消费者使用的包装中，FDA 建议您提供此物质在包装中的浓度估计值❶。满足以下情况可以适用排除情形：

① 加工助剂以不超过 5％（质量比）存在于食品包装终产品中时；

② 加工助剂预期存在消费者的使用的食品包装材料终产品中；

③ 加工助剂使用时结合到成品食品包装材料中比例较高，如＞95％。

21 CFR 2 5.32（o）中的排除适用于来源于新植物品种且以预期形式用于食品中的食品添加剂申请的批准。正如修订第 25 部分的拟议规则序言中所讨论的那样（1996 年 5 月 1 日 61 FR 19476～19483），FDA 设立此排除是基于美国农业部依据《联邦植物害虫法》以及《国家环境政策法》（NEPA）的授权已对可能造成植物虫害风险的新植物品种进行评估和管理。美国食品药品监督管理局建议在对这类行为进行分类排除的声明中提供美国农业部根据《联邦植物害虫法》进行审查的情况。如果因为该生物体被认为存在对植物昆虫的潜在风险，美国农业部已经确定生物体的监管的状态为需监督，那么排除声明中需明确引用联邦注册局的决定。（编者注：此部分说明是针对转基因生物体）。

21 CFR 25.32（q）中是适用于在 FIFRA 下被 EPA 批准注册的物质，且其用途与提交给 FDA 的申请用途相同的排除。1997 年最终规则的序言为此排除提供了指导（62 FR 40570～40582-83）。短语"用途相同"是指，在将食品添加剂用途与农药用途进行比较时，使用目的、此物质及其组分、此物质和各组分使用都是实质相同。

对于此类行为，该机构建议提交者在分类排除声明中包括：

① 具有与申请中要求的用途相同的物质的 FIFRA 注册标签的副本。

② 申请人计划在 FDA 批准后请求美国环保署对其进行修改而拟议的 FIFRA 注册标签的副本，其中包括 FDA 规定的该物质的非农药用途。

鼓励提交方联系 CFSAN 咨询：分类排除是否适用于特定行为。

---

❶ 例如，假设拟议用途的最大年市场容量为 100 000 千克（kg）。如果 2000kg 该物质进入食品包装生产现场的废物流，98 000kg 将成为成品食品包装材料的组成部分，那么该物质用于包装的百分比将是98％。

2.4.3 环境评估的准备

2.4.3.1 什么是环境评估？

根据 40 CFR 1508.9 中 CEQ 的定义，环境评估是一份简明的公共文件，可为确定是否准备 EIS 或发现无重大影响（FONSI）提供足够的证据和分析。

环境评估必须包括对拟议行为的必要性、NEPA 第 102（2）（E）节要求的替代方案、拟议行为及其替代方案对环境的影响以及咨询机构和人员的清单（40 CFR 1508.9 和 21 CFR 25.40）。环境评估必须关注 FDA 管制物质的使用和处置相关的环境问题，并且是一份简明扼要、客观且平衡的文件，以使公众了解政府机构决定准备 EIS（21 CFR 25.22 和 21 CFR 25.42）或 FONSI（21 CFR 25.41）的依据。如果确定某一行为或一组相关行为可能对环境造成不利影响，环境评估必须讨论合理的替代行为方案，这些方案具有较小的环境风险或比提议的行为更环保［21 CFR 25.40（a）］。

在 FDA 修订第 25 部分之前，该法规为各种类型的行为提供了标准的环境评估格式。在与 CEQ 磋商后，FDA 决定，应在指导文件中而不是经修订的规则中提供制备环境评估的样品格式。因为指导文件不会束缚机构或公众，更易修改，这样将使 FDA 有更大的灵活度来制定有针对性的环境文件，以反映环境分析方面的最新发展，并有助于提交者专注于重要的环境问题。

2.4.3.2 法规要求何时提交环境评估，应使用何种格式？

建议涵盖以下物质的环境影响评价格式，这些物质是提交给机构的主题，并且不符合 21 CFR 25.30 或 21 CFR 25.32 的分类排除标准：

① 直接添加到食品中保留在食品中的，且被消费者摄入的物质，但非替代食品中的基本营养素，并且不符合 21 CFR 25.32（r）条所规定的排除范围的物质，请参阅附录 2-6（原指南附录 A）中的 EA 格式❶。

② 食品生产中使用的次级直接食品添加剂和食品接触物质，预期不存留在食品中，也不符合 21 CFR 25.32（j）、（q）、或（r）条的排除条件，见附录 2-7（原指南附录 B）中的 EA 格式❷。

---

❶ 根据 21 CFR 25.32（r），本类案件中的某些诉讼可能有资格被排除，因为它们涉及环境中自然阐述的物质，且不会显著改变该物质、其代谢物或降解产物在环境中的浓度或分布。

❷ 根据 21 CFR 25.32（j）、（q）或（r）节的规定，对食品生产中使用的某些物质采取的行动可能符合排除条件，因为它们是用作组件食品接触表面的永久性或半永久性的设备，或用于重复使用的食品接触制品的组成部分，已由 EPA 根据 FIFRA 注册用于申请中要求的相同用途，或者是环境中自然存在的物质，这种作用不会显著改变该物质、其代谢物或降解产物在环境中的浓度或分布。

③ 用于生产食品包装材料的加工助剂，不预期成为食品包装材料终产品的组成部分，也不符合 21 CFR 25.32（i）、（q）或（r）条的分类排除条件，见附录 2-8（原指南附录 C）中的 EA 格式❶。

④ 成分占食品包装材料终产品的质量百分比超过 5%，不包括终产品中给的涂层组分。请参见原指南附录 D 中的 EA 格式❷。（附录 D 还在起草中，后续发布。在此期间，我们建议联系 OFAS 通过提交必要信息需求帮助）。

2.4.3.3 什么是特殊情况?

根据 40 CFR 1508.4 和 21 CFR 25.21，如果特殊情况表明提议的适用于分类排除的行为可能对环境产生重大影响，FDA 将至少要求提供 EA。特殊情况可能通过管理机构或业界申请人掌握的数据揭示，或可能基于物质的生产，使用或使用后的处置信息揭示。管理机构掌握的信息包括公共信息、提交材料中的信息以及在其他提交材料中收到的相同或类似物质的信息。

CEQ 定义了"重大"的界限以帮助确定某项行为是否可能会对人类环境质量产生重大影响。在评估是否存在特殊情况并需要提交至少一份环境评估（EA）时，应该考虑该定义界限（原指南见附录 E）。可能适用于 CFSAN 特殊情况的行为包括但不限于以下示例所述情况：

① 现有数据表明，在预期暴露水平下，存在对环境造成严重损害的可能性的行为［21 CFR 25.21（a）］。

② 对根据《濒危物种法》或《濒危野生动植物种国际贸易公约》确定的濒危或受到威胁的物种的关键栖息地产生不利影响的行为，或根据其他联邦法律有权得到特别保护的野生动植物产生不利影响的行为［21 CFR 25.21（b）］。

③ 可能违反联邦、州或地方法律或环境保护要求的行为［40 CFR 1508.27（b）（10）］。

④ 特殊排放情况导致不满足联邦、州或地方环境机构颁布的一般或特定排放要求（包括职业健康要求），且排放可能损害环境。

⑤ 可能对固体废物管理产生重大影响的行为，如减少来源、回收、堆肥、焚烧和填埋。

---

❶ 根据 21 CFR 25.32 (j)、(q) 或 (r) 节的规定，对食品包装材料生产中使用的某些加工助剂采取的行动可能符合排除条件。因为物质存在于成品食品包装中，按质量计算不超过 5%，并且在消费者使用过程中仍与成品食品包装材料在一起，由 EPA 根据 FIFRA 注册，用于申请材料中要求的相同用途，或者是环境中自然存在的物质，其作用不会显著改变该物质、其代谢物或降解产物在环境中的浓度或分布。

❷ 根据 21 CFR 25.32 (i)，对成品食品包装材料的涂层成分可能符合分类排除的条件。

⑥ 涉及源自植物或动物的物质，这些物质可能影响源生物或周围生态系统的可持续性，例如，因耕作作物的农业惯例（例如水、能源、农用化学品或土地使用的改变）的变化而对资源产生的潜在重大影响，或因采集野生标本而产生的重大影响。

如果 FDA 判定属于其他特殊情况，除适用分类排除的行为，他们将指导申请人环境评估中应包括什么信息内容。

2.4.3.4　CFSAN 对准备 EA 的建议?

① 在准备阶段的早期，请咨询 CFSAN，以确定最适合您的 EA 格式，并讨论信息的性质和范围。在进行任何环境测试之前，请先咨询 CFSAN，以确定是否应考虑测试，以及应做哪些测试。在许多情况下，现有信息可以支持拟议的行为。

② 当进行环境测试时，建议使用称为排序测试的程序〔21 CFR 25.40 (a)〕。FDA 建议使用 FDA 的《环境评估技术手册》❶ 或基于其他组织（如 EPA❷ 和 OECD❸）发布的经科学验证的方法。

③ 任何项目都不应该留空。FDA 建议，对于认为不适用的项目，应提供对此的声明并解释为何不适用。

④ FDA 建议您提供与潜在环境影响相匹配的分析水平。例如，如果某种物质的使用和处置预期会导致非常有限的环境暴露，则可以选择提供较少的有关该物质的环境和影响的信息。

⑤ 应该确保 EA 中描述的操作与提交内容其他部分中要求的操作的一致性，并且应包括建议操作所允许的使用范围

⑥ 应该通过提供来自科学文献、数据库或公司档案❹等来源的相关数据来支持环境评估中的主张和结论。不应该提出不被支持或实际上不可能被支持的主张。根据 40 CFR 1500.4 和 1502.21，相关的公开文件应通过引用纳

---

❶ 可从美国国家技术信息服务中心获得，地址：弗吉尼亚州斯普林菲尔德港皇家路 5285 号（电话 703-605-6000），订单号 PB-87 175345/AS。

❷ 参见 40 CFR 796，了解 EPA 化学品归类测试指南，或 EPA 污染预防和有毒物质办公室（OPPTS）协调测试指南：835 - 归类、运输和转化测试指南，请访问 http://www.epa.gov/opptsfrs/home/guidelin.htm。参见 40 CFR 797，了解 EPA 的环境影响测试指南，或 EPA 的 OPPTS 协调测试指南：850-生态效应测试指南，网址为 http://www.epa.gov/opptsfrs/home/guidelin.htm。

❸ 经济合作与发展组织的《化学品检测指南》外部链接免责声明可在互联网上查阅。

❹ 根据《美国法典》第 18 条 1905 款、《美国法典》第 21 条 331（j）款或《美国法典》第 360j (c) 款不得披露的数据和信息应在提交文件的保密部分单独提交，并应尽可能在环境评估（21 CFR 25.51 中加以总结。

入环境评估。纳入的材料应在环境评估中引用并简要描述。在允许发表意见的时间内，潜在相关者无法合理查阅的材料不得通过引用纳入（40 CFR 1502.21）。

⑦ 如果分析表明不确定该机构的行动是否会对环境产生影响或者潜在的环境影响是否会很大，则 FDA 建议您声明并进行确定。如果存在此类不确定性，鼓励联系 CFSAN，以获得关于如何处理的更多指导。

在准备环境影响评估时，需考虑环境影响评估必须是一份简明、客观和平衡的文件，它将使管理机构能够决定是否需要 FONSI 或 EIS，并使公众能够理解该机构的决定。最后，请注意 FDA 负责环境评估的范围和内容［40 CFR 1506.5 和 21 CFR 25.40（b）］。因此，FDA 将仔细审查环境评估，如果不充分，将要求对其进行修改或补充。适当的环境评估是指包含足够信息，以使机构能够确定拟议的行为是否会对人类环境质量产生重大影响［21 CFR 25.15 (a)］。

2.4.4 1995 年《减少文书工作法案》

本指南包含信息收集规定，须根据 1995 年《减少文书工作法案》（44 USC 3501~3520）由管理和预算办公室（OMB）进行审查。

估计完成此信息收集所需的时间平均为每个响应一小时，包括复查说明、搜索现有数据源、收集所需数据以及完成和复查信息收集的时间。将有关此负担估算的评论或减少此负担的建议发送给：

Office of Food Additive Safety，HF-265 Center for Food Safety and Applied Nutrition Food and Drug Administration

5001 Campus Drive

College Park，MD 20740

附录 2-6 行业指南：为 CFSAN 申请所编制的分类排除声明或环境评估

2006 年 5 月

最终版

由食品添加剂安全办公室食品安全与应用营养中心发布，下载网址为 https://www.fda.gov/regulatory-information/search-fda-guidance-documents/guidance-industry-preparing-claim-categorical-exclusion-or-environmental-assessment-submission-cfsan-6。

以下是针对环境评估报告中需向机构所提交相关信息的格式和类型的建议。也可以使用能满足适用法规要求的其他方式。

（1）日期：环境评估报告（简称 EA）应提供 EA 的编制日期。

（2）申请人姓名：EA 应注明申请人信息。

（3）地址：EA 应注明申请人公司地址。

（4）建议行动的描述：FDA 建议 EA 所描述的建议行动应涵盖以下几个方面：

① 被要求采取的行动：EA 在描述所请求的审批时应命名作为行动主体的物质、描述该物质的建议用途（包括任何限制）以及提供其使用水平。EA 应该确定拟议法规，如果了解将要修改的《联邦法规》（CFR）的章节，则应提供该文件。FDA 建议，在 EA 中对建议用途的描述应与请求的用途以及在申请书其他部分中描述的用途保持一致。

② 需要采取的行动：EA 必须对提案的需求进行简短的讨论（21 CFR 25.40）。建议措施的描述（例如食品添加剂的预期技术效果）应与申请书的其他部分保持一致。

③ 使用场所❶：EA 应该简要描述该物质的使用场所。FDA 建议描述物质将会混入食品的场所（例如食品加工厂）。对于消费者准备和摄取食品的地点（通常在家庭和餐馆中），FDA 建议声明（如果适用）该产品会以与全国人口密度相对应的方式作为人类膳食的一部分进行摄入。

④ 处置场所：EA 应描述该物质的处置场所。如果适当，在 EA 中可以使用以下语句来描述处置地点："预计该物质或其排泄产物在全国范围内进行处置，消耗后进入公有污水处理厂（POTW）或化粪池。"

（5）识别拟议行动所针对的物质：FDA 建议 EA 通过准确收集科学文献中该物质的数据来提供足够的信息，从而来充分识别该物质，确定密切相关的物质。申请书中其他地方提供的信息可以在此处重复，以使 EA 是完整且独立的文档。FDA 建议 EA 应包含：

- 完整的命名
- 化学文摘注册号（CAS）（若有）
- 分子量

---

❶ 术语"使用地点"一词是指所制造物质的使用场所，而不是指该物质本身被生产或制造的场所。如果第 4.c 和 4.d 小节中提供的建议的使用和处置场所描述不适用于该物质，则 FDA 建议您提供适当的描述。

- 分子式

- 化学结构式（图形）

- 物理性能描述（例如，甘油三酯，室温下为固体等）

（6）向环境中引入物质：

① 通过制造向环境中引入物质：FDA 通常不要求在 EA 中列出因生产 FDA 监管产品所向环境排放物质的情况❶。但是，EA 的编写者应确定制品生产过程中是否存在一些特殊情况。这些特殊情况有：a. 联邦、州或地方环境机构颁布的一般或特定排放要求（包括职业排放要求）未充分解决的独特的排放情况，且该排放可能会损害环境；b. 拟议的行动有可能违反联邦、州或地方环境法律或要求［40 CFR1508.27（b）（10）］；c. 与拟采取的行动有关的生产可能会对某些动植物或其栖息地造成不利影响，这些动植物包括根据《濒危物种法》或《濒危野生动植物种国际贸易公约》确定为濒危或受威胁野生动植物以及根据其他联邦法律享有特殊保护的野生动植物。如果制造常量营养素替代物如涉及上述的特殊情况，则 EA 中必须提供任何合理的替代措施，来减少环境风险或表明在环境保护方面比拟议的措施更可行［21 CFR 25.40（a）］。如果该物质的生产不涉及特殊情况，则 FDA 建议 EA 包含对此情况的声明。

② 通过使用向环境中引入物质：EA 应该讨论通过使用该物质导致的任何环境引入。CFSAN 认为，一般而言，因使用常量营养素替代物而导致的环境引入很少。常量营养素替代物旨在与食品混合并在食品中直至被消费者摄取。可以考虑在 EA 中使用以下语句（如果适用）："通过使用，几乎没有或没有将（物质名称）引入环境，因为该物质几乎完全与食品混合并与食物一起被消费者摄取。"如果此声明不适用，FDA 建议 EA 对通过使用常量营养素替代物导致的引入环境中物质的数量和浓度进行估算。这些物质可能包括常量营养素替代物、其降解产物和/或使用食品添加剂产生的任何其他物质。

③ 通过处置向环境中引入物质：建议对常量营养素替代物进行环境审查的重点应放在处置含有该物质和/或其消化和代谢产物的人类排泄物中。

---

❶　在审查了数百个 EA 之后，该机构发现按照 FDA 法规生产的产品符合适用的排放和职业安全要求，不会对环境产生重大影响。因此，按照 21 CFR 25.40（a）的规定，EA 必须关注与 FDA 管制物品的使用和处置有关的环境问题。

注意:如果人的新陈代谢数据显示该物质的摄入和代谢所产生的排泄产物与该物质通过摄入人类食品的代谢产物相同,则 FDA 认为在条款(6)、(7)和(8)下进行进一步分析是不必要的。在这种情况下,FDA 建议对此声明,并提供信息以支持声明。如果不是这种情况,FDA 建议按照指示处理这些条款。

EA 应当包括以下估算:a. 基于第五年总产量估算的拟议使用物质的最大年市场量;b. 污水处理厂产生的废水以及污水污泥中存在的该物质及其降解产物的预期引入浓度(EIC)。这些估算应考虑污水处理厂产生的废水量和污水污泥量。FDA 建议陈述所有假设,提供计算基础,并显示所有计算。如果计算和计算依据受到 18 USC 1905、21 USC 331(j)或 360j(c)的保护不被披露,则此类数据和信息必须在申请书的保密部分中单独提交,并且在 EA 中尽可能进行总结[CFR 25.51(a)]。下面提供了在计算水生、陆地和大气环境中物质的 EIC 时可能会用到的特定指南。

① 计算水生环境中物质的 EIC:FDA 认为,水生环境中物质的 EIC 的保守计算基于以下假设:a. 食品物质每天在美国全境平均分配;b. 食品物质被完全消耗;c. 没有代谢和消耗机制。一种计算 EIC 的选项如下:

EIC-水生(ppm)= $(A/B) \times C \times D$

式中　A——物质年生产量,kg/年;

　　　B——每天进入 POTWs 的量,L/d❶;

　　　C——系数,$\frac{1}{365}$ 年/d;

　　　D——换算系数,10^6 mg/kg。

FDA 认为,若有相关信息,考虑废水处理过程中发生的人体新陈代谢和环境消耗机制(例如,吸附、生物降解和水解),会对水生环境中物质的 EIC 进行更符合实际的计算。如果使用其他方法来计算 EIC,则 FDA 建议明确陈述假设,显示计算结果,并为这些计算提供依据。

② 计算陆地环境中物质的 EIC:当将 POTW 产生的污水污泥用于土地处理时,该物质可能会进入陆地环境。吸附系数(K_{oc})> 1000 的物质可能会显著吸附到污水污泥中。FDA 根据以下假设对陆地环境的 EIC 进行了样本计算:a. 食品物质每天在美国全境平均分配;b. 食品物质被完全消耗;c. 物质未降解;

---

❶ 在美国,POTW 的废水总流量为每天 321.75 亿加仑(每天 1.22×10^{11} L)。表 C-3,附件 C,1996 年美国环境保护局的清洁水需求调查。

d. 所有物质均吸附到污水污泥中。

$$EIC\text{-}陆地(ppm)＝(A/B)\times C\times D$$

式中 A——物质年生产量，kg/年；

$\qquad B$——每年污水污泥的量，6.4×10^9 kg/年❶；

$\qquad C$——0.555❷；

$\qquad D$——换算系数，10^6 mg/kg。

FDA 认为，若有相关信息，考虑废水处理过程中发生的人体新陈代谢和环境消耗机制（例如，吸附、生物降解和水解），会对陆地环境的 EIC 进行更符合实际的计算。如果使用其他方法来计算 EIC，则 FDA 建议明确陈述假设，显示计算结果，并为这些计算提供依据。

对于没有用于土地处理的 44.5% 的污水污泥中，有 22% 被焚化，14% 被填埋，7.5% 被用于其他有益用途（例如用于掩埋日常垃圾），1% 通过其他方式进行处置❶。通过这些处置途径向环境的引入预计很少，因此 FDA 一般不建议考虑这些途径。

③ 计算大气环境中物质的 EIC：对于可能从水生或陆地环境中显著挥发的物质，应考虑大气环境中的预期浓度。我们通常不预期常量营养素替代物会挥发。

FDA 建议将 EIC 用于计算条款（7）下物质的预期环境浓度（EEC）❸，并与条款（8）下提供的信息结合使用，以确定是否拟议行动可能会对环境产生显著影响。

（7）释放到环境中的物质的最终归宿：FDA 建议当在估算物质的预期环境浓度（EEC）及其降解产物时，使用上述条款（6）中计算出的 EIC 和物质归宿参数有关的信息❹。环境归宿参数可能包括以下各项：

① 物理/化学性质，例如水溶性、在水中的解离常数、正辛醇/水分配系数（K_{ow}）、蒸气压或亨利定律常数。

---

❶ 2000 年，来自 POTW 的生物固体量估计为 710 万吨，约 6.4×10^9 kg（美国的生物固体产生、使用和处置。EPA530-R99-009；1999 年 9 月，第 30 页）。

❷ 据估计，2000 年，来自 POTW 的生物固体中用于土地处理或堆肥的比例为 55.5%。（美国的生物固体产生、使用和处置。EPA530-R99-009；1999 年 9 月，第 35 页）。

❸ EEC 是指在考虑到归宿参数后，有机体在环境中可能接触到的某种物质的预期浓度。EEC 通常低于 EIC。

❹ 如果该物质的降解产物在环境中持续存在，则 EA 应识别这些产物并提供任何可用的归宿数据。

② 环境消耗机制，例如吸附系数（K_{oc}），好氧和厌氧生物降解、水解和光解❶。

当估算各种环境区间中的 EEC 时，FDA 建议也考虑水对接收到的水流的稀释或土壤对污水污泥的稀释。如果物质的 K_{ow} 值高，则它可能会在环境中持续存在，因此，应考虑其潜在的生物蓄积性。可能会使用 FDA 的《环境评估技术手册》（目录见 https：//www. fda. gov/regulatory-information/search-fda-guidance-documents/guidance-industry-preparing-claim-categorical-exclusion-or-environmental-assessment-submission-cfsan-1）来开展工作，其中包含技术援助文件，可作为环境归宿测试的指南（第 3.01～3.12 节）。还可以参考使用其他组织发布的经科学验证的环境归宿测试方案，例如环境保护局（EPA）所发布的指南［针对 EPA 的化学归宿测试指南，请参见 40 CFR 第 796 部分，或 EPA 的污染预防和有毒物质办公室物质（OPPTS）制定的协调测试指南：835-归宿：运输和转化测试指南归宿（https：//www. epa. gov/test-guidelinespesticides-and-toxic-substances/series-835-fate-transport-and-transformation-test）］，以及经济合作与发展组织（OECD）的"经合组织化学品测试指南" https：//www. oecd. org/env/ehs/testing/chemicalstesting-draftoecdguidelinesforthetestingofchemicals-sections1-5. htm（第 1 节-物理化学性质和第 3 节-降解和蓄积可通过互联网下载）。

建议使用诸如样本数据摘要表（https：//www. fda. gov/regulatory-information/search-fda-guidance-documents/guidance-industry-preparing-claim-categorical-exclusion-or-environmental-assessment-submission-cfsan-0）之类的表来汇总环境归宿数据。

（8）排放物质的环境影响：FDA 建议 EA 将物质的 EEC 及其降解产物与相关毒性终点（即 LC_{50}、EC_{50}、NOEL）相比较，以便确定其对环境的潜在不利影响。EA 应当报告或通过引用方式纳入与该物质及其降解产物的环境影响有关的现有数据。EA 应报告该物质或其降解产物对可能暴露于环境中的生物的毒性数据，如，脊椎动物、无脊椎动物、植物、真菌和细菌。FDA 建议，如果没有可用的毒性效应数据，或者这些数据仅是来自于那些并不能代表预计含有显著浓度的物质或其降解产物的物种时，则应考虑进行环境测试。对于存在于环境中并可能产生生物蓄积或不断进入环境的物质，应考虑对其进行慢性毒性测试。可能

---

❶ 如果使用消耗机制来声明减少了预期的排放和/或环境浓度，FDA 建议对消耗机制进行分析（例如，根据标准测试方法分析预期暴露于环境中的时间、测试方案和测试数据）。

需要使用 FDA 的环境评估技术手册其中包含可用于进行环境影响测试的作业指导书（第 4.01～4.12 节）。还可以考虑使用基于其他组织（例如 EPA）发布的、经过科学验证的方法的环境毒性测试作业指导书（有关 EPA 的环境影响测试指南，请参见 40 CFR 第 797 部分，或 EPA 的 OPPTS 协调测试指南：850-生态影响测试指南（https：//www.epa.gov/test-guidelines-pesticides-and-toxic-sub-stances/series-850-ecological-effects-test-guidelines）和 OECD 的经合组织化学品测试指南（https：//www.oecd.org/env/ehs/testing/chemicalstestingdraftoecd-guidelinesforthetestingofchemicals-sections1-5.htm）（第 1 节-物理化学性质和第 3 节-降解和蓄积可从网上下载）。

建议使用表格［例如样本数据摘要表］汇总环境归宿数据。FDA 认为，如果将 EEC 与毒性终点进行比较，发现在考虑了适当的安全因素后，EEC 超过了毒性终点，则可能会对环境造成不利影响。

EA 应该讨论该物质对 POTW 或单个家庭处置系统（主要是化粪池）的有效运行的潜在影响。FDA 建议考虑将（7）中的归宿信息和（如果有合适的）任何已经进行的测试（例如，对一级或二级废水处理工艺的研究），作为讨论的一部分对此问题进行评价。

如果预计该物质有显著比例会存在于污水污泥中，且用于农业或林业土地，则 FDA 建议讨论该物质对土壤物理/化学特性（例如，土壤结构、孔径、持水量、水的渗透、阳离子交换量）的潜在影响。

现有法律法规可能适用于因使用和处置该物质而引起的物质排放。在这种情况下，FDA 建议 EA 引用特定的法律法规，并讨论此类法律法规如何管控物质向环境的排放，并防止出现对环境的不利影响。FDA 建议基于条款（7）和（8）所列出的环境归宿和影响信息进行相关讨论，评估物质的预期使用是否存在可能违反此类法律法规的特别排放情况。

如果对环境影响的可能性或重要性尚不确定，建议咨询 CFSAN 以获取具体指导。

（9）资源和能源利用：FDA 建议 EA 中声明申报物质的使用是否旨在与食品成分中已在用的另一种物质竞争并替代该物质，从而基本上不影响利用自然资源和能源来进行食品的生产和加工。如果是这样，FDA 建议 EA 对该结论进行简要说明，并确定要替代的物质。否则，FDA 建议 EA 注明这些自然资源信息，包括土地使用、矿产和能源生产、运输、使用和/或处置申报物质的生产、使用和/或处置所产生的垃圾。如果该物质来自植物或动物，则 EA 必须明确说明是否存在特殊情况，以对某些物种或其栖息地产生不良影响，这些物种包括根据《濒危物种法》或《濒危野生动植物种国际贸易公约》确定为濒危或受威胁野生动植物以及根据其他联邦法律享有特殊保护的野生动植物〔CFR 25.21（b）〕。

（10）补救措施：EA 必须描述未包括在拟议行动或替代方案中的补救措施，目的是为了避免或缓解与拟议行动相关的潜在不利环境影响〔40 CFR 1502.14（f）和 1502.16（h）；21 CFR 25.40（a）〕。EA 必须包括拟议行动对环境的影响〔21 CFR 25.40（a）〕。因此，如果根据足够完整的数据和信息进行的审查未发现有不利的环境影响，则需要在 EA 中予以声明。

（11）拟议行动的替代方案：如果已为拟议行动识别出潜在的不利环境影响，则 EA 必须描述拟议行动的合理替代方案（包括不采取任何行动，并包括 FDA 或其他政府机构可以采取的措施）对环境的影响。以及提交者可以承担的责任（40 CFR 1502.14 和 1502.16）。EA 必须描述任何合理的具有更低环境风险的行动方案，或是在环境上比拟议的行动更可取的方案〔21 CFR 25.40（a）〕。EA 应该讨论拟议行动以及每个替代方案的环境收益和风险。

（12）编制人员名单：EA 应当列出编制 EA 的每个人的姓名、职称和资质（例如，教育背景或专业背景）。EA 必须确定接受咨询的任何个人或机构〔21 CFR 25.40（a）〕。

（13）认证：FDA 建议 EA 提供如下含有签名和签字日期的声明：

"以下签名的人员保证，在（公司名称）的认知范围内，所提供的信息是真实、准确和完整的。"

———————————————
（日期）

———————————————
（负责人员的签名）

———————————————
（负责人员的姓名和职务，印刷）

（14）参考文献：EA 应该为 EA 中所有引用的材料提供完整的参考文献，不论这些引用出现在 EA 的脚注中还是在此条款下的尾注中。

（15）附件：EA 应该提供与 EA 相关的所有材料的清单。但机密材料一定不能附在 EA 上，而必须按照 21 CFR 25.51（a）的规定单独提供。

以上指导文件取代了 2003 年 9 月的先前版本。

附录 2-7 行业指南：为 CFSAN 申请所编制的分类排除声明或环境评估

2006 年 5 月

最终版

由食品添加剂安全办公室食品安全与应用营养中心发布，下载网址为 ht-tps：//www.fda.gov/regulatory-information/search-fda-guidance-documents/guidance-industry-preparing-claim-categorical-exclusion-or-environmental-assessment-submission-cfsan-5。

以下是针对环境评估报告中需向机构所提交相关信息的格式和类型的建议。也可以使用能满足适用法规要求的其他方式。

（1）日期：环境评估报告（简称 EA）应提供 EA 的编制日期。

（2）申请人姓名：EA 应注明申请人信息。

（3）地址：EA 应注明申请人公司地址。

（4）建议行动的描述：FDA 建议 EA 所描述的建议行动应涵盖以下几个方面：

① 被要求采取的行动：EA 应通过以下方式描述被要求采取的行动：命名次直接食品添加剂（以下简称"食品添加剂"）或该行动针对的食品接触物质，列明食品添加剂或食品接触物质的预期用途，包括提供其限值和使用量要求。对于食品添加剂申请书，EA 应该依据已知要修订的《联邦法规》（CFR）的各章节来确定适用的法规。FDA 建议在 EA 中对建议用途的描述应与申请书其他部分中的要求和用途描述保持一致。

② 需要采取的行动：EA 必须包括申请提案必要性的概述（21 CFR 25.40）。提案中的描述，例如涉及食品添加剂或食品接触物质的预期技术效应，应与申请书中其他部分表述保持一致。

③ 使用/处置的场所❶：EA 应简要说明在食品的加工/制造中将使用食品添加剂或食品接触物质的场所。FDA 建议采用通用性术语来描述这些信息，例如马铃薯切片厂。此外，EA 应尽可能描述可能受到影响的环境类型，例如工作场所、接收液体生产废料的水域和易受空气排放影响的区域。

（5）识别拟议行动所针对的物质：FDA 建议 EA 通过准确收集科学文献中有

---

❶ 术语"使用/处置场所"是指食品添加剂或食品接触物质的使用场所，而不是生产或制造食品添加剂或食品接触物质本身的场所。如果在第（4）③小节中提供的建议的使用/处置场所说明不适用于食品添加剂或食品接触物质，则 FDA 建议提供适当的描述。

关食品添加剂或食品接触物质的数据来提供足够的信息，从而来充分识别食品添加剂或食品接触物质，确定密切相关的物质，并使用结构-活性关系（SAR）技术来预测食品添加剂或食品接触物质的归宿和效应。申请书中其他地方提供的信息可以在此处重复，以使 EA 是完整且独立的文档。FDA 建议 EA 应包含：

- 完整的命名
- 化学文摘注册号（CAS）（若有）
- 分子量
- 分子式
- 化学结构式（图形）
- 物理性能描述：例如白色固体，粉末。

（6）向环境中引入物质：

① 通过制造向环境中引入物质：FDA 通常不要求在 EA 中列出因生产 FDA 监管产品所向环境排放物质的情况❶。但是，EA 的编写者应确定制品生产过程中是否存在一些特殊情况。这些特殊情况有：a. 联邦、州或地方环境机构颁布的一般或特定排放要求（包括职业排放）中未能充分强调的，且可能损害环境的特定排放情况；b. 拟议的行动有可能违反联邦、州或地方环境法律或要求［40 CFR 1508.27（b）（10）］；c. 与拟采取的行动有关的生产可能会对某些动植物或其栖息地造成不利影响，这些动植物包括根据《濒危物种法》或《濒危野生动植物种国际贸易公约》确定为濒危或受威胁野生动植物以及根据其他联邦法律享有特殊保护的野生动植物。如果食品添加剂或食品接触物质的生产会涉及上述的特殊情况，则 EA 中必须提供任何合理的替代措施，来减少环境风险或表明在环境保护方面比拟议的措施更可行［21CFR 25.40（a）］。如果食品添加剂或食品接触物质的生产不涉及上述的特殊情况，则 FDA 建议 EA 包含对此情况的声明。

② 通过使用/处置向环境中引入物质：EA 中应讨论由于使用和处置食品添加剂或食品接触物质而产生向环境排放物质的情况。这些物质可以包括食品添加剂或食品接触物质，其降解产物和/或由于使用和处置食品添加剂或食品接触物质而产生的任何其他物质。CFSAN 相信，在食品生产/加工中使用了食品添加剂或食品接触物质后，往往会将这些物质排放至环境中。为了讨论物质的环境排放

---

❶ 在审查了数百个 EA 之后，该机构发现按照 FDA 法规生产的产品符合适用的排放和职业安全要求，不会对环境产生重大影响。因此，按照 21 CFR 25.40（a）的规定，EA 必须关注与 FDA 管制物品的使用和使用处置有关的环境问题。

问题，FDA 建议 EA 应包括以下内容：a. 基于第五年总产量来估算预期用途下食品添加剂或食品接触物质的年度最大市场规模❶；b. 在使用食品添加剂或食品接触物质生产/加工食品的场所进入垃圾体系中物质的百分比；c. 物质进入环境的方式，例如：连续性的还是间歇性的（分批），如果是间歇性的，那频率是多少，例如：每周一次；d. 在这些场所（EIC）排放入环境中物质的预期浓度❷，例如，在废气，废水，固体废物（包括污水污泥）和工作场所中的浓度；e. 工人预期会暴露的物质的材料安全数据表（MSDS）。由于食品生产/加工厂的生产能力各不相同，因此 FDA 建议对 EIC 进行最保守的估算。应该陈述所有假设，显示所有计算，并提供计算的依据。如果根据 18 USC 1905、21 USC 331（j）或360j（c），计算和这些计算的依据可受保护而不披露，则此类数据和信息必须在提交内容的机密部分中单独提交，并且在 EA 中尽最大可能加以概述〔21 CFR 25.51（a）〕。FDA 建议使用 EIC 来计算条款（7）下物质的预期环境浓度（EEC）❸，并结合条款（8）下提供的信息，以确定是否提议行为具有潜在的重大环境影响。

（7）释放到环境中的物质的最终归宿：当估算这些物质的 EEC 时，FDA 建议使用上述条款（6）中计算出的 EIC 和释放到环境中的物质的归宿参数相关的可用信息❹。环境归宿情况可能包括以下内容：

① 物理/化学性质，如水溶性、水解离常数、正辛醇/水分配系数（K_{ow}）、蒸气压或亨利定律常数。

② 环境消耗机制，例如吸附系数（K_{oc}）、好氧和厌氧生物降解、水解和光解❺。

---

❶ 例如，假设 100000kg 是食品添加剂或食品接触物质在预期用途下的最大年度市场容量。如果其中有 90000kg 进入食品生产/加工场所的垃圾体系中，而有 10000kg 留在食品中，则进入食品生产/加工场所的环境中的食品添加剂或食品接触物质的比例将达到年度市场容量的 90%。

❷ EIC 是因使用食品添加剂或食品接触物质而产生的预期排放浓度。对于不与食物一起残留的物质，EIC 将与食品添加剂或食品接触物质的使用场所有关（例如，食品生产/加工厂）。FDA 建议估算应考虑任何排放控制设备（例如，控制废气排放的洗涤塔）或预释放处理过程（例如：现场一级、二级或三级废水处理），以及条款（7）中报告的任何有关环境归宿过程。请注意，如果声称由于排放前的废水处理而减少了环境排放，则 FDA 建议在条款（7）下，引用适当的生物降解数据来支持该声明。所有用于估算的计算都应该包含在报告中。

❸ EEC 是指在考虑到归宿参数之后，有机体在环境中可能接触到的某种物质的预期浓度。EEC 通常低于 EIC。

❹ 如果该物质的降解产物在环境中持续存在，则 EA 应识别这些产物并提供任何可用的归宿数据。

❺ 如果用了消耗机制来声明减少了预期的排放和/或环境浓度，FDA 建议对消耗机制进行分析（例如，根据标准测试方法分析预期暴露于环境中的时间、测试方案和测试数据）。

可能会使用 FDA 的《环境评估技术手册》目录见（https：//www.fda.gov/regulatory-information/search-fda-guidance-documents/guidance-industry-preparing-claim-categorical-exclusion-or-environmental-assessment-submission-cfsan-1）来开展工作，其中含有技术援助文件，可作为环境归宿测试的指南文件（第3.01～3.12 节）。还可以参考使用其他组织发布的经科学验证的环境归宿测试方案，例如，环境保护局（EPA）所发布的指南（针对 EPA 的化学品归宿测试指南，请参见 40 CFR 第 796 部分，或 EPA 的污染预防和有毒物质办公室物质（OPPTS）制定的协调测试指南：835-归宿：运输和转化测试指南（https：//www.epa.gov/test-guidelinespesticides-and-toxic-substances/series-835-fate-transport-and-transformation-test），以及经济合作与发展组织（OECD）的经合组织化学品测试指南（https：//www.oecd.org/env/ehs/testing/chemicalstesting-draftoecdguidelinesforthetestingofchemicals-sections1-5.htm）。（第 1 节-物理化学性质和第 3 节-降解和蓄积可通过互联网下载）。通过实际试验所得的物理/化学特性和环境消耗数据通常优于计算机模型所得数据；但如有关物质数据无法获得时，可以使用效应预测模型，例如结构-活性关系（SAR）技术。CFSAN 将评估模型预测以及对物质所用 SAR 技术的适用性。如果 CFSAN 确定预测值不适用于某种物质，则可能建议进行实际测试。对各种环境区域（空气、水、土壤、工作场所）中 EEC 的估算应考虑稀释因素，例如，接收体系中的水将稀释进入的废水；与污水污泥混合的土壤会稀释污泥。如果物质的 K_{ow} 值高，则它可能会在环境中持续存在，因此，应考虑其潜在的生物蓄积性。建议使用诸如样本数据摘要表（https：//www.fda.gov/regulatory-information/search-fda-guidance-documents/guidance-industry-preparing-claim-categorical-exclusion-or-environmental-assessment-submission-cfsan-0）之类的表来汇总环境归宿数据。

（8）排放物质的环境影响：FDA 建议 EA 将物质的 EEC 及其降解产物与相关毒性终点（即 LC_{50}、EC_{50}、NOEL）相比较，以便确定其对环境的潜在不利影响。EA 应当报告或通过引用方式纳入与该物质及其降解产物的环境影响有关的现有数据。这些物质是在食品生产/加工中因使用和处置食品添加剂或食品接触物质而排放到环境中的。EA 应报告这些物质对试验动物的毒性数据（以说明满足对人体的安全要求），以及对可能暴露于环境中有机体的毒性数据，如，脊椎动物、无脊椎动物、植物、真菌和细菌。FDA 建议，如果没有可用的毒性效应数据，或者这些数据仅是来自于那些并不能代表预计含有显著浓度的物质或其降解产物的物种时，则应考虑进行环境测试。对于存在于环境中并可能产生生物蓄积或不断进入环境的物质，应考虑对其进行慢性毒性测试。可能需要使用 FDA 的环境评估技术手册，其中包含可用于进行环境影响测试的作业指导书（第 4.01～4.12 节）。还可以考虑使用其他组织（例如 EPA）发布的，经过科学验证的环境毒性测试作业指导书（有关 EPA 的环境影响测试指南，请参见 40 CFR 第 797 部分，或 EPA 的 OPPTS 协调测试指南：850-生态效应测试指南）和 OECD 的《经合组织化学品测试指南》（第 2 节-生物系统的效应可从互联网上下载）。通过实际试验所得的环境效应数据通常优于计算机模型所得数据，但如有关物质数据无法获得时，可以使用如结构-活性关系（SAR）技术的效应预测模型进行预测。CFSAN 将评估模型预测以及所用程序对所涉及物质的适用性。如果 CFSAN 确定预测值不适用于某种物质，则可能建议进行测试。建议使用表格［例如样本数据摘要表］汇总环境影响数据。FDA 认为，如果将 EEC 与毒性终点进行比较，发现在考虑了适当的安全因素后，EEC 超过了毒性终点，则可能会对环境造成不利影响。

现有法律法规可能适用于因使用和处置食品添加剂或食品接触物质而引起的物质排放。在这种情况下，FDA 建议 EA 引用特定的法律法规，并讨论此类法律法规如何管控物质向环境的排放，并防止出现对环境的不利影响。FDA 建议基于条款 7 和 8 所列出的环境归宿和影响信息进行相关讨论，评估物质的预期使用是否存在可能违反此类法律法规的特别排放情况。

如果对环境影响的可能性或重要性尚不确定，建议咨询 CFSAN 以获取具体指导。

（9）资源和能源的使用：FDA 建议 EA 中声明食品添加剂或食品接触物质的使用是否旨在与食品生产/加工中已在用的另一种物质竞争并替代该物质，从而基本上不影响利用自然资源和能源来进行食品的生产和加工。如果是这样，FDA 建议 EA 对该结论进行简要说明，并确定要替代的物质。否则，FDA 建议 EA 注明这些自然资源信息，包括土地使用、矿产和能源生产、运输、使用和/或处置因食品添加剂或食品接触物质的生产、使用和/或处置所产生的垃圾。

（10）补救措施：EA 必须描述未包括在拟议行动或替代方案中的补救措施，目的是为了避免或缓解与拟议行动相关的潜在不利环境影响［40 CFR 1502.14（f）和 1502.16（h）；21 CFR 25.40（a）］。EA 必须包括拟议行动对环境的影响［21 CFR 25.40（a）］。因此，如果根据足够完整的数据和信息进行的审查未发现有不利的环境影响，则需要在 EA 中予以声明。

（11）拟议行动的替代方案：如果已为拟议行动识别出潜在的不利环境影响，则 EA 必须描述拟议行动的合理替代方案（包括不采取任何行动，并包括 FDA

或其他政府机构可以采取的措施）对环境的影响。以及提交者可以承担的责任（40 CFR 1502.14 和 1502.16）。EA 必须描述任何合理的具有更低环境风险的行动方案，或是在环境上比拟议的行动更可取的方案［21 CFR 25.40（a）］。EA 应该讨论拟议行动以及每个替代方案的环境收益和风险。

（12）编制人员名单：EA 应当列出编制 EA 的每个人的姓名，职称和资质（例如，教育背景或专业背景）。EA 必须确定接受咨询的任何个人或机构［21 CFR 25.40（a）］。

（13）认证：FDA 建议 EA 提供如下含有签名和签字日期的声明：

"以下签名的人员保证，在（公司名称）的认知范围内，所提供的信息是真实、准确和完整的。"

————————————

（日期）

————————————

（负责人员的签名）

————————————

（负责人的姓名和职务，印刷）

（14）参考文献：EA 应该为 EA 中所有引用的材料提供完整的参考文献，不论这些引用出现在 EA 的脚注中还是在此格式项下的尾注中。

（15）附件：EA 应该提供与 EA 相关的所有材料的清单。但机密材料一定不能附在 EA 上，而必须按照 21 CFR 25.51（a）的规定单独提供。

以上指导文件取代了 2003 年 9 月的先前版本。

附录 2-8 行业指南：为 CFSAN 申请所编制的分类排除声明或环境评估

2006 年 5 月

最终版

由食品添加剂安全办公室食品安全与应用营养中心发布，下载网址为 https://www.fda.gov/regulatory-information/search-fda-guidance-documents/guidance-industry-preparing-claim-categorical-exclusion-or-environmental-assessment-submission-cfsan-4 。

以下是针对环境评估报告中需向机构所提交相关信息的格式和类型的建议。也可以使用能满足适用法规要求的其它方式。

（1）日期：环境评估报告（简称 EA）应提供 EA 的编制日期。

（2）申请人姓名：EA 应注明申请人信息。

（3）地址：EA 应注明申请人公司地址。

（4）建议行动的描述：FDA 建议 EA 所描述的建议行动应涵盖以下几个方面：

① 被要求采取的行动：EA 应通过以下方式描述被要求采取的行动：命名加工对象的加工助剂、预期用途（包括任何限制）以及使用水平。对于食品添加剂申请书，EA 应该依据已知要修订的《联邦法规》（CFR）的各章节来确定适用的法规。FDA 建议在 EA 中对建议用途的描述应与申请书其他部分中的要求和用途描述保持一致。

② 需要采取的行动：EA 必须包括申请提案必要性的概述（21 CFR 25.40）。提案中的描述，例如涉及食品添加剂或食品接触物质的预期技术效应，应与申请书中其他部分表述保持一致。

③ 使用/处置的场所❶：EA 应简要说明在食品包装材料的加工/制造中加工助剂的使用地点。FDA 建议您采用通用性术语来描述这些信息，例如聚合物生产厂、造纸厂。此外，EA 应尽可能描述可能受到影响的环境类型，例如工作场所，接收液体生产废料的水域和易受空气排放影响的区域。

（5）识别拟议行动所针对的物质：FDA 建议 EA 通过准确收集科学文献中有关加工助剂的数据来提供足够的信息，从而来充分识别加工助剂，确定密切相关的物质，并使用结构-活性关系（SAR）技术来预测加工助剂的结局和效应。申请书中其他地方提供的信息可以在此处重复，以使 EA 是完整且独立的文档。FDA 建议 EA 应包含：

- 完整的命名
- 化学文摘注册号（CAS）（若有）
- 分子量
- 分子式
- 化学结构式（图形）
- 物理性能描述：例如白色固体，粉末。

（6）向环境中引入物质：

① 通过制造向环境中引入物质：FDA 通常不要求在 EA 中列出因生产 FDA

---

❶ 术语"使用/处置场所"是指加工助剂的使用场所，而不是生产或制造加工助剂本身的场所。如果第（4）③小节中提供的建议的使用/处置场所说明不适用于加工助剂，则 FDA 建议提供适当的说明。

监管产品所向环境排放物质的情况。[1] 但是，EA 的编写者应确定制品生产过程中是否存在一些特殊情况。这些特殊情况有：a. 联邦、州或地方环境机构颁布的一般或特定排放要求（包括职业排放）中未能充分强调的，且可能损害环境的特定排放情况；b. 拟议的行动有可能违反联邦、州或地方环境法律或要求 [40 CFR 1508.27（b）（10）]；c. 与拟采取的行动有关的生产可能会对某些动植物或其栖息地造成不利影响，这些动植物包括根据《濒危物种法》或《濒危野生动植物种国际贸易公约》确定为濒危或受威胁野生动植物以及根据其他联邦法律享有特殊保护的野生动植物。如果加工助剂的生产会涉及上述的特殊情况，则 EA 中必须提供任何合理的替代措施，来减少环境风险或表明在环境保护方面比拟议的措施更可行 [21 CFR 25.40（a）]。如果加工助剂的生产不涉及上述的特殊情况，则 FDA 建议 EA 包含对此情况的声明。

② 通过使用/处置向环境中引入物质：EA 中应讨论由于使用和处置加工助剂而产生向环境排放物质的情况这些物质可以包括加工助剂，其降解产物和/或使用加工助剂产生的任何其他物质。CFSAN 相信，在食品包装材料的生产/加工中使用加工助剂后，往往会将这些物质排放至环境中。为了讨论物质的环境排放问题，FDA 建议 EA 应包括以下内容：a. 基于第五年总产量来估算预期用途下加工助剂的年度最大市场规模；b. 在使用加工助剂生产/加工食品包装材料的场所进入垃圾体系中物质的百分比[2]；c. 物质进入环境的方式，例如：连续性的还是间歇性的（分批），如果是间歇性的，那频率是多少，例如：每周一次；d. 在这些场所（EIC）排放入环境中物质的预期浓度[3]，例如，在废气、废水、固体废物（包括污水污泥）和工作场所中的浓度；e. 工人预期会暴露的物质的材料安全数据表（MSDS）。由于食品包装制造/加工厂的生产能力各不相同，因此

---

[1] 在审查了数百个 EA 之后，该机构发现按照 FDA 法规生产的产品符合适用的排放和职业安全要求，不会对环境产生重大影响。因此，按照 21 CFR 25.40（a）的规定，EA 必须关注与 FDA 管制物品的使用和使用处置有关的环境问题。

[2] 例如，假设 100000kg 是加工助剂在预期用途下的最大年度市场容量。如果其中有 90000kg 进入食品包装生产/加工场所的垃圾体系中，而有 10000kg 留在食品包装中，则进入食品包装生产/加工场所的环境中的加工助剂的比例将达到年度市场容量的 90%。

[3] EIC 是因使用加工助剂而产生的预期排放浓度。对于不与食品包装材料一起残留的加工助剂，EIC 将与加工助剂的使用场所有关（例如，食品包装生产/加工厂）。FDA 建议估算应考虑任何排放控制设备（例如，控制废气排放的洗涤塔）或预释放处理过程（例如：现场一级、二级或三级废水处理），以及条款（7）中报告的任何相关环境归宿过程。请注意，如果声称由于排放前的废水处理而减少了环境排放，则 FDA 建议在条款（7）下，引用适当的生物降解数据来支持该声明。所有用于估算的计算都应该包含在报告中。

FDA 建议对 EIC 进行最保守的估算。应该陈述所有假设，显示所有计算，并提供计算的依据。如果根据 18 USC 1905、21 USC 331（j）或 360j（c），计算和这些计算的依据可受保护而不披露，则此类数据和信息必须在提交内容的机密部分中单独提交，并且在 EA 中尽最大可能加以概述［21 CFR 25.51（a）］。FDA 建议使用 EIC 来计算条款（7）下物质的预期环境浓度（EEC)❶，并结合条款（8）下提供的信息，以确定是否提议行为具有潜在的重大环境影响。

（7）释放到环境中的物质的最终归宿：当估算这些物质的 EEC 时，FDA 建议使用上述条款 6 中计算出的 EIC 和释放到环境中的物质的归宿参数相关的可用信息❷。环境归宿情况可能包括以下内容：

① 物理/化学性质，如水溶性、水中解离常数、正辛醇/水分配系数（K_{ow}）、蒸气压或亨利定律常数。

② 环境消耗机制，例如吸附系数（K_{oc}）好氧和厌氧生物降解、水解和光解❸。

可能会使用 FDA 的《环境评估技术手册》（目录见 https：//www.fda.gov/regulatory-information/search-fda-guidance-documents/guidance-industry-preparing-claim-categorical-exclusion-or-environmental-assessment-submission-cfsan-1）来开展工作，其中含有技术援助文件，可作为环境归宿测试的指南文件（第3.01-3.12 节）。还可以参考使用其他组织发布的经科学验证的环境归宿测试方案，例如，环境保护局（EPA）所发布的指南（针对 EPA 的化学归宿测试指南，请参见 40 CFR 第 796 部分，或 EPA 的污染预防和有毒物质办公室物质（OPPTS）制定的协调测试指南：835-归宿：运输和转化测试指南（https：//www.epa.gov/test-guidelinespesticides-and-toxic-substances/series-835-fate-transport-and-transformation-test），以及经济合作与发展组织（OECD）的经合组织化学品测试指南（https：//www.oecd.org/env/ehs/testing/chemicalstestingdraftoecdguidelinesforthetestingofchemicals-sections1-5.htm）（第 1 节-物理化学性质和第 3 节-降解和蓄积可通过互联网下载）。通过实际试验所得的物理/化学特性和环境消耗数据通常优于计算机模型所得数据；但如有关物质数据无法获

---

❶ EEC 是指在考虑到归宿参数之后，有机体在环境中可能接触到的某种物质的预期浓度。EEC 通常低于 EIC。

❷ 如果该物质的降解产物在环境中持续存在，则 EA 应识别这些产物并提供任何可用的归宿数据。

❸ 如果用了消耗机制来声明减少了预期的排放和/或环境浓度，FDA 建议对消耗机制进行分析（例如，根据标准测试方法分析预期暴露于环境中的时间、测试方案和测试数据）。

得时，可以使用效应预测模型，例如结构-活性关系（SAR）技术。CFSAN 将评估您的模型预测以及您对物质所用 SAR 技术的适用性。如果 CFSAN 确定预测值不适用于某种物质，则可能建议进行实际测试。对各种环境区域（空气，水，土壤，工作场所）中 EEC 的估算应考虑稀释因素，例如，接收体系中的水将稀释进入的废水；与污水污泥混合的土壤会稀释污泥。如果物质的 K_{ow} 值高，则它可能会在环境中持续存在，因此，应考虑其潜在的生物蓄积性。建议使用诸如样本数据摘要表（https：//www.fda.gov/regulatory-information/search-fda-guidance-documents/guidance-industry-preparing-claim-categorical-exclusion-or-environmental-assessment-submission-cfsan-0）之类的表来汇总环境归宿数据。

（8）排放物质的环境影响：FDA 建议 EA 将物质的 EEC 及其降解产物与相关毒性终点（即 LC_{50}、EC_{50}、NOEL）相比较，以便确定其对环境的潜在不利影响。EA 应当报告或通过引用方式纳入与该物质及其降解产物的环境影响有关的现有数据。这些物质是在食品包装材料生产/加工中因使用和处置加工助剂而排放到环境中的。EA 应报告这些物质对试验动物的毒性数据（以说明满足对人体的安全要求），以及对可能暴露于环境中有机体的毒性数据，如，脊椎动物、无脊椎动物、植物、真菌和细菌。FDA 建议，如果没有可用的毒性效应数据，或者这些数据仅是来自于那些并不能代表预计含有显著浓度的物质或其降解产物的物种时，则应考虑进行环境测试。对于存在于环境中并可能产生生物蓄积或不断进入环境的物质，应考虑对其进行慢性毒性测试。可能需要使用 FDA 的环境评估技术手册，其中包含可用于进行环境影响测试的作业指导书（第 4.01～4.12 节）。还可以考虑使用其他组织（例如 EPA）发布的，经过科学验证的环境毒性测试作业指导书（有关 EPA 的环境影响测试指南，请参见 40 CFR 797，或 EPA 的 OPPTS 协调测试指南：850-生态效应测试指南）和 OECD 的《经合组织化学品测试指南》（第 2 节-生物系统的效应可从互联网上下载）。通过实际试验所得的环境效应数据通常优于计算机模型所得数据，但如有关物质数据无法获得时，可以使用如结构-活性关系（SAR）技术的效应预测模型进行预测。CFSAN 将评估模型预测以及所用程序对所涉及物质的适用性。如果 CFSAN 确定预测值不适用于某种物质，则可能建议进行测试。建议使用表格（例如样本数据摘要表）汇总环境影响数据。FDA 认为，如果将 EEC 与毒性终点进行比较，发现在考虑了适当的安全因素后，EEC 超过了毒性终点，则可能会对环境造成不利影响。

现有法律法规可能适用于因使用和处置加工助剂而引起的物质排放。在这种情况下，FDA 建议 EA 引用特定的法律法规，并讨论此类法律法规如何管控物质向环境的排放，并防止出现对环境的不利影响。FDA 建议基于条款（7）和（8）所列出的环境归宿和影响信息进行相关讨论，评估物质的预期使用是否存在可能违反此类法律法规的特别排放情况。

如果对环境影响的可能性或重要性尚不确定，建议咨询 CFSAN 以获取具体指导。

（9）资源和能源的使用：FDA 建议 EA 中声加工助剂的使用是否旨在与食品包装材料的生产/加工中已在用的另一种物质竞争并替代该物质，从而基本上不影响利用自然资源和能源来进行食品的生产和加工。如果是这样，FDA 建议 EA 对该结论进行简要说明，并确定要替代的物质。否则，FDA 建议 EA 注明这些自然资源信息，包括土地使用、矿产和能源生产、运输、使用和/或处置因加工助剂的生产、使用和/或处置所产生的垃圾。

（10）补救措施：EA 必须描述未包括在拟议行动或替代方案中的补救措施，目的是为了避免或缓解与拟议行动相关的潜在不利环境影响［40 CFR 1502.14（f）和 1502.16（h）；21 CFR 25.40（a）］。EA 必须包括拟议行动对环境的影响［21 CFR 25.40（a）］。因此，如果根据足够完整的数据和信息进行的审查未发现有不利的环境影响，则需要在 EA 中予以声明。

（11）拟议行动的替代方案：如果已为拟议行动识别出潜在的不利环境影响，则 EA 必须描述拟议行动的合理替代方案（包括不采取任何行动，并包括 FDA 或其他政府机构可以采取的措施）对环境的影响。以及提交者可以承担的责任（40 CFR 1502.14 和 1502.16）。EA 必须描述任何合理的具有更低环境风险的行动方案，或是在环境上比拟议的行动更可取的方案［21 CFR 25.40（a）］。EA 应该讨论拟议行动以及每个替代方案的环境收益和风险。

（12）编制人员名单：EA 应当列出编制 EA 的每个人的姓名，职称和资质（例如，教育背景或专业背景）。EA 必须确定接受咨询的任何个人或机构［21 CFR 25.40（a）］。

（13）认证：FDA 建议 EA 提供如下含有签名和签字日期的声明：

"以下签名的人员保证，在（公司名称）的认知范围内，所提供的信息是真实、准确和完整的。"

_____

（日期）

_____

（负责人员的签名）

_____

（负责人的姓名和职务，印刷）

（14）参考文献：EA 应该为 EA 中所有引用的材料提供完整的参考文献，不论这些引用出现在 EA 的脚注中还是在此格式项下的尾注中。

（15）附件：EA 应该提供与 EA 相关的所有材料的清单。但机密材料一定不能附在 EA 上，而必须按照 21 CFR 25.51（a）的规定单独提供。

以上指导文件取代了 2003 年 9 月的先前版本。

2.5 美国食品接触材料新品种评估申报——婴幼儿指南

内容来自《行业指南：与婴儿配方奶食品❶和/或母乳接触的食品接触物质的食品接触通告的准备》❷。该指南由美国食品药品监督管理局（FDA）在 2019 年 5 月发布，体现了美国食品药品监督管理局对与婴儿配方奶和/或母乳接触的食品接触物质（FCS）的食品接触通告（FCN）准备过程的建议。

本指南代表美国食品药品监督管理局对本论题现阶段的见解。本指南不为任何人制造或赋予任何权利，亦不对美国食品药品监督管理局或公众有任何束缚作用。如有其他方法满足适用法规的要求，可采用其他替代方法。如需探讨替代方法，请联系标题页列出的负责本指南的 FDA 工作人员。

2.5.1 序言

提供本指南目的在于陈述 FDA 当前对于与婴儿配方奶和/或母乳接触的食品接触物质❸的食品接触通告的准备过程的一些建议和想法。

本文件旨在提供特定指导，以帮助提交食品接触通告的制造商或供应商对与婴儿配方奶和/或母乳接触使用的物质进行安全性评估。本指导文件涉及的食品接触物质可能包括用于液态（浓缩和即食）和粉状配方奶的婴儿配方奶包装、婴儿奶瓶、奶瓶插入物、奶嘴以及与婴儿食品接触的任何其他材料❹。

科学界越来越关注在化学品安全性评估中人类生命阶段对评估的影响。这种

---

❶ 根据 21 CFR 106.3，婴儿配方奶食品是指，由于其模拟母乳或其适合作为母乳的完全或部分替代品，而声称或被表示为婴幼儿专用的特殊膳食的食品。

❷ 本指南由食品药品监督管理局食品安全与应用营养学中心食品接触通知处和食品添加剂安全办公室编制。

❸ 《联邦食品、药品和化妆品法》（the FD&C Act）第 409 节（《美国法典》第 21 卷第 348 节）规定，食品药品监督管理局（FDA）对属 FCS 食品添加剂进行监管的主要方法是 FCN 程序。"FCS"是指拟用作制造、包装、运输或存放食品的材料组成部分的任何物质，前提是该物质的使用不会对此类食品产生任何技术影响。

❹ 在本指南中，对"婴儿食品"一词的使用仅限于婴儿配方奶粉和母乳。

关注在很大程度上受到了发育生物学和毒理学领域的科学进展的启发。这些科学进展均表明不同的生命阶段,特别是儿童时期,存在根本性的生物学差异,而这些差异会导致化学暴露-效应的不同。这些科学进步促使 FDA 重新评估了针对接触婴儿食品的食品接触物质所采用的安全评估方法。接触此类食品接触物质的情况出现在重要的发育过程中,而且婴儿在出生后的前 6 个月内经常仅食用婴儿配方奶和/或母乳❶。因为婴儿的食物消耗量与自身身体质量之比要高于成年人❷,所以这个发育期是食品接触物质摄入量与体重比值最高的时期。

本指南描述了 FDA 对于预期用于婴儿食品的食品接触物质的制造商或供应商应如何考虑这些不同情况的想法。食品接触物质通知必须包含足够的科学信息,以证明作为通知主题的物质在其预期用途条件下是安全的〔《联邦食品、药品和化妆品法》(FD & C Act)第 409(h)节〕。本指南包含关于婴儿食品的食品接触通告中如何使用提交的科学信息来证明食品接触物质就其特定预期用途而言是安全的建议。

虽然婴儿期不仅限于出生后的前 6 个月,但婴儿仅食用母乳和/或婴儿配方奶的时期可能很大程度上仅限于前 6 个月❸。因此,本指南仅侧重于 0～6 个月这个年龄范围。就本指南而言,"婴幼儿(infant)"一词系指 0～6 个月的婴儿。

食品药品监督管理局的指导文件(包括本指南)没有规定法律强制执行的责任。相反,指南仅在于描述 FDA 对本论题现阶段的见解,并且除非引用了特定的法规或法定要求,否则指南仅视为建议。在美国食品药品监督管理局指南中使用"应该"一词意味着建议或推荐某些东西,并非强制要求。

2.5.2 背景

美国食品药品监督管理局先前已经为食品接触物质❹的安全性评估提供了指南。但是,先前的指南并未专门针对化学物质从与婴儿相关的包装及其他食品接

❶ 美国儿科学会建议 6 个月龄只食用配方奶粉和/或母乳(http://www.aap.org/en-us/advocacy-and-policy/aap-health-initiatives/HALF-ImplementationGuide/Age-Specific-Content/Pages/Infant-Food-and-Feeding.aspx#none)。

❷ 参见国家健康和营养检验调查(NHANES)数据 http://www.cdc.gov/nchs/nhanes.htm。

❸ 参见美国儿科学会推荐的网址 http://www.aap.org/en-us/advocacyand-policy/aap-health-initiatives/HALF-ImplementationGuide/Age-Specific-Content/Pages/Infant-Food-and-Feeding.aspx#none。

❹ 见美国食品药品监督管理局,行业指南:食品接触物质食品接触通告的准备——毒理学建议,最终指南,2002 年 4 月修订,(http://www.fda.gov/Food/GuidanceRegulation/GuidanceDocumentsRegulatoryInformation/ucm081825.htm),在本指南中称为"2002 毒理学指南"。

触产品中迁移所涉及的膳食暴露风险和安全性评估的问题。基于本指南第一节中描述的科学进展，本指南有助于填补这一空白。因为成年人和儿童会食用以各种材料包装的各种食品，所以成年人和儿童对于任一食品中的化学物质的膳食暴露相对较低。然而，由于0～6个月大的婴儿通常仅摄入母乳和/或婴儿配方奶，所以他们的食物消耗量与体重比值相对于成人较高。这些因素导致产生一个时间相对较短但较高的食品接触物质的潜在迁移物的暴露。

对比药代动力学参数（例如：代谢），成人和婴儿之间存在明显差异。因为成人和婴儿的代谢能力存在差异，他们的代谢特征也呈现出差异（Alcorn 和 McNamara，2003；Ginsberg 等，2004a，b；Ginsberg 等，2002）。婴儿的代谢特征可能导致其对化学物质毒性的易感性增加或降低，而这取决于代谢是导致化学物质的生物激活还是钝化等因素（美国 EPA 2002b，2005a；Ginsberg 等，2004a，b；Ginsberg 等，2002）。与成年人相比，可能影响婴儿对化学物质的生物反应的其他因素包括人体脂水比率、血浆蛋白水平的变化、器官灌注率的变化、细胞转运蛋白的成熟以及水和食物摄入量（相对于体重）的差异（Alcorn and McNamara，2003；Ginsberg 等，2004a，b；Landrigan and Goldman，2011）。

除了药代动力学过程中的差异外，婴儿还经历了独特的快速生长发育时期。在0～6个月的发育期间，伴随着结构成熟和功能分化的快速生长、大规模组织重组和细胞变化可能导致婴儿对毒物的易感性增大，从而引发慢性疾病。婴儿的大脑、生殖器官、内分泌系统、免疫系统、肾脏、肝脏和骨骼在出生时尚未成熟。在成熟过程中，它们可能会受到毒性侵害（Zoetis 等，2003；Zoetis 和 Hurtt，2003；Watson 等，2006；Cappon 等，2009；Schwenk 等，2003）。例如，已经充分证明：在大脑发育过程中，接触化学物质（例如：铅、甲基汞和一些杀虫剂）会产生神经发育效应（Grandjean 和 Landrigan，2006）。此外，相关研究人员还揭示了生命早期接触某些化学物质与其他症状之间的联系，例如：发育性免疫毒性和炎症性疾病（例如：动脉粥样硬化、冠心病）（DeWitt 等，2012a；Leifer 和 Dietert，2011）。

考虑到这一发育期的重要性以及以体重为基础的暴露风险增大的可能，在评估与婴儿食品接触的食品接触物质的组分的安全性时，应将这些参数考虑在内。因此，针对与母乳和/或婴儿配方奶接触的物质，提交的食品接触通告建议应考虑发育期间的各种生物学变化和生长发育，并考察和普通人群相比，接触同等迁移物质水平时婴儿是否更敏感或更不敏感。

2.5.3 建议

2.5.3.1 化学建议

(1) 迁移测试

FDA对于应在食品接触通告中提交的与化学信息相关的通用建议在针对食品接触物质的《2007年化学指南》中有概述❶。正如在《2007年化学指南》中所述的那样，每日膳食中的食品接触物质的浓度可根据食物或食品模拟物中的测定水平予以确定。此外，我们还可根据食品接触材料中食品接触物质的配方信息或残留量信息以及假设食品接触物质100%向食品迁移进行估算。尽管FDA始终接受使用可靠的方法测定食品中食品接触物质，但在实践中，测定食品中物质含量其实难以现实。作为替代手段，制造商或供应商可以提交通过食品模拟物（可以表征食品接触物质向食品中迁移的行为和含量）获得的迁移数据。提交的迁移数据应反映出含有食品接触物质的食品接触材料可能面临的最严苛的温度/时间条件。下述建议专门针对那些预期用于婴儿食品接触应用的食品接触物质。

1）食品模拟物

测试方案（包括我们在《2007年化学指南》中提供的方案）建议使用10%乙醇作为水性和酸性食品［即食品类型Ⅰ、Ⅱ、Ⅳ-B、Ⅵ-B和Ⅶ-B，包括被确定为水包油的乳化食品（食品类型Ⅳ-B）］的食品模拟物❷。最近，与"Food Migrosure"迁移建模项目联合开展的研究表明，50%的乙醇可能更适合作为液体乳制品的通用模拟物❸，因为它可以更接近地表征许多乳制品的实际迁移水平。因此，FDA认为50%乙醇是婴儿配方奶（液体或其他复原乳）和母乳的通用模拟物。此外，FDA还将50%乙醇视为非乳制品婴儿配方奶（例如：大豆基婴儿配方奶）的公认模拟物，因为此类配方奶的脂肪含量类似于乳基婴儿配方奶的脂肪含量。该模拟物将适用于各种婴儿配方奶产品，包括脂肪含量不同的产品。此

---

❶ 美国食品药品监督管理局，《行业指南：关于食品接触物质上市前申请的准备——化学指南》，2007年12月修订，（http://www.fda.gov/Food/GuidanceRegulation/GuidanceDocumentsRegulatory Information/ucm081818.htm），在本指南中称为"2007年化学指南"。

❷ 有关食品类型的更多信息，请参阅2007年化学指南附录V或http://www.fda.gov/Food/Ingre-dientsPackagingLabeling/PackagingFCS/FoodTypesConditionsofUse/default.htm。

❸ "食品模拟"项目旨在将目前应用于食品模拟物的现有迁移模型扩展到食品本身。适用于本指南的食品包括代表脂肪食品的炼乳（10%脂肪）和搅打奶油（30%脂肪），以及代表干性食品的奶粉（www.foodmigrosure.org）。欧盟委员会2011年1月14日第10/2011号条例，关于拟与食品接触的塑料材料和物品。《欧盟官方公报》，第L12卷，第1-89页。

外，我们还发现 95％乙醇是一种有效的脂肪食品模拟物。但是，它可能会夸大迁移水平。下面将提供针对婴儿奶粉的模拟物的最新思路。

2）迁移模拟方案

① 与预包装配方奶接触的制品。

在美国合法销售的液态配方奶（浓缩液和即食型）主要使用塑料容器或涂有聚合物的金属罐包装，且制造商通常会对该容器进行热处理。FDA 推荐的用于此类热处理的迁移测试方案与《2007 年化学指南》附录Ⅱ第（1）节"与使用条件对应的常用方案（一次性应用）"针对一次性使用制品所述的方案相同，旨在模拟热处理和后续存储条件。对于具有聚合物涂层的金属罐，如果内容物在罐中被蒸煮，则建议参考使用条件①。使用条件①包含下对食品接触材料在瞬时温度〔约 121℃（250°F）〕进行热灭菌或蒸煮。针对在容器外灭菌的塑料制品，其他使用条件可能适用。正如在《2007 年化学指南》中探讨的那样，应使用 10 克/平方英寸（10 g/in²）的食物质量与表面积之比将迁移结果转换为婴儿食品中的浓度。

美国合法销售的配方奶粉主要包装在纸铝复合罐或塑料桶中，不能在容器内进行热处理或蒸煮。为测定向配方奶粉的迁移，FDA 建议使用 50％乙醇或干性食品模拟物（例如：聚 2,6-二苯基对苯醚）或其他合适的介质开展测试。如果用液态食品模拟物模拟配方奶粉将带来最恶劣情况下的迁移估算结果。FDA 为该应用推荐的迁移测试方案与在《2007 年化学指南》附录Ⅱ第（1）节中针对使用条件⑤〔填充和储存室温（容器内无热处理）〕推荐的迁移方案相同。FDA 建议制造商或供应商应在 40℃（104°F）的温度条件下进行 240h 迁移研究。此外，FDA 还建议在 24h、48h、120h 和 240h 后对测试溶液进行分析，且任何计算均应使用 10g/in² 的食物质量与表面积之比（S/V）并考虑复原奶中的粉末浓度（平均约为 13％）。

② 喂食时与婴儿食品接触的制品（例如：婴儿奶瓶）。

婴儿奶瓶通常旨在供婴儿重复使用，通常由玻璃或聚合物树脂（例如：聚丙烯）制成。

当使用婴儿奶瓶喂食母乳和婴儿配方奶时，可能会对瓶内的母乳或配方奶进行一些热处理（情形列入从在喂食前温和地加热配方奶到同时对水和奶瓶进行消毒）。建议根据《2007 年化学指南》附录Ⅱ第（1）节所述的使用条件②（沸水灭菌）或附录Ⅱ第（4）节（重复使用的制品）的示例进行测试。根据在《2007 年化学指南》的规定，使用条件②涉及与使用条件①相同的方案，不同之处在于，使用条件②的最高测试温度为 100℃（212℉）。最高测试温度的设定应足以代表相应制品（例如：奶瓶）在婴儿食品的制备、保温、储存和/或喂养中遇到的时间、温度条件。此外，建议的另一种迁移研究方法是遵循在《2007 年化学指南》附录Ⅱ第（4）节中的建议。正如我们在《2007 年化学指南》第（4）节中所述，可以在最高预期使用温度下，使用 50％乙醇进行 240h 迁移研究。

正如在《2007 年化学指南》附录Ⅱ第（4）节中进一步探讨的那样，估算暴露量时应使用重复使用制品的使用寿命内与已知表面积接触的估算食物总质量来计算。使用这个迁移数据，就可计算除制品使用寿命内向接触的所有食品的迁移水平。建议估算已知表面积接触的食物总量时，应考虑到婴儿奶瓶可在一天内使用多次且可持续多个月使用的事实。基于这些因素，对于这种重复使用的情况我们确认 $1400g/in^2$ 食品质量与表面积之比足以代表在奶瓶使用寿命内接触奶瓶的食品质量。建议使用 $1400g/in^2$ 的食物质量与表面积之比将迁移值转换为婴儿食品中的浓度。

③ 其他制品。对于涉及与母乳和/或婴儿配方奶接触的其他食品接触材料的通告，建议制造商或供应商在提交食品接触通告之前，通过通告前咨询（PNC）与我们联系咨询。［如需了解有关通告前咨询程序的进一步信息，请参阅本指南 2.5.3.3 (5)。］

④ 食品接触材料测试的替代方法。在缺少经验证的迁移研究时，也可通过假设食品接触物质 100％迁移至食物中来评估迁移水平。或者，如果已知相关对应参数，也可采用迁移建模法。如需了解有关迁移建模的进一步指导信息，请参阅我们的《2007 年化学指南》。

（2）暴露量估算

正如在《2007 年化学指南》探讨的那样，食品接触物质的暴露量估算通常基于"消费系数"和"食品类型分布系数"。这些系数是预期可能接触特定类型包装材料的所有食品的平均值。但是这些系数不是基于婴儿时期的典型消费方式，因为 0～6 个月大的婴儿通常仅食用母乳和/或婴儿配方奶，而婴儿通常依赖一个或少数几个品牌的婴儿配方奶或婴儿奶瓶。因此，不建议使用"消费系数"或"食品类型分布系数"来计算婴儿食品的暴露量。

特定人群对某一食品接触物质的暴露评估通常包含特定人群相关的食品数据调查和含此食品接触物质的食品接触材料的数据调查。通常可从食物消费调查数据中获得的特定人群的食品消费信息。FDA 建议考虑已识别食品类型的摄入量以及该食品接触物质在每种食物中的浓度❶。

为将这种方法应用于旨在与婴儿食品接触的食品接触物质，我们基于 2 天的 2005 年至 2010 年国家健康与营养检验调查（NHANES）的食物消费调查结果，确定了婴儿体重（6.3kg）和婴儿配方奶消耗（900g/d）这两个的默认值。根据这些默认值，婴儿的食物消耗量体重比为每天每千克体重 140g［140g/（kg·d）］。使用某食品接触物质向婴儿食品的迁移量（μg/ kg）乘以 0.14kg/（kg·d）来计算婴儿对该食品接触物质的每日估计摄入量。例如，如果食品中食品接触物质的浓度为 1μg/ kg，则计算公式如下所示：

$$EDI = 1\mu g/kg \times 0.14kg/(kg \cdot d) = 0.14\mu g/(kg \cdot d)$$

2.5.3.2 毒理学建议

本节中的毒理学建议为制造商或供应商介绍了一种灵活的评价方法，可用于评估与确定婴儿配方奶和/或母乳接触的食品接触物质预期用途的安全性。通常，FDA 建议制造商或供应商根据暴露量的估算和食品接触物质的其他现有科学信息来进行安全评估，同时也将根据《联邦食品、药品和化妆品法》（FD＆C Act）第 409（h）节，告知制造商或供应商进行有关必要测试和安全性测试来证明食品接触物质预期的安全性。在《2002 年毒理学指南》建议的安全性测试基础上，为评估某食品接触物质对于 0～6 个月的婴儿的安全性时，可能需要开展额外的安全性测试。

（1）基于暴露量的测试层级

在《2002 年毒理学指南》中四个层级提出了测试建议。每个层级都提出了安全性试验和其他有助于评估食品接触物质［以及每个组分（如适用）］的安全性信息的建议。在《2002 年毒理学指南》中，每个层级都是以微克/（人·天）为单位的暴露量［μg/（p·d）］，而且假设人均体重为 60kg（如其非特定针对婴儿）❷。为将一般人群和婴儿人群在体重和食物摄入量方面的差异考虑在内，将《2002 年毒理学指南》中这四个等级的暴露值进行了标准化。表 2-4 列出的标准化后各层级暴露值，它们是 μg/（kg·d）来表示。为确定婴儿食品接触物质毒理

---

❶ 见美国食品药品监督管理局关于亚群体的讨论，《工业指南：估计食品中物质的膳食摄入量》，2006 年 8 月（http://www. fda. gov/Food/GuidanceRegulation/GuidanceDocumentsRegulatoryInformation/ucm074725. htm）。

❷ 2002 年《毒理学指南》中的四个等级，以 μg/（p·d）表示：（1）增量暴露量或小于 1.5μg/（p·d）；（2）累积暴露量大于 1.5μg/（p·d），但不超过 150μg/（p·d）；（3）累积暴露量介于 150μg/（p·d）和 3mg/（p·d）之间；以及（4）累积暴露量为或大于 3 mg/（p·d）。见 2002 毒理学指南。

学评估的建议层级，制造商或供应商应根据通告物质（即食品接触物质）的预期
用途计算婴儿的估计每日摄入量。此外，估计每日摄入量还应包括任何其他已授
权的婴儿食品接触用途带入的摄入量。这个估计的日摄入量的计算方法应适用于
食品接触物质和其每个组分（如适用）。最后制造商或供应商应根据表2-4规定，
按照估计日摄入量值来确定对应的层级。

表2-4　标准化后各层级暴露值

层级	暴露值（摘自《2002年毒理学指南》）	标准化暴露值
层级1	$\leqslant 1.5\mu g/(p \cdot d)$	$\leqslant 0.025\mu g/(kg \cdot d)$
层级2	$>1.5\mu g/(p \cdot d) \sim 150\mu g/(p \cdot d)$	$>0.025 \sim 2.5\mu g/(kg \cdot d)$
层级3	$>150\mu g/(p \cdot d) \sim <3000\mu g/(p \cdot d)$	$>2.5 \sim <50\mu g/(kg \cdot d)$
层级4	$>3000\mu g/(p \cdot d)$	$>50\mu g/(kg \cdot d)$

（2）最低测试建议

FDA建议，针对用于与婴儿食品接触的物质，食品接触通告应参照我们
《2002年毒理学指南》针对不同层级提供的测试建议[1]。换句话说，针对属于层
级1的食品接触物质，我们建议食品接触通告应遵循《2002年毒理学指南》第
Ⅳ.A.1节对于安全性测试的相应建议。针对属于层级2的食品接触物质，我们
建议食品接触通告应遵循《2002年毒理学指南》第Ⅳ.A.2节对于安全性测试的
相应建议。针对属于层级3和层级4的食品接触物质，我们建议食品接触通告应
分别遵循《2002年毒理学指南》第Ⅳ.A.3节和第Ⅳ.A.4节对于安全性测试的
相应建议。与我们在《2002年毒理学指南》中提供的建议一样，本指南提供的
建议与总原则一致，即物质的潜在风险可能会随着暴露量的增加而增加。

尽管层级式建议提供了我们对于安全性测试和其他有助于安全评估需要信息
的通常想法，但仍然存在需要额外信息和/或数据来判断食品接触物质在与婴儿
配方奶和/或母乳接触时的安全性的情形。如果没有足够的信息来评估接触婴儿
配方奶和/或母乳的安全性，或如果存在信息表明存在潜在毒性或其他安全隐患，
就会出现此类情形。正如本指南2.5.2"背景"所述，婴儿发育期的特征是生理
过程中不断发生变化，例如：药代动力学参数以及器官和系统发育。这表明我们
在《2002年毒理学指南》中针对四个层级确定的最低测试建议可能并非总是足
以评估早期发育阶段中接触母乳和/或婴儿配方奶的食品接触物质的安全性

---

[1]　见2002年毒理学指南第Ⅳ.A节。

(Neal-Kluever 等，2014）。

　　为确定食品接触物质按预期用途与母乳和/或婴儿配方奶接触时是否安全，在《2002 年毒理学指南》建议的四个层级的基础上，可能需要其他测试信息或安全信息。在其他毒理学终点考察方面，制造商或供应商应考虑一些毒性反应发生的可能性，如与已知的发育差异性相关的以死亡、突变、肿瘤形成等细胞或动物终点事件（apical endpoints）为观察指标的毒性反应。可根据现有的毒性数据、化学结构、结构活性方法或其他资源确定这种可能性❶，同时表明可能需要进行发育毒性研究（例如：神经毒性、免疫毒性、生殖毒性或其他毒理学终点）❷。此外，幼年或成年动物毒性研究中发现的效应，可预测对婴儿有不同效应或数量级差异性的变化或敏感度。吸收、分布、代谢和排泄（ADME），毒作用模式（MOA），毒代动力学（TK），毒效动力学（TD）和/或药代动力学（PK）的特征信息可能对安全性评估有帮助❸。

　　为了设计试验和评价数据来减少婴儿暴露的安全性评估的不确定性，FDA建议考虑使用 PK、ADME、TK / TD 和/或其他相关数据，以便更加准确地描述种间差异或同一物种内幼年和成年的差异。还建议考虑使用亚慢性研究结果和其他可用信息，为试验类型确定和对生殖/发育毒性研究中特定毒理学终点设定和更改提供参考。此外安全性研究是以婴儿暴露为基础，制造商或供应商应清楚了解这些试验中婴儿暴露存在的问题并找出解决方法。例如《2002 年毒理学指南》中所述的亚慢性研究试验不包括产后发育期间的给药。此外，大多数生殖/发育毒性研究的方案不包括母乳中物质的暴露量的估算。另外，这些试验通常不包括在产后期间对新生或幼年动物的直接给药。如需解决试验设计中的这些潜在问题，可修改亚慢性或其他研究方案（例如，参见 Delclos 等，2014），和/或使用 PK / ADME 数据和/或使用其他与研究结构相关的信息，从而确定哺乳期内是否会发生预期暴露以及预期暴露是否可以量化。由于一些传统的试验可能不适合，鉴于试验设计存在各种潜在问题以及不确定性，制造商或供应商通常应考虑

---

　　❶　可能的资源例如：结构-活性关系（SAR；例如，EFSA，2011）、Cramer 类（Cramer 等，1978）或国家毒理学研究中心内分泌干扰物知识库（EDKB）。

　　❷　如 2002 年毒理学指南所述，该信息可在编制综合毒理学综述（CTP）期间确定，该文件用于确定所有未发布和已发布的安全性研究以及与 FCS 安全性评估相关的相关信息，并处理所有确定的该物质安全性研究的不良影响。

　　❸　FDA 支持"3Rs"原则，即在可行的情况下减少、改进和取代动物试验的使用。鼓励赞助者与FDA 协商，如果他们希望使用他们认为合适、充分、有效和可行的非动物试验方法。将考虑是否可以评估这种替代方法与动物试验方法的等效性。

是否有必要修改传统的毒性试验，以便将早期发育阶段的独特特征考虑在内[1]。

　　以下是一些情境示例，在这些情境中，可能建议进行额外或修改的试验，以便证明食品接触物质用于婴儿食品的安全性。这些示例既不包含，也不代表所有情况。对于示例，假设某一特定化学物质的估计暴露水平为 $2.5 \sim 50 \mu g/(kg \cdot d)$（层级 3），通常最少提供《2002 年毒理学指南》第Ⅳ.A.3 节针对层级 3 建议的标准数据。我们的示例描述如何使用相关信息满足建议标准数据（层级 3），以及是否可以对标准数据表做一些修改或补充。

　　① 一项成年或幼年动物的体内试验研究中，已观察到了与婴儿发育时期相关的毒性（例如：肾毒性）的警报信息（危害识别）。例如可在经过修改的 90d 亚慢性毒性研究中，在产后早期（出生后的第 1～5 天），直接对新生及幼年啮齿动物以相应剂量的给药方式，可能就能回答这种情况下的安全性问题。

　　② 一项成年或幼年动物的体内研究，已观察到了与持续、长期或潜在效应（例如：生殖、内分泌或神经系统影响；或免疫毒性）相关的警报信息（危害识别）。在没有其他安全信息的情况下，开展一项研究（例如：两代繁殖试验或一代繁殖毒性扩展试验做出相应修改，如对幼年动物直接给药）可能可以回答这种情况下的安全性问题。

　　另一方面，在某些情况下，FDA 不建议您进行其他研究。例如：

　　③ 已有信息或研究表明，对断奶前动物没有毒性增加的风险或有差别的易感性。在这种情况下，对幼体/成年动物进行 90 天的研究可能足以验证化学品的安全性，因此无需进行其他研究。

　　（3）致癌组分的年龄依赖性癌症风险分析

　　食品接触通告应酌情包括对食品接触物质致癌成分的风险评估[2]。如果针对相关成分的流行病学研究结果或啮齿类动物致癌性研究结果呈阳性或是模棱两可，则制造商或供应商通常应计算在极端情况下，人类暴露于该成分会对人类造

---

　　❶　在某种程度上，制造商或供应商可能会寻求更多关于产后早期研究设计中可能考虑因素的信息，我们注意到最近的一些研究已阐述了这个问题，具体例子包含在 Neal-Kluever et al.，2014；Delclos et al.，2014；Churchwell et al.，2014；Moser et al.，2005；and note 17 in ICH S5（R2），（2005）。关于 FDA 在特定情况下研究设计建议的具体信息，制造商或供应商应联系 FDA。

　　❷　以下情况下《食品、药品和化妆品法》第 409（c）（3）（A）节禁止批准食品添加剂，包括 FCSs：当人或动物摄入后，或在对其安全性进行适当评估的试验后，发现其可诱发人或动物癌症。重要的是，第 409（c）（3）（A）节适用于添加剂本身，而不是添加剂的成分。如果一种属于 FCS 的食品添加剂未被证明会导致人或动物患癌，但含有致癌成分，FDA 将根据一般安全标准［食品、药品和化妆品法案第 409（c）（3）（a）节］使用定量风险评估程序评估该成分的安全性。

成的终生风险。制造商或供应商可以使用另一种方法来估算由致癌成分引起的风险，并应提供科学证据证明其替代方法是合理有效的。《2002 年毒理学指南》包含计算终生风险的指南，但不包含婴儿暴露量对终生风险的影响作用的相关指南。但是，美国环境保护署已发布评估因早期生命暴露量而导致的致癌风险的指南（US EPA 2005a，2005b，2011），并且 FDA 认为 EPA 指南为评估因婴儿暴露于与婴儿配方奶和/或母乳接触的食品接触物质而导致的终身致癌风险（LCR）提供了有用的框架。EPA 指南基于暴露量，针对 0～2 岁年龄段提供指导。FDA 已经修改了 EPA 的致癌风险方程式，以便涵盖下述 0～2 岁年龄段中的 0～6 个月的特定暴露情境。如果针对组分开展的流行病学研究或啮齿类动物致癌性研究的结果呈阳性或是模棱两可，建议制造商或供应商使用以下公式来评估终身致癌风险。制造商或供应商可以使用其他方法来估算由致癌成分引起的终身致癌风险，并应提供科学证据以证明其替代方法是合理有效的。FDA 建议的终身致癌风险评估公式如下所示：

从出生到 6 个月的风险：

$$R_{0～6个月} = 单位致癌风险（UCR）\times 10 \times 婴儿暴露量 \times（0.5 年/78 年）$$

从 6 个月到 2 岁的风险：

$$R_{6个月～2岁} = 单位致癌风险（UCR）\times 10 \times 普通人群暴露量 \times（1.5 年/78 年）$$

从 2 岁到 78 岁的风险：

$$R_{2～78岁} = 单位致癌风险（UCR）\times 普通人群暴露量 \times（76 年/78 年）$$

$$终身致癌风险（LCR）= R_{0～6个月} + R_{6个月～2岁} + R_{2～78岁}$$

正如公式所表明的那样，FDA 建议制造商或供应商首先通过进行以下三个独立的计算来计算极端情况下的上限终生风险：①单位致癌风险或 UCR；②每个特定人群暴露量的估值；③基于年龄的年龄相关调整系数（ADAF）；④每个年龄段的寿命百分比。三种不同的计算代表了 0～6 个月年龄段的暴露风险、6 个月～2 岁年龄段的暴露风险以及 2～78 岁年龄段的暴露风险。终身致癌风险（LCR）代表的是所有三个年龄段的风险总和。等式中使用了 78 岁这一平均寿命值，它反映了美国目前的平均寿命（Kochanek 等，2011）。

如上所述，这些用于评估终身致癌风险的方程式包括年龄相关调整系数。通常，FDA 建议年龄相关调整系数为 10，以便将 0～6 个月以及 6 个月～2 岁这两个发育期间的潜在变异性（易感性增加）考虑在内。EPA 2005 年补充指南（美国 EPA 2005b）在某些情况下建议使用该年龄相关调整系数，以便将早期生命的易感性纳入癌症风险评估中，而且它反映出不同年龄组对食品接触物质致癌组分的致癌性效应反应的差异性。但是，如果有科学根据，制造商或供应商可以使用其他年龄相关调整系数或不使用年龄相关调整系数来估算终身致癌风险。此类科学证据是可能存在，例如，如果 TK/TD 或 MOA 数据表明婴儿群的易感性较低或较高。

尽管 FDA 通常建议使用上述公式来评估终身致癌风险，但在某些情况下，可能需要适当修改公式。如果制造商或供应商认为存在这种情况，建议其与 FDA 联系。

2.5.3.3　行政管理建议

（1）确认收到食品接触通告

FDA 仍计划在收到食品接触通告之后的 30d 内以书面形式确认收到该通告。该接收确认书将告知制造商或供应商 FDA 收到完整食品接触通告的日期，以及（如果 FDA 不反对该物质的销售）该食品接触通告的生效日期。接收确认书还将标注作为通告主题的物质名称和用途。

如果食品接触通告未明确指定食品接触物质与婴儿相关的用途，则确认书将在"限制/规格"一栏中使用以下语言：由于食品接触物质的使用未明确包括与婴儿配方奶和/或母乳接触，FDA 特此限制审查范围，并将此类用途排除在外。审查将仅包括其他食品接触用途产生的一般暴露。如需了解有关"预期用途"和"限制/规格"语言表述的进一步信息，请参阅 http://www.accessdata.fda.gov/scripts/fdcc/? set＝fcn。

另一方面，如果食品接触通告明确规定用于婴儿食品，则 FDA 建议制造商或供应商根据本指南证明该用途的安全性。在此类情况下，确认书将阐述食品接触物质的预期用途包括通知中明确指定的与母乳和/或婴儿配方奶接触的用途。具体来说，确认书中的"预期用途"和"限制/规格"部分将阐明预期用途包括与婴儿食品的接触。

制造商或供应商应仔细阅读确认书中有关预期使用条件的描述以及适用的限制/规格，因为依照《联邦食品、药品和化妆品法》第 409(h)，这些描述信息将决定通告生效时的物质的使用 [21 USC 348(h)]。该描述还将影响 FDA 在"有效食品接触通告数据库"的"预期用途"和"限制/规格"部分中使用的语言。[如需了解清单的更多信息，请参阅本指南的 2.5.3.3（4）。]

（2）食品接触通告的拒收

如果缺少 21 CFR 170.101（a）～（e）要求的任何通告元素，FDA 将拒绝接收和审查此食品接触通告，而且将向制造商或供应商提供拒收函 [请参阅 21

CFR 170.104(b)(1)]。根据第 170.101（a）条和第（b）条规定，提交的食品接触通告资料必须针对制造商或供应商在判定该食品接触物质的使用安全性时所采取的依据进行全面的探讨。正如第 170.101(a)(1) 条和第（2）条的规定，该探讨必须包括通知中提交的所有信息和数据，并探讨可能看起来与判定食品接触通告所述的预期用途安全性不一致的任何信息和数据。此外，根据第 170.101（b）条，必须包括构成判定（即验证食品接触物质在预期使用条件下的安全性）依据的所有数据和其他信息。在决定哪些元素构成对判定依据（即制造商或供应商判定食品接触物质的使用安全性时采用的依据）的全面探讨时，FDA 会采取个例分析的原则。基于婴儿配方奶和母乳接触的食品接触物质的预期用途，以及提供的安全性探讨的本质及程度，FDA 可能会要求，全面性的探讨需要包含婴儿暴露及安全性相关的数据和信息。在某些情况下，FDA 可能会按照个例分析的原则，做出以下决定即：根据第 170.104（b）（1）条的规定，鉴于制造商或供应商未能提供此类数据和信息，食品接触通告被视为不完整，且因此被拒收。在大多数情况下，FDA 会为制造商或供应商提供机会，让他们可以补交缺失信息，修改用途，或撤销食品接触通告❶。如果制造商或供应商开始时已提交了一份非旨在用于与母乳和/或婴儿配方奶接触的食品接触物质食品接触通告，此后，制造商或供应商希望在此前的通告的基础上，将用途范围扩大至包含与婴儿食品接触的用途，这种情况下 FDA 建议其提交一份全新的食品接触通告。而且建议制造商或供应商应参考指南并通过通告前咨询程序咨询 FDA。如需了解有关通告前咨询程序的进一步探讨，请参阅本指南 2.5.3.3 （5）。

（3）最终信函

如果对所通告的物质投入市场没有反对意见，美国食品药品监督管理局无需进行信函通知。然而，美国食品药品监督管理局认识到这样一封信函意味着评审程序的结束，因此他们希望能够以信函的形式告知通告人作为通告主题的食品接触物质的确认信息，以及通告生效的具体日期。该信函将在"限制/规格"一栏中包含有关婴儿食品接触用途的所有适用声明。[请参阅 2.5.3.3 （1）"行政管理建议"中"确认收到食品接触通告"的相关内容。]

（4）有效食品接触通告数据库

FDA 会在官方网站上维护有效食品接触通告清单。FDA 希望这个数据库成

---

❶　根据 21 CFR 170.103，制造商或供应商可在 FDA 完成审查之前的任何时间撤回 FCS 的 FCN，但不影响将来的提交。

为公告有效食品接触通告的主要工具。该数据库包括作为通告主题的食品接触物质的识别信息，视为安全的使用条件，食品接触物质的使用限制，食品接触物质的质量指标，通告许可的制造商或供应商，通告生效的具体日期以及追踪号。该数据公示于 FDA 官方网站，网址为 http：//www. accessdata. fda. gov/scripts/fdcc/？set＝fcn。对于明确授权可安全用于接触婴儿配方奶和/或母乳的食品接触物质，将在列出该 FDA 清单的网站的"预期用途"一栏标注此类用途。针对那些不涉及将食品接触物质用于和婴儿配方奶和/或母乳接触的食品接触通告，该清单也将明确注明此类食品接触物质并不具有此类用途。

（5）通告前咨询（PNCs）

FDA 建议制造商或供应商使用售前通知咨询程序来获得相关建议，以便有效确定婴儿暴露评估方法和/或与婴儿接触的食品接触物质的适当测试方法。制造商或供应商有权在提交通知前，就食品接触物质的相关通告与 FDA 进行会面/咨询。制造商或供应商将自行决定是否进行此类互动，且此类互动是为了成功提交通告，因为如果没有足够的科学支持，FDA 将拒绝接受和审查相关通知。

2.5.4 1995 年《减少文书工作法案》

本指南包含的信息收集规定必须由管理和预算办公室（OMB）根据 1995 年《减少文书工作法案》（44 USC 3501～3520）进行审查。

就每次响应而言，完成此信息收集所需的时间估计平均为 5 个小时，包括审查相关指示说明、搜索现有数据源、收集所需数据以及完成和审核信息收集的时间。针对文书负担估算的任何评论或减少文书负担的任何建议应发送至：

美国食品药品监督管理局

食品安全与应用营养学中心

食品添加剂安全办公室 HFS-265

地址：5001 Campus Drive College Park，MD 20740

除非其显示当前有效的 OMB 控制编号，否则任何机构方不得开展或支持信息收集，且任何个人无需对信息收集作出回应。本信息收集的 OMB 控制编号为0910-0495（有效期截止日：2022 年 3 月 31 日）。

参 考 文 献

下列标有星号（＊）的参考文献在食品药品监督管理局的案卷管理人员处（地址：5630 Fishers Lane，rm. 1061，Rockville，MD 20852）展示。可在周一至周五的上午 9 点至下午 4 点亲自前往该地址查看相关信息，或者，通过在线访问 https：//www. regulations. gov 的方式获取相关信息。未标星号的参考文献存在版权限制，因此并未公示于 https：//www. regulations. gov。如果其中一部分资料在网站列出，则该部分资料可以在网站查看。未标星号的参考文献只能在案卷管理人员处查看。自本文件在《联邦公报》上发布之日起，美国食品药品监督管理局已验证该网站地址，但网站可能会随着时间的推移而变化。

［1］ Alcorn J，McNamara PJ. Pharmacokinetics in the newborn. Adv Drug Deliv Rev，2003，55：667-686.

［2］ Bruckner JV. Differences in sensitivity of children and adults to chemical toxicity：the NAS panel report. Regul Toxicol Pharmacol，2000，31：280-285.

［3］ Cappon GD，Bailey GP，Buschmann J，et al. Juvenile animal toxicity study designs to support pediatric drug development. Birth Defects Res B Dev Reprod Toxicol，2009，86：463-469.

［4］ Churchwell MI，Camacho L，Vanlandingham MM，et al. Comparison of lifestage-dependent internal dosimetry for bisphenol A，ethinyl estradiol，a reference estrogen，and endogenous estradiol to test an estrogenic mode of action in sprague-dawley rats. Toxicol Sci.，2014，139（1）：4-20.

［5］ Cramer G M，Ford R A，Hall R L. Estimation of Toxic Hazard - A Decision Tree Approach. FD. Cosmet. Toxicol.，1978，16：255-276.

［6］ Delclos KB，Camacho L，Lewis SM，et al. Toxicity Evaluation of Bisphenol A Administered by Gavage to Sprague-Dawley Rats from Gestation Day 6 through Postnatal Day 90. Toxicol Sci.，2014，139（1）：174-97.

［7］ DeWitt JC，Peden-Adams MM，Keil DE，et al. Current status of developmental immunotoxicity：early-life patterns and testing. Toxicol Pathol，2012，40：230-236.

［8］ Andrew W，Fuart-Gatnik M，Silvia L，et al. Applicability of QSAR analysis in the evaluation of developmental and neurotoxicity effects for the assessment of the toxicological relevance of metabolites and degradates of pesticide active substances for dietary risk assessment. Efsa Supporting Publications，2011，8（6）. http：//www. efsa. europa. eu/en/supporting/doc/169e. pdf. *

［9］ Felter SP，Daston GP，Euling SY，Piersma AH，Tassinari MS（2015）. Assessment of health risks resulting from early-life exposures：Are current chemical toxicity testing protocols and risk assessment methods adequate? Crit Rev Toxicol 45：219-244.

［10］ Ginsberg G，Hattis D，Miller R，et al. Pediatric pharmacokinetic data：implications for environmental risk assessment for children. Pediatrics，2004，113：973-983.

［11］ Ginsberg G，Hattis D，Sonawane B. Incorporating pharmacokinetic differences between children and adults in assessing children's risks to environmental toxicants. Toxicol Appl Pharmacol，2004，198：164-183.

［12］ Ginsberg G，Hattis D，Sonawane B，et al. Evaluation of child/adult pharmacokinetic differences from a database derivedfrom the therapeutic drug literature. Toxicol Sci，2002，66：185-200.

[13] Grandjean P, Landrigan P J. Developmental neurotoxicity of industrial chemicals. Lancet, 2006, 368: 2167-2178.

[14] ICH. Detection Of Toxicity To Reproduction For Medicinal Products & Toxicity To Male Fertility S5 (R2). http://www.ich.org/fileadmin/Public _ Web _ Site/ICH _ Products/Guidelines/Safety/S5/ Step4/S5 _ R2 _ Guideline. pdf . *

[15] Kochanek KD, Xu J, Murphy SL, et al. Deaths: Preliminary Data for 2009. National Vital Statistics Reports, 2011, 59 (4): 1-51.

[16] Landrigan P J, Goldman L R. Children's vulnerability to toxic chemicals: a challenge and opportunity to strengthen health and environmental policy. Health Aff (Millwood), 2011, 30: 842-850.

[17] Lawrie, C A. Different dietary patterns in relation to age and the consequences for intake of food chemicals. Food Addit. Contam, 1998, 15 (Suppl), 75-81.

[18] Leifer C A, Dietert R R. Early life environment and developmental immunotoxicity in inflammatory dysfunction and disease. Toxicol & Eviron Chem, 2011, 93: 1463-1485.

[19] Makris S L, Thompson C M, Euling S Y, et al. A lifestagespecific approach to hazard and dose-response characterization for children's health risk assessment. Birth Defects Res B Dev Reprod Toxicol, 2008, 83: 530-546.

[20] Moser V C, Walls I, Zoetis T. Direct dosing of preweaning rodents in toxicity testing and research: deliberations of an ILSI RSI expert working group. International Journal of Toxicology, 2005, 24: 87-94.

[21] Neal-Kluever A N, Aungst J, Gu Y, et al. Infant toxicology: state of the science and considerations in evaluation of safety. Food and Chem. Toxicol, 2014, 70: 68-83.

[22] Scheuplein R, Charnley G, Dourson M. Differential sensitivity of children and adults to chemical toxicity: I. biological basis. Regulatory Toxicology and Pharmacology, 2002, 35: 429-447.

[23] Schwenk M, Gundert-Remy U, Heinemeyer G, et al. Children as a sensitive subgroup and their role in regulatory toxicology: DGPT workshop report. Arch Toxicol, 2003, 77: 2-6.

[24] U. S. EPA. A review of the reference dose and reference concentration processes. U. S. Environmental Protection Agency, Risk Assessment Forum, Washington, DC, EPA/630/P-02/002F. 2002. http://www2. epa. gov/sites/production/files/2014-12/documents/rfd-final. pdf. *

[25] U. S. EPA. Determination of the appropriate FQPA safety factor(s) in tolerance assessment. Office of Pesticide Programs, Washington, DC. 2002. http://www2. epa. gov/pesticide-science-and-assessing-pesticide-risks/determinationappropriate-fqpa-safety-factors. *

[26] U. S. EPA. Guidelines for carcinogen risk assessment. Risk Assessment Forum, Washington, DC; EPA/630/P-03/001F. 2005, http://www2. epa. gov/risk/guidelines-carcinogen-risk-assessment. *

[27] U. S. EPA. Supplemental guidance for assessing susceptibility from early-life exposure to carcinogens. Risk Assessment Forum, Washington, DC; EPA/630/R03/003F. 2005. www. epa. gov/ttnatw01/ childrens _ supplement _ final. pdf. *

[28] U. S. EPA. Exposure Factors Handbook: 2011 Edition. EPA/600/R-090/052F. 2011. http:// cfpub. epa. gov/ncea/risk/recordisplay. cfm? deid=236252. *

［29］ Watson R E，DeSesso J M，Hurtt M E，et al. Postnatal growth and morphological development of the brain: a species comparison. Birth Defects Res B Dev Reprod Toxicol，2006，77：471-484.

［30］ Zoetis T，Hurtt ME. Species comparison of anatomical and functional renal development. Birth Defects Res B Dev Reprod Toxicol，2003，68：111-120.

［31］ Zoetis T，Tassinari MS，Bagi C，. Species comparison of postnatal bone growth and development. Birth Defects Res B Dev Reprod Toxicol，2003，68：86-110.

2.6 美国食品接触材料新品种评估申报流程

美国食品接触材料监管体系相对来说较为完善，法规要求进入美国市场的食品接触物质上市前都需要进行合规工作。由于食品接触材料中的所有物质都有可能迁移到所接触的食品中，成为食品的一部分，出于此考虑，美国将食品接触物质视为间接食品添加剂。如果生产商所使用物质未列入美国法规允许使用的物质清单中，则需要进行食品接触通告申请（FCN）。美国 FCN 申请流程如图 2-1 所示。

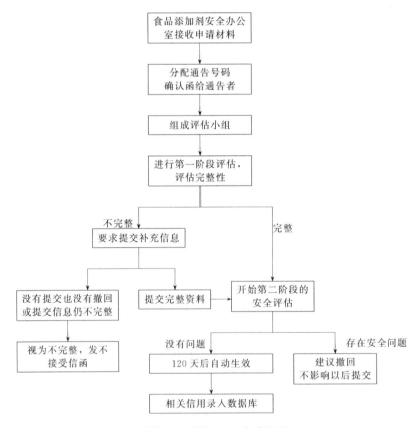

图 2-1　美国 FCN 申请流程

① 申请人将卷宗提交到食品药品监督管理局（FDA）下的食品安全与应用营养学中心（center for food safety and applied nutrition，CFSAN）的食品添加剂安全办公室（office of food additive safety，OFAS）。

② FDA 收到申请材料会为其分配一个通告号码（FCN 号），申请者会收到 FDA 的确认函。资料将发送给评估小组。

③ 评估小组在受理后的 3～5 周内进行第一阶段评审会议，初步审查数据及信息的完整性。如果提交信息完整，进入第二阶段评审；如果提交信息不完整，申请人将被要求在 10 个工作日内补充信息。如果补充完整，则进入第二阶段评审，否则 FDA 将建议申请人撤回此项申请。

如果在第二阶段审查期间没有任何问题，FCN 将在 FDA 确认接收日期的第 120 天自动生效，FDA 将向申请人发送确认生效日期的信函。如果在第二阶段审查期间没有通过，FDA 将建议申请人撤回此项申请，且不影响以后的申请提交。

第3章

欧盟食品接触材料新品种申报与安全性评估指南

除美国外，欧盟也是采用肯定列表管理食品接触材料较早的地区。目前，欧盟针对塑料、可再生塑料、活性和智能材料三类材料建立了欧盟层面上的共同立法，并明确了肯定列表的管理方式。特别是其对塑料食品接触材料的单体或其他起始物、除着色剂之外的添加剂、除溶剂之外的聚合物生产助剂、通过微生物发酵得到的高分子材料建立了较为完善的清单，并不断更新。因此，欧盟对塑料食品接触材料新品种安全评估申请也值得学习和借鉴，故本章重点介绍欧盟关于塑料食品接触材料新品种的安全评估申请指南。为方便读者理解，对一些重要表述给出了英文原文。

3.1 塑料食品接触材料新品种安全评估申报的行政指南

欧盟《塑料食品接触材料用物质安全评估申报行政指南》❶（以下简称行政指南）旨在为申请塑料食品接触材料（为简便，塑料食品接触材料以下非文件用名时将简称为"塑料FCM"）新品种的申请人提供指南，主要描述了从提交申请到采纳和发表EFSA（欧洲食品安全局，European Food Safety Authority）科学意见等欧盟处理申请的程序。同时，提供了关于如何为EFSA的安全评估准备资料的说明，并补充了从EFSA网站下载的三个附录。申请人提交申请所需资料时，须遵守行政指南附件所述格式。行政指南所述资料适用于根据（EC）No 1935/2004法规第9条及第12条提交的所有申请。本节将详细介绍该指南的相关

---

❶ EFSA (European Food Safety Authority)，2017. Administrative Guidance for the preparation of applications for the safety assessment of substances to be used in plastic Food Contact Materials. EFSA supporting publication 2017：EN-1224. 41 pp. doi：10. 2903/sp. efsa. 2017. EN-1224 ISSN：2397-8325.

内容、要求以及附录表格等。

该指南取代了之前《食品接触材料用物质授权前安全评估申请的指南说明》的第0章"概述"和第1章"EFSA行政指南"，原指南文件由EFSA于2008年发布，也被称为2008年《食品接触材料指南说明》。2017年EFSA发布的该指南文件主要由3个主要章节和3个附录组成：第1章提供了指南文件的出版背景及职权范围；第2章描述了塑料FCM用物质授权申请评估所需提交的文件、相关的程序和时间表，该申请是指为获得物质在塑料FCM及制品中的使用（此处称为"塑料FCM用物质"）或更新现有授权物质（编著者注：即为塑料食品接触材料新品种）；第3章提供了在申请的整个周期内与EFSA工作人员进行交流的各种可能性的信息，包括从接受申请到通过申请和发表EFSA的科学意见。附录3-1至附录3-4提供了申请人提交塑料FCM物质申请时使用的格式。

本节将详细介绍该指南各章相关内容、要求以及附录表格等。特别说明，与所有EFSA其他指南文件一样，该行政指南将按需根据法律和/或指南文件的相关更改进行更新，使用者始终需在EFSA官方网站上查阅并使用最新发布版本。

3.1.1 简介与相关说明

3.1.1.1 背景介绍

2004年10月27日欧洲议会和委员会关于直接接触食品的材料和制品的（EC）No 1935/2004法规规定了欧盟范围内食品接触材料（FCM）授权和使用的法律依据，并规定了关于申请提交的具体措施以及欧洲食品安全局（EFSA）意见中应包含的信息类型。2011年1月14日（EU）No 10/2011法规对直接接触食品的塑料材料和制品强制执行了专门用于处理直接接触食品的塑料材料和制品评估的措施。

依据（EC）No 1935/2004法规第9（2）条，EFSA应发布关于食品接触材料新品种申请准备和申请提交的详细指南方针。2008年，EFSA发布了第一份关于提交食品接触材料中使用物质卷宗以供EFSA评估的指南文件，也称为《食品接触材料指南说明》。

鉴于EFSA在处理和评估食品接触材料申请的过程中获得的最新经验，现已对该2008年的《食品接触材料指南说明》进行了修改和更新。更新后，2008年《食品接触材料指南说明》的内容已被替换为3个单独的指南文件：

①当前的EFSA《塑料食品接触材料用物质安全评估申报行政指南》替代了2008年《食品接触材料指南说明》的第0章"概述"和第1章"EFSA行政指

南"并为申请人提供了更新后的指南方针；

②《塑料食品接触材料用物质安全评估申请准备工作指南说明》（EFSA，2017）替代了 2008 年《食品接触材料指南说明》的第 3 章，其中包含了准备申请供 EFSA 评估时需考虑的科学要求；

③《（EU）No 10/2011 法规框架下塑料食品接触材料合规性测试的技术指南说明》近期将由欧盟委员会联合研究中心（JRC）颁布并公布在欧盟委员会的网站上。一旦发布，该指南将替代 2008 年《食品接触材料指南说明》中的"委员会关于迁移试验的说明性指南"章节。

3.1.1.2 相关说明

自 2013 年起，EFSA 一直在实施一个制订以客户为导向的监管产品❶方案的项目，以便在申请监管产品的整个生命周期期间为申请人和利益相关者提供支持。在此背景下，EFSA 制定了新的《塑料食品接触材料用物质安全评估申报行政指南》，以便将 2008 年《食品接触材料指南说明》中包含的行政信息替换为更新后的关于申请提交程序、卷宗格式以及 EFSA 申请处理的详细信息。其目的是加深大家对从提交到科学意见的采纳和发表整个申请生命周期内申请要求和 EFSA 服务的理解。

该行政指南适用于（EC）No 1935/2004 法规和（EU）No 10/2011 法规范围内直接接触食品的塑料材料和制品中使用物质的授权申请，因此需结合上述法规的规定阅读该行政指南。如果行政指南内容与适用法规的规定不符，应以后者为准。

行政指南中"申请人"的含义为任何已提交申请的法人或自然人（例如个人、食品业务经营者、行业协会、咨询公司等），无论其位于欧洲境内还是境外。

如有必要，EFSA 将依据立法及/或指南文件的相关变更，并基于处理和评估塑料 FCM 物质相关申请时获得的经验对此文件进行更新。因此，建议申请人始终在 EFSA 网站上查阅本文件的最新发布版本。

3.1.2 具体指南

塑料食品接触材料使用物质申请处理程序的各个步骤和预估时间节点，如图 3-1 所示。工作流程的第一步是向成员国的国家主管当局提交申请，然后由 EFSA 接收和评估，直至食品接触材料、酶、调味剂和加工助剂小组（CEF）采纳科学意见。

---

❶ EFSA REPRO 以客户为导向的方法授权：http：//registerofquestions.efsa.europa.eu/roqFrontend/mandateLoader? mandate＝M-2014-0106。

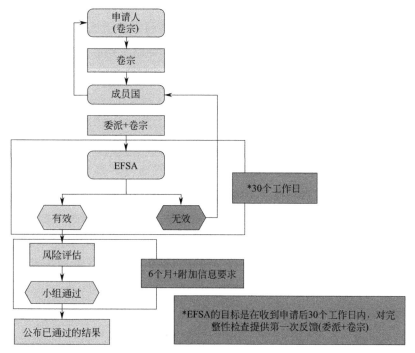

图 3-1 根据（EC）No 1935/2004 法规和（EU）No 10/2011 法规提交食品接触材料的申请程序

申请人在准备申请之前，建议查阅欧洲委员会（EC）和 EFSA 网站上 FCM 部分的信息，以便准备材料和正确提交申请。具体包括：

① 查阅 EC 网站上的 FCM 部分，获得关于监管框架信息和塑料 FCM 物质授权过程的信息：http：//ec. europa. eu/food/safety/chemical _ safety/food _ contact _ materials _ en。

② 如对提交授权申请的必要性有疑问，请向欧盟委员会确认：SANTE-fcm @ec. europa. eu。

③ 如已提交塑料 FCM 物质相关申请，请查阅 EFSA 网站上的 FCM 部分，以查看评估过程相关信息：http：//www. efsa. europa. eu/en/applications/food contactmaterials。

④ 查阅关于塑料 FCM 物质的 EFSA 行政和科学指南文件，以获得关于如何准备申请的信息：http：//www. efsa. europa. eu/en/applications/foodcontact materials/regulationsandguidance。

⑤ 如对 EFSA 指南文件中所述要求存有疑问，请使用 APDESK Webform 要求 EFSA 进行说明：https：//www. efsa. europa. eu/en/applicationshelpdesk/

askaquestion。

⑥ 查阅《EFSA 的监管产品申请生命周期期间支持措施目录》，查看 EFSA 为申请人提供的支持措施概述：http：//www.efsa.europa.eu/en/supporting/pub/1025e。

关于如何准备和提交申请，具体介绍如下（行政指南原文的第 2.1 节、第 2.2 节和第 2.4 节）。

3.1.2.1　新物质授权申请

依据（EC）No 1935/2004 法规第 9 条，任何想要获得塑料 FCM 物质授权的人均应向成员国主管当局提交申请，该机构将把申请提交给 EFSA。接收申请后，EFSA 将向成员国出具回执，并抄送给申请人。届时，相关申请已在 EFSA 问题登记处❶获得注册登记并收到一个唯一识别码（例如：EFSA-Q-YYYY-XXXX，简称为"EFSA 问题编号"）。问题登记处数据库会定期更新申请状态且申请人可跟踪相关申请。

申请时，应向成员国主管当局和欧洲参比实验室提交以下文件和详细信息：

（1）成员国主管当局❷

① 行政部分：包含与申请有关的所有行政信息：

a. 申请人的联系详细信息；

b. 申请主题。

上述信息应使用附录 3-1（EFSA 行政指南附件 A1❸——行政信息）中规定的格式提交上述数据。

② 技术卷宗：根据（EC）No 1935/2004 和（EC）No 10/2011 的法规要求编写。准备技术卷宗时，申请人应遵循《塑料食品接触材料用物质安全评估申请准备工作指南说明》（EFSA，2017）中所述的科学要求并使用附录 3-3（EFSA 行政指南附件 B❹——技术卷宗）中规定的格式（即 Word 文档）提交信息。为支持申请而进行的所有研究的详细报告，例如：完整的试验记录，对分析方法、原始数据和参考书目的完整描述，应以单独的技术附录提供（要求每份附录为一份 PDF 文件）。

---

❶ EFSA 问题登记数据库：http：//registerofquestions.efsa.europa.eu/roqFrontend。

❷ 欧盟国家主管当局的完整名单载于以下链接：http：//ec.europa.eu/food/safety/chemical _ safety/food _ contact _ materials _ en。

❸ 附录 A1 取代之前 2008 年《食品接触材料指南说明》的正式通知 n°1。

❹ 附录 B 取代之前 2008 年《食品接触材料指南》的附录 6《申请人摘要资料表模板》。

③ 机密信息辩护：根据（EC）No 1935/2004 法规第 20（1）条要求并包含一份声明，说明卷宗中的机密信息为何可能会对申请人的竞争地位造成重大损害。强烈建议申请人使用附录 3-4（EFSA 行政指南附件 C——机密信息说明）中规定的格式提交辩护。

依据（EC）No 1935/2004 法规第 9（1）条，EFSA 将直接从成员国收到上述文档。申请人不应直接向 EFSA 提交申请。

（2）欧洲参比实验室（EURL-FCM）

① 物质的实物样本（250g）；

② 相关产品安全信息表和光谱数据；

③ 分析方法，包括《塑料食品接触材料用物质安全评估申请准备工作指南说明》（EFSA，2017）第 5.1.8、5.3.7 和 6.5 节中所述性能参数；

④ 包含申请人行政信息的附录 3-1（EFSA 行政指南附件 A1）。

此外，还应将上文所列文件和详细信息以电子格式与样本一同提供至以下地址：

European Commission，Directorate General Joint Research Centre，Directorate F-Health，Consumers and Reference Materials Unit Food and Feed Compliance，Food contact materials group TP 260，Via E. Fermi 2749 I-21027 Ispra（VA），Italy。

EURL-FCM 主办的"单体和添加剂参考收集（reference collection for monomers and additives）"中收集了提交食品接触材料用物质评估申请时提供的样本。更多信息可在 EURL-FCM 网站❶上查看。

3.1.2.2 已授权物质的修改申请

依据（EC）No 1935/2004 法规第 12 条，申请人或使用授权物质的任何业务经营者均可通过向成员国主管当局提交请求，并随附支持更改请求的相关数据来申请修改现有授权❷。

申请人应查看 EFSA 网站上公布的 EFSA 行政指南和《塑料食品接触材料用物质安全评估申请准备工作指南说明》（EFSA，2017）的最新版本，根据相关要求准备资料，且技术卷宗应包含完整信息。此外，提交支持修改请求的新数据应在文本中以高亮形式突出显示。

---

❶ 欧洲食品接触材料参比实验室：https：//ec. europa. eu/jrc/en/eurl/food-contact-materials。

❷ 这并不影响（EC）No 1935/2004 第 12 条所提述的其他暂停或撤销授权的个案。

如果申请由非原始申请人业务经营者提交，关于现有数据分享的（EC）No 1935/2004 法规第 21 条应适用。新申请人应向委员会和欧洲专业组织咨询关于与原始申请人共享数据的协议。若达成协议，新申请人应将由所有参与方法律代表签字的书面协议纳入现有授权修改申请中，并提交一份具有完整信息的技术卷宗，卷宗中应以高亮的形式清楚显示新数据。如果原始申请人和新申请人未能就共享数据达成一致，新申请人必须按照（EC）No 1935/2004 法规第 9 条提交一份新申请，包括所有数据［另请参见下文第（1）④点］。

在任何情况下，申请人均应在下文所述卷宗的行政部分说明请求修改的原因。应在技术卷宗中包含修改请求的背景信息和详细信息。

申请时，应向成员国主管当局和欧洲参比实验室提交以下文件和详细信息：

（1）成员国主管当局❶

① 行政部分：包含与申请有关的所有行政信息：

a. 申请人的联系详细信息；

b. 申请主题。

应使用附录 3-2（EFSA 行政指南附件 A2❷——行政信息）中规定的格式提交以上信息。

② 技术卷宗：根据（EC）No 1935/2004 和（EC）No 10/2011 的法规要求编写。准备技术卷宗时，申请人应遵循《塑料食品接触材料用物质安全评估申请准备工作指南说明》（EFSA，2017）中所述的科学要求并使用附录 3-3（EFSA 行政指南附件 B❸——技术卷宗）中规定的格式，即 Word 文档，提交信息。为支持申请而进行的所有研究的详细报告（即在原始申请背景下提交的研究以及为请求修改而进行的新研究），例如：完整的试验记录，对分析方法、原始数据和参考书目的完整描述，应以单独的技术附录提供（要求每份附录为一份 PDF 文件）。为支持修改请求而提交的新数据应在文本中以高亮形式清楚显示。

③ 机密信息说明：根据（EC）No 1935/2004 法规第 20（1）条要求，并包含一份声明，说明卷宗中的机密信息为何可能会对申请人的竞争地位造成重大损害。格式见附录 3-4（EFSA 行政指南附件 C——机密信息辩护）。

适用时：由所有参与方的法律代表签字的书面数据共享协议（见上文）。

---

❶ 欧盟国家主管当局的完整名单载于以下链接：http：//ec. europa. eu/food/safety/chemical _ safety/food _ contact _ mate rials _ en。

❷ 附录 A2 取代之前 2008 年《食品接触材料指南说明》的正式通知 n°2。

❸ 附录 B 取代之前 2008 年《食品接触材料指南》的附录 6《申请人摘要资料表模板》。

（2）欧洲参比实验室（EURL-FCM）如果之前未能提供：

① 物质的实体样本（250g）；

② 相关产品安全信息表和光谱数据；

③ 分析方法，包括《塑料食品接触材料用物质安全评估申请准备工作指南说明》（EFSA，2017）第 5.1.8、5.3.7 和 6.5 节中所述性能参数；

④ 附录 3-2（EFSA 行政指南附件 A2），包含申请人行政信息。

此外，还应将上文所列文件和详情以电子格式与样本一同提供至以下地址：European Commission，Directorate General Joint Research Centre，Directorate F-Health，Consumers and Reference Materials Unit Food and Feed Compliance，Food contact materials group TP 260，Via E. Fermi 2749 I-21027 Ispra（VA），Italy。

EURL-FCM 主办的"单体和添加剂参考收集（reference collection for monomers and additives）"中收集了提交食品接触材料用物质评估申请时提供的样本。更多信息可在 EURL-FCM 网站❶上查看。

3.1.2.3 影响已授权物质安全评估新信息的提交

依据（EC）No 1935/2004 法规第 11（5）条，申请人或任何使用授权物质或包含授权物质的材料和制品的业务经营者均应立即将任何可能会影响人类健康相关物质安全评估的新科学或技术信息告知欧盟委员会。

在这种情况下，（EC）No 1935/2004 法规第 9 条和第 12 条的规定不适用。因此，应将可能会影响物质安全的新可用数据直接或通过其相关成员国提交至欧盟委员会。根据风险管理要求，EFSA 将审查物质评估。

3.1.2.4 撤销申请

如申请人想要在完整性检查或风险评估阶段撤回申请，应以书面形式通知收到申请的成员国主管当局，同时通知欧盟委员会和 EFSA。

一旦 EFSA 收到成员国主管当局的正式撤销函，公众可在 EFSA 问题登记处❷查看。

3.1.2.5 卷宗要求

对于申请资料卷宗，行政指南就提交的格式、语言、文件格式名称和大小、标准单位和缩写，以及参考书目均给出了明确要求，具体如下：

---

❶ 欧洲食品接触材料参比实验室：https：//ec. europa. eu/jrc/en/eurl/food-contact-materials。

❷ EFSA 问题登记数据库：http：//registerofquestions. efsa. europa. eu/roqFrontend。

（1）提交格式

应使用标准的存储媒介（即 CD-ROM、U 盘）以电子方式提交上文所列文档，并附一份列明申请附录的已签字的附信原件。

一份 CD-ROM 应具有充分完整的信息，该副本应包含：

① 行政部分，见附录 3-1（EFSA 行政指南附件 A）；

② 高亮机密信息的技术卷宗，见附录 3-3（EFSA 行政指南附件 B）：以（EC）No 1935/2004 法规第 20（2）条为依据。若申请修改现有授权，应在文本中以高亮的形式清楚显示新数据；

③ 所有技术附录：单独的 PDF 文件（每份附录为一份 PDF 文件）；

④ 机密信息说明，见附录 3-4（EFSA 行政指南附件 C）；

⑤（适用时）数据共享协议（请参见行政指南第 2.2 章节，本书中为 3.1.2.2）；

此外，还应提供没有机密信息的一份只读光盘，该副本仅应包含：

⑥ 行政部分，见附录 3-1（EFSA 行政指南附件 A）；

⑦ 技术卷宗，见附录 3-3（EFSA 行政指南附件 B），无机密信息或已将机密信息设置成空白；

⑧ 非机密技术附录；

⑨ 适用时且如果无需作为机密信息对待，数据共享协议（行政指南第 2.2 章节）。

（2）语言

为便于申请评估，行政指南要求应以英文提交科学和技术文档。EFSA 可能会要求申请人翻译未以英文提交的卷宗部分。

（3）文件格式、大小和名称

应以 Word 格式向 EFSA 提交附录 3-3（EFSA 行政指南附件 B——技术卷宗）。最好以 PDF 格式文件提供技术卷宗中包含的技术附录和技术卷宗中引用的所有参考资料。电子文件不应受密码保护。每份 PDF 文件均应允许使用 Adobe Acrobat® Standard（7.0 版或更新的版本）对文件中的文本进行阅读、打印、单词搜索和复制。申请所有部分的文字和数字均应清晰显示。

单个文件的大小应不超过 30MB。

如果没有推荐的标准名称，文件名称应简明并提供关于其内容的信息，不超过 40 个字符，包括空格。文件和文件夹名称不应包含 \ / : * ? \ " ＜ ＞ | ＃ 等特殊字符。

（4）标准单位和缩写

必须使用国际单位制（SI）❶。对于化合物的命名以及化学数量、单位和符合，申请人应遵守国际纯粹与应用化学联合会（IUPAC）命名法❷。

首次使用首字母缩略词和缩写时应在文本中提供解释。

（5）参考书目

申请人应纳入所有已发表和未发表研究的技术卷宗参考的相关部分。这些参考应以单独的 PDF 文件以完整文本的形式提供并列于附录 3-3（EFSA 行政指南附件 B——技术卷宗）第 9 节。

EFSA 建议使用以下格式引用附录 3-3（EFSA 行政指南附件 B——技术卷宗）第 9 节中的各项已发表参考资料：

作者（以姓氏加首字母、姓氏加首字母和姓氏加首字母的格式添加姓名），出版年份. 标题. 期刊标题，卷（期），页码-页码。

示例如下：

Alderman G and Stranks MH，1967. The iodine content of bulk herd milk in summer in relation to estimated dietary iodine intake of cows. Journal of the Science of Food and Agriculture，18（4），151-153.

3.1.2.6 风险评估数据完整性检查和申请生效

申请卷宗被接收时，塑料 FCM 物质的申请人会得到一个识别码。该代码应包含在与 EFSA 和欧盟委员会所有接下来的通信中。接收后，申请接收窗口（APDESK）会检查申请的完整性（如表 3-1，即行政指南的图 1）。如果申请符合（EC）No 1935/2004 法规中所列法规要求和《塑料食品接触材料用物质安全评估申请准备工作指南说明》（EFSA，2017）中详细说明的科学要求，则申请被接受。EFSA 在接收日期后 30 个工作日内，会尽其所能提供完整性检查的最新结果。

完整性检查程序可能会要求申请人和 EFSA 进一步交换信息。在该情况下，如果申请的特定部分需要修改或完整化，EFSA 将以书面形式通知申请人，以便继续进行查验。收到额外信息要求时，申请人应在 30 天内提交回应。如果不可行，申请人应告知 EFSA 预期回应的日期。EFSA 将通过电子邮件通知其接受新的提交日期。回应 EFSA 的问题时，申请人应以 2 份 CD-ROM \ DVD-ROM 提交更新后的完整申请版本，一份包含完整信息，一份只包含申请

---

❶ http：//www.bipm.org/utils/common/pdf/si _ brochure _ 8 _ en. pdf。

❷ http：//www.iupac.org/。

的非机密版本。EFSA 建议在提交更新后的申请时随附一份附信，其中申请人应准确描述每个 EFSA 问题是如何解决的。缺失信息应纳入申请的所有相关部分。

如果合并的卷宗版本包含需作为机密信息对待的信息，应对附录 3-4（EFSA 行政指南附件 C——机密信息说明）作出相应的更新。如果更新后的申请是完整的，或如果需要进一步的版本，EFSA 将在 15 个工作日内尽其所能通知申请人。

为帮助申请人在提交申请前，自我检查或评估申请资料卷宗的完整性。EFSA 行政指南中以自我评估问卷的形式向申请人提供了 APDESK 关于申请资料完整性检查的主要标准，这些信息将由 EFSA 用于评估申请是否有效，以开展风险评估。强烈建议申请人在提交申请之前，先自我查验申请是否满足要求（表3-1）。

表 3-1　APDESK 关于申请资料完整性检查的主要标准（申请人申请完整性自我评估问卷）

科学信息	标　准
是否已按照《塑料食品接触材料用物质安全评估申请准备工作指南说明》(EFSA,2017)的要求,充分描述拟评估和测试物质的特征? ⊙是	《食品接触材料指南说明》详细说明了不同类型的物质需提供的信息,例如单一物质、明确的混合物、不明确的混合物或作为添加剂使用的聚合物。应提供关于潜在杂质、低聚物、降解产物的详细信息
是否已清楚识别物质使用条件并给出实际案例? ⊙是	应提供关于物质使用条件的信息,此为安全评估的强制性要求
选择用作迁移试验的食品模拟物是否可反映最终产品拟接触的食品类型? ⊙是	请注意:应选择恰当的食品模拟物,按照(EU) No 10/2011 法规的要求进行迁移试验
与迁移试验结果有关的毒理学数据是否充分,即是否符合《塑料食品接触材料用物质安全评估申请准备工作指南说明》(EFSA,2017)第一章要求? ⊙是	《塑料食品接触材料用物质安全评估申请准备工作指南说明》(EFSA,2017)具体说明了需要提交的适用的毒理学研究资料
如未充分满足上述几点中任何一点,是否已提供科学正当的辩护理由来解释为何未提供数据? ⊙是	请提供要求的信息或未提供数据的正当理由
机密信息	⊙是　　⊙否
如是,是否已提供可验证的正当理由? ⊙是	请按照(EC)No 1935/2004 法规第 20(1)条的要求填写并提交附件 C
如是,是否已清楚识别申请中的机密信息? ⊙是	请在申请的机密版本中清楚标识(例如以不同的字体颜色)机密信息
如是,是否已提供申请的非机密版本? ⊙是	请提交申请的非机密版本

3.1.2.7　EFSA 风险评估、采纳和公布

CEF 专家组由食品接触材料工作组（WG）支持，对提交给 EFSA 的申请进行评估。每份有效申请均会在该工作组的会议上进行讨论，且发布在 EFSA 网站上的 WG 会议记录中将对讨论结果进行汇总（请参见下文"3.14 与申请相关的有用链接"部分中包含的链接）。在这一阶段，食品成分和包装（FIP）单位将负责处理申请。

根据（EC）No 1935/2004 法规第 10（1）条，EFSA 食品接触材料申请评估的时间是 6 个月。EFSA 最多可将该时间段延长 6 个月，需向申请人、欧盟委员会和成员国解释推迟原因。

在食品接触材料 WG 和 CEF 专家组的风险评估阶段，EFSA 可要求申请人按照（EC）No 1935/2004 法规第 10（2）条提供附加信息。在这种情况下，EFSA 发表意见的时间限制应延长（"停止"程序）。提供额外信息的截止时间在 EFSA 发送给申请人的信函中有具体说明且符合科学报告"管控产品风险评估过程中向 EFSA 提交额外或补充信息的指示性时间节点"（EF-SA，2014）。

回应 EFSA 问题时，申请人应以一份电子副本的形式（使用标准存储介质，即 CD-ROM、U 盘）提交额外信息，一次性回答所有问题，并提供已签字附信的复印件。如果额外信息包含需作为机密信息对待的数据，应对附录 3-4（EFSA 行政指南附件 C——机密信息说明）作相应的更新。

经 CEF 专家组在全体会议上采纳之后，经欧盟委员会和申请人达成一致，将对科学意见进行编辑审查和机密性方面的检查，并将其发表于 EFSA 期刊❶。

3.1.3　申请人与 EFSA 工作人员的交流

为帮助申请人了解监管产品的申请评估过程，以及在准备、提交、完整性检查、风险评估和采纳等整个申请生命周期期间与 EFSA 做好交流，EFSA 已实施若干措施，并发布《EFSA 管控产品申请生命周期期间的支持措施目录》（EF-SA，2016）。

申请人在申请生命周期的不同阶段可利用的服务或获取的支持，如图 3-2 所示。完整的已就绪支持措施列表和对已实施各项服务的完整描述，详见《EFSA 管控产品申请生命周期期间的支持措施目录》（EFSA，2016）。

---

❶　欧洲食品安全局杂志：http：//www.efsa.europa.eu/en/publications。

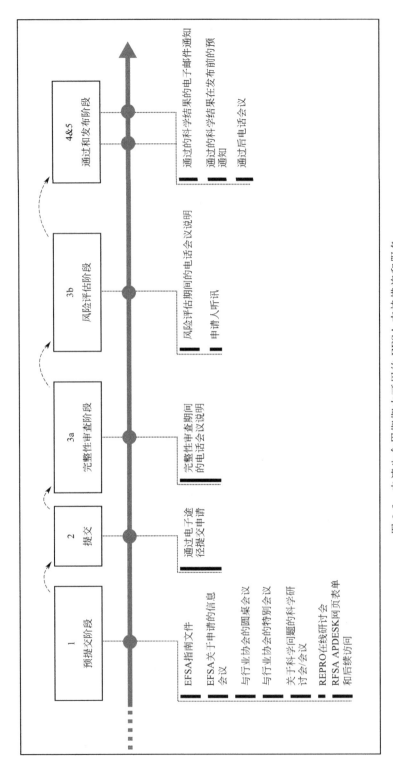

图 3-2　申请生命周期内可用的 EFSA 支持措施和服务

在准备塑料 FCM 物质授权申请期间，如果申请人想要获得与风险评估数据有关的信息，EFSA 鼓励使用 APDESK Webform❶向 EFSA 提交任何咨询。EFSA 会尽力在收到咨询后 15 个工作日内回复。如果申请人想要获得已经提交给 EFSA 的关于申请状态的信息，申请人可在 EFSA 问题登记处数据库❷中查看该信息。

在完整性检查期间，申请人有可能会接触到 APDESK 单位的工作人员。与申请有关的各项通信中明确提到了 APDESK 单位内跟踪特定申请的 EFSA 工作人员联系详情，以实现 EFSA 工作人员和申请人之间的直接交流。在完整性检查阶段期间，申请人可联系 EFSA 工作人员，以便请求对缺失信息函件进行进一步的澄清，或澄清任何未解决的问题。可组织电话会议来进一步说明完整性检查的结果。

在风险评估阶段期间，申请人有可能会接触到食品成分和包装（FIP）单位的工作人员。在与申请有关的每封信函中都提到了 FIP 单位内 EFSA 工作人员的联系详情。发出停止函后，可要求联系 EFSA 工作人员请求对停止函件进行进一步澄清。可举行电话会议来进一步澄清食品接触材料 CEF 专家组/WG 的问题。

此外，EFSA 在检查申请人对 EFSA 初始信息要求的书面回应后，或在工作组及/或专家组专家需要澄清任何未解决的与申请相关问题的情况下，根据需要，邀请申请人参加工作组或专家组会议的特定议程项目（出席或通过电话会议）以回答关于已提交数据的问题并阐明未解决的相关问题。

发布 EFSA 对监管产品的科学意见后，申请人有可能会要求进行采纳后的电话会议。EFSA 工作人员可组织电话会议来说明专家组最终意见的科学理由。

若想获得更多关于各项服务的详情，可查阅 EFSA 网站上的 EFSA 支持措施❸目录。

3.1.4 与申请相关的有用链接

与申请相关的、有用的链接如下，申请人可登录相关网站获取最新版发布信息以及更详细的信息。

---

❶ EFSA 应用程序 web 帮助平台形式：http：//www.efsa.europa.eu/en/applicationshelpdesk/askaquestion.htm。

❷ EFSA 问题登记数据库：http：//registerofquestions.efsa.europa.eu/roqFrontend。

❸ EFSA 的支持计划目录：http：//www.efsa.europa.eu/en/applications/about/services。

- EFSA journal：http：//www. efsa. europa. eu/en/publications。

- Minutes of EFSA Food Contact Materials Working Group and composition of the Working group：http：//www. efsa. europa. eu/en/food-ingredients-and-packaging/working-groups。

- Minutes of EFSA CEF Panel plenary meetings and composition of the CEF Panel：http：//www. efsa. europa. eu/en/panels/cef。

- APDESK section on Food Contact Materials：http：//www. efsa. europa. eu/en/applications/foodcontactmaterials。

- Overview of regulations and guidance documents for Food Contact Materials applications：http：//www. efsa. europa. eu/en/applications/foodcontactmaterials/regulationsandguidance。

- Frequently Asked Questions on Food Contact Materials：http：//www. efsa. europa. eu/en/applications/foodcontactmaterials/faq。

- Food Contact Materials topic：http：//www. efsa. europa. eu/en/topics/topic/foodcontactmaterials。

- European Commission's website on Food Contact Materials：https：//ec. europa. eu/food/safety/chemical_safety/food_contact_materials/index_en. htm。

- Applicants can access the status of their application in the EFSA Register of Questions database：http：//registerofquestions. efsa. europa. eu/roqFrontend。

附录 3-1　EFSA 行政指南附件 A1

根据（EC）No 1935/2004 法规及（EU）No 10/2011 法规，新物质申请，申请人应提交如下行政资料：

申请人❶(公司名称)：
电话：
电子邮件：
地址(街道、序号)：
邮编：
城市/城镇：
国家：

---

❶　如有多于一家公司递交申请，则应提供其名称及地址。

负责申请的联系人 ❶ :	
公司 :	
电话 :	
电子邮件 :	
地址(街道、序号):	
邮编 :	
城市/城镇 :	
国家 :	

若拟将该新物质纳入（EU）No 10/2011 法规建立的清单，应填写以下内容：

物质名称 :	
被用作 : ❍ 单体 ; ❍ 添加剂	

如用作添加剂，需注明技术功能。

附录 3-2 EFSA 行政指南附件 A2

根据（EC）No 1935/2004 法规及（EU）No 10/2011 法规，已授权物质变更申请，申请人应提交如下行政资料：

申请人 ❷ (公司名称):	
电话 :	
电子邮件 :	
地址(街道、序号):	
邮编 :	
城市/城镇 :	
国家 :	
负责申请的联系人 ❸ :	
公司 :	
电话 :	
电子邮件 :	
地址(街道、序号):	
邮编 :	
城市/城镇 :	
国家 :	

---

❶ 为方便沟通,每份申请只需注明一名联系人。
❷ 如有多于一家公司递交申请,则应提供其名称及地址。
❸ 为方便沟通,每份申请只需注明一名联系人。

若需修改（EU）No 10/2011 法规建立的清单中的物质授权信息，请填写以下内容：

物质名称：
要求修改的理由：

附录 3-3　EFSA 行政指南附件 B——技术卷宗

准备技术卷宗时，申请人应遵循《塑料食品接触材料用物质安全评估申请准备工作指南说明》（EFSA，2017）中描述的科学要求并提交适用章节中的请求信息。为支持申请而进行的所有研究的详细报告，例如：完整的试验记录，对分析方法、原始数据和参考书目的完整描述，应以单独的技术附录提供。要求每份附录为一份 PDF 文件。

如果已提供完整信息，应在技术卷宗相关章节中引用技术附录。

此表为申请人提交申请使用，可从 Wiley Online Library❶ 下载该表，且应以 Word 格式将该表发回 EFSA。（请参见本书 3.1.2.1、3.1.2.2，CFSA 行政指南第 2.1 节、第 2.2 节。）

0　卷宗摘要 以（EC）No 1935/2004 第 9(1)条为依据	供 EFSA 使用
请提供技术卷宗的摘要，包括（化学）身份信息、在塑料材料中的预期用途、接触食品的类型、迁移试验和毒理学研究的结论。若请求修改现有授权，还应提供修改请求的相关背景信息/详细信息	

1　物质信息	供 EFSA 使用
1.1　单一物质 ○是　　　　○否 回答"是"或"否"。 如果"否"转到 1.2，如果"是"，请尽可能完整地提供 1.1.1～1.1.11 中所要求的信息	
1.1.1　化学名称	
1.1.2　别名	
1.1.3　商品名称	
1.1.4　CAS 号	
1.1.5　分子结构式	
1.1.6　分子质量	
1.1.7　光谱数据	

---

❶ http：//onlinelibrary. wiley. com/wol 1/doi/10. 2903/sp. efsa. 2017. EN-1224/suppinfo。

1 物质信息	供 EFSA 使用
1.1.8 生产详情	
1.1.9 纯度/%	
1.1.10 杂质/%	
1.1.11 规格	
1.1.12 其他信息	
1.2 明确的混合物： ○ 是　　○ 否 回答"是"或"否"。 如果"否"转至 1.3,如果"是",则尽可能完整地提供 1.2.1～1.2.13 中所要求的信息	
1.2.1 化学名称	
1.2.2 别名	
1.2.3 商品名称	
1.2.4 CAS 号	
1.2.5 成分	
1.2.6 混合物的比例	
1.2.7 分子结构式	
1.2.8 分子量(M_w)及范围	
1.2.9 光谱数据	
1.2.10 生产详情	
1.2.11 纯度/%	
1.2.12 杂质/%	
1.2.13 规格	
1.2.14 其他信息	
1.3 不明确的混合物： ○ 是　　　　○ 否 回答"是"或"否"。 如回答"否"转至 1.4,如回答"是",请尽量填写 1.3.1～1.3.15 所要求的信息	
1.3.1 化学名称	
1.3.2 别名	
1.3.3 商品名称	
1.3.4 CAS 号	
1.3.5 起始物质	
1.3.6 生产详情	
1.3.7 生成物质	
1.3.8 纯化方式	

1 物质信息	供 EFSA 使用
1.3.9 副产物	
1.3.10 分子结构式	
1.3.11 分子量(M_w)及范围	
1.3.12 纯度/%	
1.3.13 杂质/%	
1.3.14 光谱数据	
1.3.15 规格	
1.3.16 其他信息	
1.4 用作添加剂的聚合物: ○ 是 ○ 否 回答"是"或"否"。 如回答"否"转至"2",如回答"是",请尽量填写 1.4.1 至 1.4.20 所要求的信息	
1.4.1 化学名称	
1.4.2 别名	
1.4.3 商品名称	
1.4.4 CAS 号	
1.4.5 起始物	
1.4.6 生产详情	
1.4.7 添加剂	
1.4.8 聚合物的结构	
1.4.9 重均分子量	
1.4.10 数均分子量	
1.4.11 分子量范围	
1.4.12 分子量<1000(%)的组分	
1.4.13 黏度(如有)	
1.4.14 熔体流动速率(如有)	
1.4.15 密度/(g/cm^3)	
1.4.16 光谱数据	
1.4.17 残留单体/(mg/kg)	
1.4.18 纯度/%	
1.4.19 杂质/%	
1.4.20 规格	
1.4.21 其他信息	

2. 物质的物理和化学性质	供 EFSA 使用
2.1　物理性质	
2.1.1　熔点/℃	
2.1.2　沸点/℃	
2.1.3　分解温度/℃	
2.1.4　溶解度/(g/L)	
2.1.5　辛醇/水分配系数($\lg P_{o/w}$)	
2.1.6　亲脂性相关的其他信息	
2.2　化学性质	
2.2.1　基本性质	
2.2.2　反应性	
2.2.3　稳定性	
2.2.4　水解性	
2.2.5　有意分解/转化	
2.2.6　无意分解/转化产品	
2.2.7　与食品中物质的相互作用	
2.2.8　其他信息	

3　物质的预期应用	供 EFSA 使用
3.1　食品接触材料	
3.2　技术功能	
3.3　最大工艺温度/℃	
3.4　配方中的最大百分比	
3.5　实际应用中接触条件	
3.5.1　接触食物	
3.5.2　时间和温度	
3.5.3　表面积体积比	
3.5.4　其他信息	
3.6　使用前对食品接触材料的处理	
3.7　其他用途	
3.8　其他信息	

4 物质的授权情况

4.1 欧盟国家:
是 ○   不是 ○

4.1.1 成员国

4.1.2 根据(EC)地 No 1272/2008 法规《物质及混合物的分类、标签和包装》被公告为"新物质"
是 ○   否 ○
如回答"是",请提供详情及传送的数据

4.1.3 其他信息

4.2 非欧盟国家

4.2.1 美国
是 ○   否 ○
如回答"是",请提供有关法规或其他详情,例如限制及条件

4.2.2 日本
是 ○   否 ○
如回答"是",请提供有关法规或其他详情,例如限制及条件

4.2.3 其他国家
是 ○   否 ○
如回答"是",请提供有关法规或其他详情,例如限制及条件

4.2.4 其他信息

4.3 其他信息

5 物质迁移的数据	供 EFSA 使用
5.1 特定迁移(SM): 确定 ○ 不确定 ○ 如果回答"不确定",给出原因	
5.1.1 物质	
5.1.2 测试样品	
5.1.2.1 化学组成	
5.1.2.2 物理组成	
5.1.2.3 聚合物的密度、熔体流动速率	
5.1.2.4 测试样品的尺寸	
5.1.2.5 测试试样的尺寸	
5.1.3 测试前测试样品的处理	
5.1.4 测试食品/食品模拟物	
5.1.5 接触方式	
5.1.6 接触时间和温度	
5.1.7 表面积体积比	
5.1.8 分析方法	

5　物质迁移的数据	供 EFSA 使用
5.1.9　检出/测定限	
5.1.10　测试方法精密度	
5.1.11　回收率	
5.1.12　其他信息	
5.1.13　结果	
5.2　总迁移(OM)： 已测定　○　　　　未测定　○	
5.2.1　测试样品	
5.2.2　测试前样品处理	
5.2.3　食品模拟物	
5.2.4　接触方式	
5.2.5　接触时间和温度	
5.2.6　表面积和体积比	
5.2.7　测试方法	
5.2.8　其他信息	
5.2.9　结果	
5.3　单体和起始物的低聚物和反应产物迁移的定性和定量 已测定　○　　　　未测定　　　○ 如未测定,请说明理由	
5.3.1　测试样品	
5.3.1.1　化学组成	
5.3.1.2　物理组成	
5.3.1.3　聚合物密度、熔体流动速率	
5.3.1.4　测试样品的尺寸	
5.3.1.5　测试试样的尺寸	
5.3.2　试样检测前处理	
5.3.3　检测食品/食品模拟物/萃取溶剂	
5.3.4　接触方式	
5.3.5　接触时间和温度	
5.3.6　迁移试验中表面积和体积比	
5.3.7　分析方法	
5.3.8　检出/测定限	
5.3.9　回收率	
5.3.10　其他信息	
5.3.11　结果	

6 FCM 中残留物质含量的数据	供 EFSA 使用
6.1 实际含量:	
已测定　　○　　　　　未测定　　○	
6.2 物质	
6.3 测试样品	
6.3.1 化学组成	
6.3.2 物理组成	
6.3.3 聚合物密度、熔体流动速率	
6.3.4 测试样品尺寸	
6.3.5 测试试样尺寸	
6.4 样品处理	
6.5 测试方法	
6.5.1 检出/测定限	
6.5.2 测试方法精密度	
6.5.3 回收率	
6.5.4 其他信息	
6.6 结果	
6.7 计算得到的迁移量(最坏情况)	
6.8 残留量与特定迁移	

7 物质的微生物特性	供 EFSA 使用
7.1 该物质是否用作抗菌剂	
是　　○　　　　　否　　○	
如回答"否"转到 8,如回答"是"转到 7.2	
7.2 预期的微生物学功能	
7.2.1 产品在生产或储存过程中使用的保护剂	
7.2.2 减少 FCM 表面微生物污染的方法	
7.2.2.1 预期用途	
7.2.2.2 其他信息	
7.3 微生物活性谱图	
7.4 活性水平	
7.5 使用抗菌物质可能产生的后果	
7.6 功效	
7.7 重复使用的效果	
7.8 对食品内部/表面的微生物缺乏抗菌活性的证明	
7.9 其他信息	
7.10 根据有关法规的规定提出申诉或免责声明的资料	
7.11 根据(EU)No 528/2012 法规批准为杀菌产品的资料	

8　毒理学数据	供 EFSA 使用
8.1　基因毒性	
8.1.1　细菌回复突变试验	
8.1.2　哺乳动物细胞微核试验	
8.1.3　体内微核试验	
8.1.4　体内 Comet 试验	
8.1.5　转基因啮齿动物基因突变试验	
8.1.6　其他信息	
8.2　一般毒性	
8.2.1　重复剂量 90 天口服毒性研究	
8.2.2　联合慢性毒性/致癌性	
8.2.3　繁殖毒性/致畸性	
8.2.4　其他信息	
8.3　代谢	
8.3.1　吸收、分布、生物转化和排泄	
8.3.2　人体中的积累	
8.3.3　其他信息	
8.4　其他	
8.4.1　对免疫系统的影响	
8.4.2　神经毒性	
8.4.4　其他信息	

9　参考文献和技术附件清单	供 EFSA 使用
请提供技术卷宗中引用的参考文献和技术附件的完整列表	

附录 3-4　EFSA 行政指南附件 C——机密信息说明

根据（EC）No 1935/2004 法规第 20（1）条，申请人可指明第 9(1) 条、第 10(2) 条及第 12(2) 条提交的资料中应被视为机密资料的部分，理由是该资料的披露可能会严重影响其竞争地位。在该情况下，必须提出可验证的理由。

申请人在填写本表格时，请注意，根据上述法规第 20(2) 条的规定，下列资料不应视为机密：

① 申请人的名称、地址和该物质的化学名称；

② 与评估物质安全直接有关的资料；

③ 分析方法。

在申请的整个生命周期内，每当申请人要求将某一信息视为机密时（原始提交、丢失信息、附加信息），附录 C 应予以更新。

要求保密的信息	理由
部分 X (于年/月/日提交)	
附件 X (于年/月/日提交)	
部分 X (于年/月/日提交)	
附件 X (于年/月/日提交)	

附录 3-5 缩略语

缩写	英文	中文
APDESK	applications desk unit	申请接收窗口
CD-ROM	compact disk-read only memory	只读存储器
CEF	food contact materials,enzymes,flavourings and processing aids	食品接触材料、酶、调味剂和加工助剂
EC	European Commission	欧盟委员会
EFSA	European Food Safety Authority	欧洲食品安全局
EU	European Union	欧盟
EURL	European Union Reference Laboratory	欧盟参比实验室
FCM	food contact materials	食品接触材料
FIP	food ingredients and packaging	食品配料及包装
IUPAC	International Union of Pure and Applied Chemistry	国际纯粹与应用化学联合会
JRC	joint research centre	联合研究中心
PDF	portable document format	便携式文档格式
SI	international system of units	国际单位制
USB	universal serial bus	通用串行总线
WG	working group	工作组

参 考 文 献

[1] Silano V，Bolognesi C，Castle L，et al. Note for Guidance for the preparation of an application for the safety assessment of a substance to be used in plastic Food Contact Materials. EFSA Journal 2008；6 (7)．

[2] Authority E F S. EFSA's Catalogue of support initiatives during the life-cycle of applications for regulated products. EFSA Supporting Publication 2016.

[3] Authority E F S. Indicative timelines for submitting additional or supplementary information to EFSA during the risk assessment process of regulated products. EFSA Journal 2014，12 (1)：3553-3590.

[4] Hoekstra E，Bradley E，Brandsch R，et al. Technical guidelines for compliance testing of plastic food contact materials in the framework of Regulation (EU) No 10/2011，EUR 28329 EN. doi：10.2788/54707.

3.2 塑料食品接触材料新品种安全评估申报指南说明

《塑料食品接触材料用物质安全评估申请准备工作指南说明》[EFSA，2017，以下简称《塑料食品接触材料指南说明》（EFSA，2017）]（Note for Guidance for the preparation of an application for the safety assessment of a substance to be used in plastic Food Contact Materials'（EFSA，2017）），于 2017 年 3 月 23 日由 EFSA 的 CEF 小组（关于食品接触材料、酶、调味剂和加工助剂的小组）通过并发布。该文件的前一版是 EFSA 2008 年发布的《食品接触材料用物质授权前安全评估申请指南说明》也被称为 EFSA 2008 年《食品接触材料指南说明》[以下简称《食品接触材料指南说明》（EFSA，2008）]。

《塑料食品接触材料指南说明》旨在于帮助申请人在某种物质被授权用于塑料食品接触材料之前对其进行安全评估的指导，对 EFSA《管理指南》所要求的信息进行了补充和解释，特别是对该物质安全评估所需的数据进行了更详细的描述。该指南与直接接触食品的塑料材料和制品中使用的物质的安全评估申请准备工作有关，因此属于（EC）No 1935/2004 法规[1] 和（EU）No 10/2011 法规[2] 的范畴。

EFSA 将根据法律和/或相关指南文件的更改更新该指南，故使用者需始终在 EFSA 官方网站上查阅并使用最新发布版本。本节重点介绍《塑料食品接触材料指南说明》（EFSA，2017）的相关要求与说明。

3.2.1 《塑料食品接触材料指南说明》（EFSA，2017）主要更新内容

《塑料食品接触材料指南说明》（EFSA，2017）之前的版本《食品接触材料指南说明》（EFSA，2008），之所以被修改是为了更清晰地界定该指南的适用范围。

《塑料食品接触材料指南说明》（EFSA，2017）较《食品接触材料指南说明》（EFSA，2008）版本主要更新如下：

①《食品接触材料指南说明》（EFSA，2008）的第 0 章和第 1 章，即"一般介绍"和"EFSA 行政指南"已被删除，并以单独的指南文件《塑料食品接触材料用物质安全评估申报行政指南》[3] 所替代。

②《食品接触材料指南说明》（EFSA，2008）的第 2 章已从当前版本中删除。该章节由欧盟委员会健康与消费者保护总司食品科学委员会（SCF）于 2001 年发布的《食品科学委员会关于提交食品接触材料用物质授权前安全评估申请指南方针》[4] 组成，也称为《SCF 食品接触材料指南方针》。删除该章节的原因

是：公众可以在欧盟委员会的网站上查看该信息，在该网站上可以找到前食品科学委员会采纳的所有原始意见[5]。但应注意的是 SCF 指南方针中所述原则仍然有效，并为食品接触材料中使用物质的安全评估申请人提供了科学参考。

上述说明的唯一例外，是评估物质潜在基因毒性所需数据的要求。《SCF 食品接触材料指南方针》第 8.2 章节中提出三个体外诱变性研究的核心集已作废，故本指南不再推荐。基因毒性测试科学的现状见 2011 年发布的《EFSA 科学委员会关于基因毒性试验方案的意见》[6] 中所述，故自此以后申请者应遵循该建议。更具体地说，科学委员会建议使用以下两项体外试验作为测试的第一步：

a. 细菌回复突变试验（OECD TG 471）；

b. 体外微核试验（OECD TG 487）。

这一试验组合能够以最少的试验覆盖三个基因端点，即基因突变、结构和数值染色体畸变的基本要求：细菌回复突变试验覆盖基因突变，体外微核试验同时覆盖结构和数值染色体畸变。

过去基于 2001 年《SCF 食品接触材料指南方针》中所述试验方案进行的基因毒性评估仍然有效，该方面无需重新进行评估。但从该指南发布实施后，建议申请者按照 2011 年《EFSA 科学委员会关于基因毒性试验方案的意见》中所述最新基因毒性测试要求，获取新数据（集体"适用性和过渡期"部分）。

③《食品接触材料指南说明》（EFSA，2008）的第 3 章被重命名为"SCF 食品接触材料指南方针的说明性指南"即《塑料食品接触材料指南说明》（EFSA，2017），其内容包括准备提交给 EFSA 进行评估申请时需考虑的科学要求。如上文说明，按照 2011 年《EFSA 科学委员会关于基因毒性试验方案的意见》的建议修改了基因毒性要求［即《塑料食品接触材料指南说明》（EFSA，2017）第 8.1 节］。为提高透明度，《塑料食品接触材料指南说明》（EFSA，2017）第 8 节更新了对毒理学数据的要求，说明通过迁移物质的暴露量越多，则需要的毒理学资料越多。

2016 年 1 月 EFSA 食品接触材料、酶、调味剂和加工助剂小组（CEF）采纳了一条科学意见，即关于食品中化学物质风险评估的近期进展及其对食品接触材料中使用物质安全评估的潜在影响[7]。但该意见的目的既不是作为一份指南文件，也不是为了替代《塑料食品接触材料指南说明》，而是为欧盟委员会提供未来可能对食品接触材料相关立法进行修改的科学依据。无论如何，由于《塑料食品接触材料指南说明》中未涉及第一个主题且仅涉及了一部分第二个主题，因此对生产食品接触材料时使用的纳米材料和可能迁移的非有意添加物（NIAS）进行安全评估时可考虑该科学参考。此外，2016 年 EFSA 科学意见还为附加 OECD 测试指南导则提供了参考，解决了《食品接触材料指南说明》（EFSA，2008）版本中未考虑到的一些毒理学端点，即孕期发育毒性试验、两代繁殖毒性试验、一代繁殖毒性试验、有机磷化合物迟发性神经毒性试验、神经发育毒性。为加深理解，还在说明性指南的第 8.2.4 节"生殖/致畸性"和第 8.4.2 节"神经毒性"中添加了对这些附加 OECD 测试指南方针的参考。

④《食品接触材料指南说明》（EFSA，2008）的第 4 章，即《委员会关于迁移测试的说明性指南》，也从《塑料食品接触材料指南说明》（EFSA，2017）中删除，其将被（EU）No 10/2011 法规框架下塑料食品接触材料合规性测试的技术指南说明[8] 替代，该条例近期将由欧盟委员会联合研究中心（JRC）颁布并公布于欧盟委员会网站。

⑤ 删除了《食品接触材料指南说明》（EFSA，2008）第 3 章附录 3"过氧化物酶体增殖研究"和附录 5"SCF 列表定义"、附录 6"申请人汇总数据表（P-SDS）模板"和第 9 节中报告的参考列表，其中附录 6 替换为 EFSA 行政指南的"附件 B——技术卷宗"。

⑥ 更新了法规和技术指南的引用版本。

⑦《塑料食品接触材料指南说明》（EFSA，2017）第 5.1 节"特定迁移"中纳入了对 JRC"关于特定迁移预估迁移建模申请的实践指南方针"的引用，该文件为保守迁移建模提供了指南，以支持（EU）No 10/2011 法规。

⑧《塑料食品接触材料指南说明》（EFSA，2017）第 5.1.8 节用于特定迁移的"分析方法"和第 6.5 节用于确定食品接触材料中残留物质的"测试方法"中纳入了对 JRC"关于食品接触材料控制中所用分析法性能标准和有效程序的指南方针"的引用。

3.2.2　技术文档内容及要求

技术文档中应该包含哪些信息以及相关信息和数据的要求，具体如下介绍。

技术文档所有数据必须按《塑料食品接触材料指南说明》（EFSA，2017）要求提供，对于资料或数据要求的内容需给出"是""不是""不适用""没有资料""不相关"等明确的说明。对任何偏离或不符合《塑料食品接触材料指南说明》（EFSA，2017）要求的内容，均需在技术文档中给出明确的理由。

此外，技术文档的所有信息应采用 EFSA 行政指南附件 B——技术卷宗的格式提交，详见本书 3.1 节介绍，原文指南可从以下链接下载：http://onlinelibrary. wiley. com/wol1/doi/10. 2903/sp. efsa. 2017. EN- 1224/abstract。

3.2.2.1 物质信息要求

《塑料食品接触材料指南说明》（EFSA，2017）给出了单一物质、明确的混合物、不明确的混合物、用作添加剂的聚合物四类物质的信息要求，具体内容及要求详见表3-2。

表 3-2　物质信息要求

所需数据/信息	数据/信息的具体要求
1　物质特性	
1.1　单一物质	回答"是"或者"不是"； 若回答"不是"，则转至本表中1.2； 若回答"是"，则尽可能完整写出本表中1.1.1~1.1.11所要求的信息
1.1.1　化学名称	写出物质的化学名称
1.1.2　别名	如有，列出所有的别名
1.1.3　商业名	如有，列出所有的商业名称
1.1.4　CAS号	如有，列出其CAS号
1.1.5　分子式和结构式	给出其分子式和结构式
1.1.6　分子量	给出其分子量
1.1.7　光谱数据	给出物质定性的光谱数据，例如，FTIR、UV、NMR和/或MS数据
1.1.8　生产详情	说明生产过程，包括起始物、生产控制和生产过程的重现性。 若已知，指出另一些可以替代的生产过程和可用的替代产品，这些产品是否有相同的特性
1.1.9　纯度/%	提供纯度百分比。 说明如何确定纯度。应提供支持文件（例如，色谱图）。 物质将根据所述纯度水平进行评估
1.1.10　杂质/%	说明： 杂质信息，百分比的典型范围； 杂质的来源（例如起始物质、副反应产物、降解产物）； 每个杂质的含量水平； 描述测定杂质的分析方法。应提供支持文件（例如，色谱图）。 如有关于杂质的某些考虑，可能要求提供这些杂质的迁移和/或毒理学数据，和当局规定的说明
1.1.11　质量规格	适用时，根据(EU)No 10/2011及其修订法规要求，提交一份质量规格（例如，纯度水平，杂质性质和百分比，使用的聚合物种类）的提议
1.1.12　其他信息	说明任何和评估相关的其他信息
1.2　明确的混合物	回答"是"或"不是"； 若回答"不是"，则转到本表中1.3； 若回答"是"，则尽可能完整地给出本表中1.2.1~1.2.13所要求的资料。 本部分仅涉及从可再现的过程中获得的"过程混合物"，详细的组成成分能容易地进行测定（例如，同分异构体的混合物）。 本部分不考虑有意用单一成分混合制得的"配方型混合物"
1.2.1　化学名称	如有，给出混合物的化学名称

154　食品接触材料新品种评估申报指南

所需数据/信息	数据/信息的具体要求
1.2.2 别名	如有,列出所有的别名
1.2.3 商业名	如有,列出所有的商业名称
1.2.4 CAS号	如有,列出其CAS号
1.2.5 组成成分	说明混合物各组分的化学名称
1.2.6 混合物中各种物质所占的比例	说明混合物中各种物质的比例
1.2.7 分子式和结构式	给出混合物中每种成分包括异构体的分子式和结构式
1.2.8 分子量及其范围	给出分子量(重均分子量)和分子量范围
1.2.9 光谱数据	给出混合物定性的光谱数据,如FTIR、UV、NMR和/或MS
1.2.10 生产细节	说明生产过程,包括起始物、生产控制和生产过程的重现性。 若已知,指出另一些可以替代的生产过程和可用的替代产品,这些产品是否有相同的特性
1.2.11 纯度/%	说明纯度百分比。 说明如何确定纯度。应提供支持文件(例如,色谱图)。 物质将根据所述纯度水平进行评估
1.2.12 杂质/%	说明: 杂质的信息,百分比的典型范围; 杂质的来源(例如起始物质、副反应产物、降解产物); 每个杂质的水平; 描述测定杂质的分析方法。应提供支持文件(例如,色谱图)。 如有关于杂质的某些考虑,可能要求提供这些杂质的迁移和/或毒理学数据,和当局规定的说明
1.2.13 质量规格	适用时,根据(EU)No 10/2011及其修订法规要求,提交一份质量规格
1.2.14 其他信息	说明任何和评估相关的其他信息
1.3 不明确的混合物	回答"是"或"不是"; 若回答"不是",则转到本表中1.4; 若回答"是",则尽可能完整地给出本表中1.3.1~1.3.16所要求的资料,不确定的混合物是指那些对不同批次来说组成含量可能发生变化的混合物,但是这种混合物的组成在某个特定得范围内。不明确的典型例子就是从天然来源得到的产品,其组成取决于来源地、气候和处理方法。技术加工过程如乙酰化作用、环氧化作用或者氢化作用也会产生大量的其他成分
1.3.1 化学名称	尽可能给出完整的描述
1.3.2 别名	如有,列出所有的别名
1.3.3 商业名	如有,列出所有的商业名称
1.3.4 CAS号	如有,列出其CAS号
1.3.5 起始物质	说明用于制造混合物的物质和原材料
1.3.6 生产细节	说明生产过程,生产控制和生产过程的重现性。 若已知,指出另一些可以替代的生产过程和可用的替代产品,这些产品是否有相同的特性
1.3.7 生成的物质	说明在加工过程中产生的物质
1.3.8 纯化方法	说明最终产物纯化的细节

所需数据/信息	数据/信息的具体要求
1.3.9　副产物	如有副产物,给出副产物定性和定量的信息
1.3.10　分子式和结构式	说明分子式和结构式。 对于不明确的混合物,分子式和结构式这方面的资料可能是很复杂的。在某些情况下,要求的资料可能被描述为:如含有多种脂肪酸的、经过进一步处理的"天然来源的油"(如果存在的话)
1.3.11　分子量及其范围	给出分子量(重均分子量)和分子量范围
1.3.12　纯度/%	说明纯度百分比。 说明如何确定纯度。应提供支持文件(例如,色谱图)。 物质将根据所述纯度水平进行评估
1.3.13　主要杂质/%	说明: 杂质的信息,百分比的典型范围; 杂质的来源(例如起始物质、副反应产物、降解产物); 每个杂质的水平; 描述测定杂质的分析方法。应提供支持文件(例如,色谱图) 如有关于杂质的某些考虑,可能要求提供这些杂质的迁移和/或毒理学数据,和当局规定的说明
1.3.14　光谱数据	给出物质定性的光谱数据,如 FTIR、UV、NMR 和/或 MS
1.3.15　质量规格	适用时,根据(EU)No 10/2011 及其修订法规要求,提交一份质量规格
1.3.16　其他信息	说明任何和评估相关的其他资料
1.4　用作添加剂的聚合物	回答"是"或"不是"; 若回答"不是",则转到表 3-3 中 2; 若回答"是",则尽可能完整地给出本表中 1.4.1~1.4.19 所要求的资料。 聚合物添加剂是指任何可以添加到塑料中以达到技术效果的聚合物和(或)预聚物和寡聚物,但是这些物质本身不能用于制造成品,聚合物添加剂也包括可以添加到聚合反应发生的介质中引起聚合的物质
1.4.1　化学名称	如有,给出物质的化学名称
1.4.2　别名	如有,列出所有的别名
1.4.3　商业名	如有,列出所有的商业名称
1.4.4　CAS 号	如有,列出其 CAS 号
1.4.5　起始物质	列出单体和(或)其他起始物质
1.4.6　生产细节	说明生产过程、生产控制和生产过程的重现性。 若已知,指出另一些可以替代的生产过程和可用的替代产品,这些产品是否有相同的特性
1.4.7　添加剂	如有,说明所有的添加剂
1.4.8　聚合物的结构	给出聚合物的结构
1.4.9　重均分子量	给出重均分子量
1.4.10　数均分子量	给出数均分子量
1.4.11　分子量范围	给出分子量范围和分子量分布曲线。 分子量分布曲线(图 3-3),应该用 GPC 或另一种约定的方法来获得此图。 提供的 GPC 校正曲线应该包含相同聚合物的标准样品,这些标准聚合物的分子量是已知的,其分子量已经用适当的技术进行了精确的测定(其分子量应该在 1000 左右)。测定以质量表示的重均分子量(M_w)和数均分子量(M_n)。

所需数据/信息	数据/信息的具体要求
1.4.11 分子量范围	若不能获得同种聚合物的标准样品,则应该使用聚苯乙烯作标准样品,可以采用适当的方法测定出重均分子量(M_w)和数均分子量(M_n)的绝对值。GPC 分子量分布曲线的横坐标应该用下列系数进行校正:$$\dfrac{M_n(绝对值)}{M_n(相对于\ PS\ 的\ GPC\ 值)}\ 或\ \dfrac{M_w(绝对值)}{M_w(相对于\ PS\ 的\ GPC\ 值)}$$ 在合并的分子量分布曲线图(按上面提到的指南进行测定)上测定与横坐标 1000(真实值)相对应的点:这个点给出了分子量低于 1000 聚合物添加剂的百分比 图 3-3 分子量分布曲线
1.4.12 分子量＜1000 的组分/%	列出分子量＜1000 组分的百分比。通过色谱分析分子量＜1000 组分来核实,例如气相色谱(GC)
1.4.13 黏度(若可以得到)	如有,给出聚合物本身的黏度和相对黏度
1.4.14 熔体流动速率(若可以得到)	如有,给出熔体流动速率
1.4.15 密度/(g/cm³)	如有,给出密度
1.4.16 光谱数据	给出混合物定性的光谱数据,如 FTIR、UV、NMR 和 MS 数据
1.4.17 残留单体/(mg/kg)	说明单体和每种单体的含量,也可以参见表 3-4 中 3.2.2.6(例如,食品接触材料中物质的残留量数据)
1.4.18 纯度/%	给出纯度百分比。 说明如何确定纯度。应提供支持文件(例如色谱图)。 物质将根据所述纯度水平进行评估
1.4.19 杂质/%	说明: 杂质的信息,百分比的典型范围; 杂质的来源(例如,起始物质、副反应产物、降解产物); 每个杂质的水平; 描述测定杂质的分析方法。应提供支持文件(例如,色谱图)。 如有关于杂质的某些考虑,可能要求提供这些杂质的迁移和/或毒理学数据,和当局规定的说明
1.4.20 质量规格	适用时,根据(EU)No 10/2011 及其修订法规要求,提交一份质量规格
1.4.21 其他信息	说明任何和评估相关的其他资料

3.2.2.2 物质理化性质要求

申报物质物理和化学性质需要阐述的数据信息及要求，详见表 3-3。

表 3-3 物质理化性质要求

所需数据/信息	数据/信息的具体要求
2 物质的物理性质	
2.1 物理性质	
2.1.1 熔点/℃	给出熔点
2.1.2 沸点/℃	给出沸点
2.1.3 降解温度/℃	如有,给出降解温度
2.1.4 溶解度/(g/L)	说明在溶剂中的溶解度 若可以获得,应该提供在有机溶剂和食品模拟物中的溶解度。 在迁移试验中,若油脂类食品模拟物被一种挥发性的替代模拟物所替代,则需要测定在油和替代模拟物中的溶解度。至少应该提供溶解度的半定量估计以确保替代溶剂的可接受性。溶解度用 g/L 表示,或可用混溶、好、中等、差或不溶等来表示。目的是获得溶解度的比较信息,溶解度是可能影响迁移的参数之一
2.1.5 辛醇/水分配系数($\lg P_{o/w}$)	若可以得到,说明分配系数。 以下这些情况下必须给出: 当迁移量＞0.05mg/kg 食品或者食品模拟物; 物质要求使用脂肪换算因子(FRF)。 若迁移量＞0.05mg/kg,则必须提供在人体内累积的资料[见附录 3-7,《塑料食品接触材料指南说明》(EFSA,2017)附件 3]。$\lg P_{o/w}$ 值可决定是否需要提供额外数据。 亲脂性物质可标记为适用 FRF 的物质,但应提供适当的证据来证明某种物质的亲脂特性。$\lg P_{o/w}$ 值可能是将物质归类为亲脂性的三个标准之一。其他 2 个标准如下: 1. 在非油性模拟物中的迁移量不超过物质特定迁移限量(SML)的 1/10; 2. 在非油性模拟物中的溶解度小于特定迁移量限量的 10%
2.1.6 与亲脂性有关的其他信息	给出其他任何相关信息
2.2 化学性质	
2.2.1 基本性质	回答"酸性""碱性"或"中性"
2.2.2 反应性	给出关于目标物质反应性的信息
2.2.3 稳定性	给出聚合物中目标物质对光、热、水分、空气、电离及氧化处理等的稳定性信息。 提供物质的一个热重分析(除单体以外的其他物质)。 对于不会在聚合物中反应的化学物质,降解通常发生在最高加工温度的 10%以上。若达不到此要求,应说明为什么这个物质可以在分解温度以上或附近使用。如有任何与物质授权相关的其他参数,则应提供足够详细的信息以合理评估

所需数据/信息	数据/信息的具体要求
2.2.4　水解性	若在体液模拟物中生成大量已评估过的化学物质,水解可简化申请。若相关,给出按照附录 3-5[《塑料食品接触材料指南说明》(EFSA,2017)附件 1]指南所测试水解试验的结果。若做了水解试验,则应该提供完整的试验细节,包括分析方法
2.2.5　有意降解和转化	如有,给出在食品接触材料或者制品制造过程中物质的有意降解和转化情况。 若对降解产物有关注,可能要求提供迁移和/或毒理学数据,并设置相关规格和限制要求。 根据预期用途,单体可被视为转化成一种聚合物,助剂等添加剂可能发生转化,抗氧化剂可能发生分解。所以,其他物质也可以由于其他原因发生降解,如氧化反应或高温等
2.2.6　非有意降解和转化产物	若存在,说明降解和转化的产物: 纯物质的(见 2.2.3); 在终制品制造过程的材料中生成的; 在可能应用于最终材料或制品的各种处理中生成的(例如,电离处理)
2.2.7　与食品中物质的相互作用	若存在的话,给出包装材料中某种物质和食品中物质发生反应的资料。 这一条对规定限量的类型(SML、QM 或 QMA)是很重要的。若做了迁移试验,包括回收率试验(见表 3-6 中 5.1.11),则参考表 3-6 中 5.1 条。在任何其他情况下,应该提供物质在食品模拟物中的稳定性,除非申请者不要求QM 或 QMA 限量
2.2.8　其他信息	说明任何与评估相关的其他信息

3.2.2.3　物质预期用途信息要求

需从预期加工什么食品接触材料及制品、发挥什么技术作用、加工条件、使用量、接触食品的预期条件等多个维度详细描述申报物质的预期用途,具体见表 3-4。

表 3-4　物质预期用途信息要求

所需数据/信息	数据/信息的具体要求
3　物质的预期用途	
3.1　食品接触材料	说明物质用于的食品接触材料,提供具体案例。预期将物质用于什么类型的聚合物和/或什么类型食品接触材料信息,例如,用于制造家用机械的所有类型的聚烯烃和 ABS,或仅用于 PET 饮料瓶。这些信息对于评估实际暴露是很重要的。 物质用于有限还是广泛的领域可能影响物质的最终授权和限量
3.2　技术作用	说明物质在生产过程中或者最后成品中的功能。例如,在聚合物 X 的生产中的单体、共聚单体、抗氧化剂、抗静电剂、防腐剂等。提供任何能证明物质在最终产品中功能的相关信息。若相关,提供生产过程的信息

所需数据/信息	数据/信息的具体要求
3.3　最高加工温度/℃	说明聚合物和最终食品接触材料生产过程中的最高温度(也可见表 3-3 中 2.2.3)
3.4　在配方中的最大百分比	说明配方中和/或与最终食品接触材料相关的物质的最大百分比(例如,加入在水悬浮液中的物质应与干物质相关)。若相关,应给出能达到工艺特性的最大百分比和实际使用的水平。 一个典型的例子是添加剂,它的最大百分比将影响物质的迁移。用来做迁移试验的材料一般要标明最大百分比
3.5　实际接触条件	
3.5.1　接触的食品	说明成品所要接触的食品。 表明是用于某些种类食品还是用于所有食品,进行相应的迁移试验
3.5.2　时间和温度	说明实际接触的大概时间和温度,说明时间和温度限制。进一步的指南见(EU) No 10/2011 及其修订法规
3.5.3　表面积和体积比	说明实际使用中每平方分米食品接触材料与每千克食品的大概比值。预期做一般用途的材料,比值一般为 6 dm^2/kg,对于特殊用途,这个面积/食品质量的比值可能有较大的差别,例如管道或大容器、单份包装(也可见本表中 3.1)。这里要求的信息不应该和第 5 条要求的信息混淆
3.5.4　其他信息	给出任何其他相关的信息
3.6　食品接触材料使用前的处理	给出食品接触材料与食品接触前的处理信息,例如,消毒、用高压蒸汽清洁、冲洗、放射、电子束或紫外处理等
3.7　其他用途	如有,说明物质除用于食品接触材料外,其他的用途或预期用途。 若某种物质除用于食品接触材料外,还可以用于其他领域的话,则只有 ADI 的一小部分分配给食品接触材料
3.8　其他信息	说明其他和评估相关的信息

3.2.2.4　物质授权情况说明

申报材料中还应介绍申报物质在欧盟成员国、美国、日本及其他国家的授权情况,该部分信息要求详见表 3-5。

表 3-5　物质授权情况信息要求

所需数据/信息	数据/信息的具体要求
4　物质授权情况	
4.1　欧盟国家	
4.1.1　成员国	回答"是"或者"不是"。若"是",说明成员国,给出相关法规或其他,并给出进一步细节如限量和条件
4.1.2　根据有关物质及混合物的分类、标签及包装的(EC) No 1272/2008 法规通报为"新物质"	回答"是"或者"不是"。 若"是",给出细节和传递的信息
4.1.3　其他信息	给出任何其他相关信息

続表

所需数据/信息	数据/信息的具体要求
4.2 非欧盟国家	
4.2.1 美国	回答"是"或"不是",若回答"是",给出相关法规或其他,并给出进一步细节如限量和条件
4.2.2 日本	回答"是"或"不是",若回答"是",给出相关法规或其他,并给出进一步细节如限量和条件
4.2.3 其他国家	回答"是"或"不是",若回答"是",说明其他国家,给出相关法规或其他,并给出进一步细节如限量和条件
4.2.4 其他信息	说明其他和评估相关的资料
4.3 其他信息	说明其他和评估相关的资料,例如,对其他用途的授权和环境法规

3.2.2.5 物质的迁移数据

应根据表 3-6 要求详细说明申报物质及其降解产物、杂质等物质的迁移数据信息。

表 3-6 物质迁移数据要求

所需数据/信息	数据/信息的具体要求
5 物质的迁移数据	如使用食物模拟物,则须遵守关于拟与食品接触的塑料材料及制品的特定迁移及总迁移的(EU)No 10/2011 及其修订法规的要求。此外,更多指南参见欧盟委员会联合研究中心(JRC)将于近期在欧委会网站发表的《(EU)No 10/2011 法规框架下塑料食品接触材料合规性测试的技术指南》
5.1 特定迁移量(SM)	回答"已测定 SM"或"未测定 SM"。若未测定 SM,给出理由。通常,要求测定特定迁移量,以说明最差情况下的迁移情况。基于迁移水平,可确定毒理学试验的数量。但是,一些例外情况可测定物质的实际含量代替特定迁移量,然后进行最坏情况的计算。若由于物质特性的原因,如聚合物添加剂,而不可能测定特定迁移量,可以用总迁移量来说明最坏情况下物质的迁移。 在特定迁移试验中,所有的试验都应该重复三次。若应用迁移模型,可以在 JRC 技术报告《应用迁移模型估计特定迁移的实用指南》中找到相关的指南[9]
5.1.1 物质	说明测定的物质。 也需要降解产物(如抗氧化剂)和(或)杂质(如有杂质的话)的迁移信息
5.1.2 测试样品	测试样品一般应该代表最坏的情况。这就意味着应该提供最高浓度的添加剂或共聚单体。测试样品的厚度也应该代表最坏的情况。若测试样品要代表不同牌子或不同等级的许多材料,则应该确保选择的材料代表了迁移试验中最坏的情况。若某种物质应用在不同种类的聚合物中,则原则上应该对每种聚合物进行测试。但是,若某种物质已经做了充分的说明,则只进行代表最坏情况的聚合物迁移试验是可以接受的

所需数据/信息	数据/信息的具体要求
5.1.2.1　化学组成	说明测试样品的化学组成。尤其应该提供物质最初浓度的信息,还需要提供物质全部组成的信息,因为测试样品的组成可能影响物质最后的迁移
5.1.2.2　物理组成	说明测试样品的物理组成,如均一材料、多层材料,对于多层材料,应该指明物质出现在哪一层,若这一层不直接接触食品,则关于上面几层的信息也应该给出
5.1.2.3　聚合物的密度、熔体流动速率	说明含有物质的聚合物的密度和熔体流动速率(若相关)。这方面的资料需要进行数学模拟。在多层结构中也应该给出阻隔层的密度
5.1.2.4　测试样品的尺寸	说明测试样品的尺寸。 测试样品是为了迁移研究而制造的样品,提供形状信息,如瓶、薄膜、薄板等,以及试样的厚度。对于复合膜,应给出总厚度和每个相关层的厚度。对于厚度不均匀的物品,应该给出不同位置的厚度。应该说明物品的尺寸(如长、宽、高和/或直径)
5.1.2.5　测试试样的尺寸	对测试试样来源于测试样品的哪一个部作简要描述,尤其是不均匀的原料(如瓶)。 说明测试试样的空间尺寸(长、宽、高和直径)。 计算测试试样的总面积。在双面接触的情况下(见本表中 5.1.5),还应该计算两面的总面积。若测试试样不完全接触食品模拟物(使用单面迁移测试缸),则应该计算实际接触面积
5.1.3　测试样品测试前处理	说明食品接触材料测试前所进行的处理,例如清洁、洗涤等,测试样品的处理应该代表实际使用情况
5.1.4　测试食品/食品模拟物	说明用于迁移试验的食品或食品模拟物。食品模拟物的选择应遵循(EU)No 10/2011 及其修订法规。尤其是使用食物模拟替代物替代橄榄油时,应该仔细地研究此文件,也应考虑 JRC《(EU)No 10/2011 法规框架下塑料食品接触材料合规性测试的技术指南》。在那些情况下,还应该提供表 3-3 中 2.1.4 条所要求的溶解度数据信息。仅在有技术困难时,才可用食品模拟替代物替代橄榄油。因此,要弄清食品模拟物使用的必要性,最好一些分析数据来提供支持。橄榄油不应该因为方便的原因而被替代,论据应该考虑有效性。分析化学较差或缺少设备不作为用食品模拟替代物替代橄榄油的可以接受的论据。 在金属离子迁移的特殊情况下,离子交换为驱动力,还应在下述模拟物中进行迁移试验:pH 为 5 的 40mmol/L 乙酸钠缓冲液和 pH 为 7 的 50mmol/L 乙酸钠缓冲溶液
5.1.5　接触方式	说明样品是单面测试还是双面测试。说明与食品模拟物接触的方式,例如盒装、袋装、完全浸没等等。如果是双面测试,则要说明计算接触面积时使用的是单面还是双面
5.1.6　接触时间和温度	说明试验持续时间和试验温度。时间和温度组合应根据(EU)No 10/2011 法规附录 V 确定。 高温(≥100℃)短时间接触(≤2h),以可以接受的方式描述或说明整个测试期间温度保持的情况

所需数据/信息	数据/信息的具体要求
5.1.7 表面积和体积比	说明每千克食品或者每升食品模拟物的测试样品的面积(以 dm² 表示)。给出实际接触面积和食品模拟物的体积。从这些数据中可以计算出用于迁移试验的实际表面积和体积之比。这个比值一般为 6dm²/kg。由于分析的原因,常常需要偏离此比值,这在原则上是可以接受的。但是,要仔细考虑的是用一个面积与体积较高的比值来表示迁移是否可能影响最终的迁移,因为模拟物会发生饱和
5.1.8 分析方法	说明所用分析方法的原理,提供一份标准格式的分析方法复印件。 有用的指引可参阅 JRC《食品接触材料控制中使用的分析方法的性能标准和验证程序指南》[10],以及 JRC《(EU)No 10/2011 法规框架下塑料食品接触材料合规性测试的技术指南》。 此外,技术卷宗应包含制备校正溶液的实际数据、典型色谱图、校正曲线、相关系数以及所有相关数据,以对方法和提供的迁移数据进行合理评估。应该认识到的是,执行实验室可使用该方法,来对某种物质制定限量。因此该分析方法应该用通用设备。使用非常复杂的方法应该证明其合理性。 请注意,(EC)No 1935/2004 法规第 20(2)(c)条适用,即有关分析方法的资料不应视为机密
5.1.9 检测/测定限	给出方法的检测和(或)测定限,说明建立的方法。当检测不到迁移或者在检出限水平以上时,检测限特别重要。此时应该提供相关的可见信息,如典型的色谱图、校正曲线、空白值等
5.1.10 测试方法的精密度	指出迁移水平上方法的重复性。例如,方法的重复性能够从三次重复迁移试验的标准差获得,或从回收率试验获得
5.1.11 回收率	说明物质的百分回收率。回收率是在迁移试验的时间和温度条件下进行的回收率试验中测定的。为了获得分析方法的合适性数据和某种物质在食品模拟物中的稳定性数据,应将这种物质以感兴趣的水平(如 50 μg/kg)或以迁移值的实际水平添加到食品模拟物中做回收试验(三次重复)。这些加标的食品模拟物应该在与迁移试验相同的时间和温度条件下,贮存在相同或等同的容器中。提供所有的实际数据,以允许对提出的结果做出正确的评价,如标准加入法(所用的溶剂,添加的体积)、已知体积的食品模拟物加入量[x/y/(μg/mL)]贮存条件等等。 若得到的回收率数值较低,应该解释其原因。 回收率试验的结果可能影响将制定的限量类型
5.1.12 其他信息	说明任何其他与评估相关的信息
5.1.13 结果	给出所有得到的迁移数据,包括空白和回收率数据。数据最好以表格的形式提交,应包含足够细节,可遵循所述方法获得最终结果。例如,它应该包含: ①试验时间和温度条件; ②模拟物; ③接触面积; ④所用食品模拟物的体积; ⑤从迁移试验中得到的物质在模拟物中的实际浓度;

所需数据/信息	数据/信息的具体要求
5.1.13 结果	⑥用 mg/dm² 表示的食品模拟物中的迁移量； ⑦采用常规的 6 dm²/kg 或其他相关比值的食品模拟物中的迁移量； ⑧回收率试验中添加的物质的量
5.2 总迁移量（OM）	回答"已测定"或"未测定"。 一般来说，在申请添加剂或单体时无需测定总迁移量。由于物质的特性，如聚合物添加剂，不可能测定特定迁移时，可以用总迁移量来代替特定迁移量。总迁移量可用来表明最坏条件下物质的迁移。 对某些特殊的情况，CEF 小组可能要求提供 OM 数据，例如，当怀疑有大量的低聚物存在时（见本表中 5.3）。有关 OM 的测定，请参阅 JRC《（EU）No 10/2011 法规框架下塑料食品接触材料合规性测试的技术指南》
5.2.1 测试样品	说明要测试的食品接触材料样品，例如：组成、形状（瓶、薄膜、杯、罐等）、厚度和尺寸。对于样品的选择等，见本表中 5.1.2。可在特定迁移测定和总迁移测定中使用相同等级的测试材料。但是，有理由用不同等级的材料。当采用一个等级的材料测出的总迁移量最高，而采用另一个等级的材料测出的特定迁移量最高，此时应该采用不同的测试样品
5.2.2 试验前样品的处理	说明在试验前食品接触材料经过了什么处理
5.2.3 食品模拟物	说明用于迁移试验的食品模拟物。 食品模拟物的选择应该遵循（EU）No 10/2011 及其修订法规，也应该考虑 JRC《（EU）No 10/2011 法规框架下塑料食品接触材料合规性测试的技术指南》，应该解释使用替代试验方法的必要性，最好有一些分析数据来提供支持
5.2.4 接触方式	说明样品是在单面测试还是在双面测试，说明与食品模拟物接触的方式，例如盒装、袋装、完全浸没等等。若在双面进行测试则要说明测试材料单面还是双面用于计算接触面积
5.2.5 接触时间和温度	说明试验持续时间和试验温度（℃）。时间和温度组合应根据（EU）No 10/2011 法规附录 V 确定。 在高温（≥100℃）短时间接触（≤2h），以可接受的方式描述或说明整个试验期间温度保持的情况
5.2.6 表面积/体积比	说明每升食品模拟物测试样品的面积（以平方分米表示）。 通常这个比值为 6 dm²/kg 模拟物。 在迁移试验中实际比值可能有些偏差
5.2.7 试验方法	说明所采用的试验方法。相关时，应该给出 CEN 方法的参考（见本表中 5.2）。任何和那些方法的偏差都应该被报告。若用其他方法来测定总迁移量，则应该提供一份该分析方法的详细描述。 请注意，（EC）No 1935/2004 法规第 20（2）（c）条适用，即有关分析方法的资料不应视为机密
5.2.8 其他信息	说明任何其他与评估相关的信息
5.2.9 结果	给出所有得到的每个迁移数据，若相关，应给出空白数据。数据最好以表格的形式提交，应包含足够细节，可遵循所述方法获得最终结果。例如，它应该包含：

所需数据/信息	数据/信息的具体要求
5.2.9　结果	试验时间和温度条件(以℃表示); 模拟物; 接触面积(dm²); 试验使用的食品模拟物的体积; 用 mg/dm² 表示的在食品模拟物中的迁移量; 采用常规的 6dm²/kg 或其他相关比值的食品模拟物中的迁移量
5.3　定性和定量分析: a. 迁移的寡聚物; b. 由单体、起始物质和添加剂产生的反应产物	回答"已测"或"未测"。若未测,应给出恰当的理由。 试验数据显示,在聚合物中,存在寡聚物(分子量＜1000)或反应产物的迁移,在某些情况下,迁移水平很高。因此。需要以下信息: 　a. 从单体制造的聚合物,或采用影响分子结构或聚合物分子量的聚合方法制造的聚合物中寡聚物的迁移量; 　b. 用单体或添加剂制造的聚合物中反应产物的迁移量。 在第一种情况下,需要提供由于使用新单体或添加剂而迁移的物质的信息和浓度方面的资料(也可见表3-3 中 2.2)。 对于定性来说,用橄榄油进行测试可能是不合适的。替代模拟物或其他测试介质在定性试验中可能更加方便。 原则上,要求提供可迁移物质的信息,但是在某些情况下,通过对官能团的定性分析做一个简单的特性描述可能已经足够了
5.3.1　测试样品	测试样品的组成和厚度一般应代表最坏的情况。一般来说,应该采用物质的最高浓度和最大厚度。若某种物质预期用于一系列不同聚合物或等级的材料中,则每种类型的材料都要进行测试。但是若某种物质已经做了充分的证明,则只用代表最坏情况的材料进行的试验是可以接受的
5.3.1.1　化学组成	说明测试样品的化学组成。应该提供物质最初浓度的信息,还需要提供物质所有组分的信息,因为测试样品的组成可能影响样品的最后迁移
5.3.1.2　物理组成	说明测试样品的物理组成,如均一材料、多层材料。 对于多层材料,应该指明物质出现在哪一层,若这一层不直接接触食品,则关于上面几层的相关信息也应该给出
5.3.1.3　聚合物的密度和熔体流动速率	说明含有某种物质的聚合物的密度和熔体流动速率(如相关)。 这方面信息需要进行数学模拟。在多层结构中,也应该给出阻隔层的密度
5.3.1.4　测试样品的尺寸	说明测试样品的尺寸。 测试样品是为了迁移研究而制造的样品。提供其形状信息,如瓶、薄膜、薄板等,以及厚度方面的信息。对于复合膜,应给出总厚度和每个相关层的厚度。对于厚度不均匀的物品,应该给出不同位置的厚度。应该说明物品的尺寸(如长、宽、高和/或直径)
5.3.1.5　测试试样的尺寸	对测试试样来源于测试样品的哪一个部分作简要描述,尤其是不均匀的原料(如瓶)。 说明测试试样的空间尺寸(长、宽、高和直径)。 计算测试试样的总面积。在双面接触的情况下(见表3-7 中 6.3.1.4),还应该计算两面的总面积。若测试试样不完全接触食品模拟物,则应该计算实际接触面积。 若是提取物,测试样品的质量就可以

所需数据/信息	数据/信息的具体要求
5.3.2 样品试验前处理	说明样品试验前所进行的处理,例如清洁、洗涤等,测试样品的处理应该代表实际应用
5.3.3 测试食品/食品模拟物/提取溶剂	说明在迁移试验中所用的测试食品或食品模拟物或提取溶剂。 对于定量测定,应该按照(EU)No 10/2011 及其修订法规来选择使用食品模拟物。 可在水性食品模拟物中进行迁移物质的定性或特性分析。一般来说,由于各种原因,使用橄榄油可能是不可行的,需要采用挥发性模拟物或提取溶剂来对可迁移物质进行定性或特性分析
5.3.4 接触方式	说明样品是在单面测试还是在双面测试,说明与食品模拟物接触的方式,例如盒装、袋装、完全浸没等等。若在双面进行测试则要说明测试材料用于计算接触面积时是单面还是双面 如相关,说明提取条件
5.3.5 接触时间和温度	说明试验持续时间和温度
5.3.6 表面积和体积比	给出迁移试验中实际接触面积和所用模拟物的体积。计算其比值,用 dm^2/kg 食品模拟物来表示。 原则上这个比值应该和实际使用时的比值一致。若不知道该比值的话,则通常采用 $6dm^2/kg$ 模拟物这个比值。由于分析原因,可能必须偏离此比值,这在原则上是可以接受的。但是,需要仔细考虑的是,用一个面积与体积比较高的值,是否会由于模拟物饱和而影响最终迁移量,当物质难溶于所使用的模拟物时可能发生这种情况。 在提取试验中,这种情况多数不会出现
5.3.7 分析方法	说明所用分析方法的原理,在技术卷宗中提交一份方法的完整复印件。参考本表中 5.1.8 条目下的描述。 可迁移物质的定性和特性分析常常需要采用各种复杂和互补的技术。在简明数据表中应该给出分析方法的概要。在技术卷宗里,应该详细描述所用的分析方法以便对结果做一个恰当的评估。这要求给出,例如色谱、质谱仪器或其他分离或检测方法的信息。应该给色谱图、质谱等提供合适的说明。由这些文件得出的信息或结论应该附加文字说明。 在定量的重量分析中,应该给出所用方法的详细说明。当用色谱方法进行定量时,应该提供方法与结果评估相关的详细说明,例如校准步骤的实际数据,典型的色谱图或质谱图、校正曲线、相关系数等。 请注意,(EC)No 1935/2004 法规第 20 (2)(c)条适用,即有关分析方法的资料不应视为机密
5.3.8 检测/测定限	给出方法的检测和(或)测定限,说明建立的方法。当检测不到迁移或者在检出限水平上时,检测限特别重要。此时应该提供相关的可见信息,如典型的色谱图、校正曲线、空白值等。 在定性分析中,也应提供检测限
5.3.9 回收率	在迁移试验的时间和温度条件下,列出回收率试验中测定的物质的回收率百分比。 特定迁移试验中要求的回收率试验不一定可行,因为可能没有参照物。若已经有了合适的证明理由,可不做回收率试验

所需数据/信息	数据/信息的具体要求
5.3.10 其他信息	说明任何其他与评估相关的信息
5.3.11 结果	描述已经进行定性或者特性分析的可迁移物质。给出其迁移水平,用 $mg/6dm^2$ 来表示。可能无法直接说明对已经进行定性或特性分析的可迁移物质结果。任何由调查得出的结论将需要一些清晰的推理和解释来评价这些结论

3.2.2.6 食品接触材料中物质残留量数据

除迁移量数据外,还应根据需要提供相关的残留量数据,具体要求见表 3-7。

表 3-7 物质残留量数据要求

所需数据/信息	数据/信息的具体要求
6 食品接触材料中物质的残留量数据	
6.1 实际含量	回答"已测定了实际含量"或"未测定实际含量"。是否需要测定测试材料中物质的实际含量或残留量取决于物质的种类,以及在特性迁移量测定中所提供的数据。具体示例如下: 单体(情形 1): 提供了特定迁移量的全部数据,不要求测定残留量。 单体(情形 2): 没有测定物质的特定迁移量,但假定 100%迁移,提供了以物质的残留量为基准计算出来的迁移量。此时,要求测定物质的残留量,应该提供有关测定方法和测定结果的全部细节。 单体(情形 3): 提供了假定 100%迁移时,以最初添加到聚合过程中单体的量为基准计算出的最坏情况下的迁移量。 此时,不要求测定物质的残留量。但是,应该提供残留量测定方法的恰当描述。 添加剂: 添加剂的迁移量由特定和/或总迁移量测定决定。应使用分析数据说明迁移试验(见第 5 节)中使用的实际测试材料中添加剂的含量为预期水平。总的来说,使用分析试验可充分说明添加剂的含量为预期水平。在这种情况下,分析方法的验证和大量描述并不重要。尽管如此,应提供足够信息来使提供的数据透明和可接受。 单体或添加剂: 测定单体或添加剂的特定迁移量是不可能的,因为物质在食物模拟物中不稳定,或使用 QM 限量更合适。应该按照标准格式详细描述实际含量的测定。此外,应验证方法,并且若相关,应加入可见信息(如色谱图)
6.2 物质	说明是什么物质
6.3 测试样品	如相关,测试样品应该和迁移试验中所用样品相同。其他情况下,样品应该代表最坏情况。若要用试验样品代表一系列不同牌子或等级的材料,则应该确保所选择的材料代表了最坏的情况。若某种物质用在不同种类的聚合物中。原则上,每种聚合物中该物质的残留量都应该检查。但是若已经得到了适当的论证,则只测定代表最坏情况的那种聚合物中物质的残留量是可以的。选择的标准取决于物质本身和生产过程

所需数据/信息	数据/信息的具体要求
6.3.1 化学组成	说明测试样品的化学组成。 尤其是应该提供物质最初浓度的资料,还需要提供物质全部组成的资料,因为全部组成可能会影响分析方法的适用性和(或)残留量
6.3.2 物理组成	说明测试样品的物理组成,如均一材料、多层材料。对于多层材料,应该指明物质出现在哪一层,若这一层不直接接触食品,则关于上面几层的相关信息也应该给出
6.3.3 聚合物的密度和熔体流动速率	说明含有某种物质的聚合物的密度和熔体流动速率(如相关)。这方面信息需要进行数学模拟。在多层结构中,也应该给出阻隔层的密度
6.3.4 测试样品的尺寸	说明测试样品的尺寸。 测试样品是为了迁移研究而制造的样品。需提供其形状信息,如瓶、薄膜、片等,以及厚度方面的信息。对于复合膜,应给出总厚度和每个相关层的厚度。对于厚度不均匀的物品,应该给出不同位置的厚度。应该说明物品的尺寸(如长、宽、高、直径)
6.3.5 测试试样的尺寸	说明测试试样的尺寸或质量。 测试试样是用于残留量测定的材料中的实际部分。说明测试试样的实际尺寸(长、宽、高、直径)或质量。若样品取自不均一材料(例如瓶),则要说明取样部位
6.4 样品的处理	若在测试方法中没有,则应该说明测试样品的处理方法
6.5 测试方法	若相关,遵守表3-6中5.1.8条目下的描述。技术卷宗应该包含下列信息,如制备校正溶液的实际数据、典型的色谱图、校正曲线、相关系数以及所有相关数据,以对方法和残留量相关数据进行合理评估。在JRC的《食品接触材料控制中使用的分析方法的性能标准和验证程序指南》和JRC《(EU)No 10/2011法规框架下塑料食品接触材料合规性测试的技术指南》中可以找到有用的指南。 测试方法可能被执行实验室用来对某种物质制定限量。因此分析方法应该用通用设备。使用非常复杂的方法应该证明其合理性。 若相关,应包含可视信息,如典型色谱图、校正曲线等。 请注意,(EC)No 1935/2004法规第20(2)(c)条适用,即有关分析方法的资料不应视为机密
6.5.1 检测/测定限	给出方法的检测和(或)测定限,说明建立的方法。当检测不到迁移或者在检测限水平上时,检测限特别重要。此时应该提供相关的可见信息,如典型的色谱图、校正曲线、空白值等
6.5.2 测试方法的精密度	给出方法在残留量水平处的重复性。例如,方法的重复性能够从三次重复迁移试验的标准差获得,或从回收率试验获得
6.5.3 回收率	列出回收率试验中测定的物质的百分回收率。为了获得分析方法的合适性数据,应进行标准添加的回收率试验(三次重复),将这种物质以感兴趣的水平或实际含量水平添加到聚合物中。可允许使用不含有此物质的类似的测试材料。添加的样品应和测试样品进行同样的处理。若相关,应提供可视信息。若得到的回收率数值较低,应该解释其原因
6.5.4 其他信息	说明任何其他相关信息

所需数据/信息	数据/信息的具体要求
6.6　结果	给出每个试验结果,包括空白和回收率数据。数据最好以表格的形式展示,应包含足够细节,以遵循所述方法获得最终结果
6.7　计算得到的迁移量(最坏情况)	说明假定完全迁移时物质迁移量的计算。假如可接受最坏情况计算,必须提供分析方法。也可参见《(EU) No 10/2011 法规框架下塑料食品接触材料合规性测试的技术指南》
6.8　残留量与特定迁移量	若已经测定了特定迁移量,给出残留量和特定迁移量之间的关系

3.2.2.7　物质的微生物特性

对于添加到食品接触材料中，发挥抗菌等微生物特性作用的申报物质，需按照表 3-8 要求阐述预期的微生物学功能、效果等数据信息。

表 3-8　物质微生物特性要求

所需数据/信息	数据/信息的具体要求
7　物质的微生物性质	
这部分的重点在于掺入食品接触材料的抗菌物质的使用。	
生物杀灭剂产品在(EU) No 528/2012[11] 中被定义为"含有一种或多种活性物质的制剂,这种物质或制剂以供给使用者的形式来配制,目的在于破坏、减轻、消除、阻止有害生物的作用,或者通过化学或生物方法在其他方面对有害生物加以控制"。	
根据该法规第三条第(1)款(g),有害生物被认为是"它们对人类有害或者有不利影响,其活动或它们生产的物质对动物或环境不利"的生物。	
下面这些指南给申请人提供了关于对公共卫生方面的影响进行评价所要求提交文件的信息,例如,安全性、有效性,包括在食品接触材料中使用抗菌物质的微生物效应。若能够给出合适的有根据的理由,对这些指南的偏离是允许的。	
给出更多关于所使用方法的特定指南是不可能的,因为国际上没有统一的验证方法。而且,不同的物质由于预期用途不同,必须采用不同的方法。	
应该注意的是,添加到食品接触材料中的生物杀灭剂对食品中微生物菌群的影响更多地取决于食品接触材料和食品相接触的时间(剂量-时间相关性)。在评价抗菌物质对食品微生物菌群的影响时必须考虑到这一点。	
微生物杀灭效果的评价可能影响使用限量和迁移限量,若物质也有基于毒理学方面的另一个限量,应该采用限量较低者。	
预期进入食品接触材料的有抗菌性的物质,将会在具体问题具体分析的基础上进行评估。申请人应提供指南 1~7 条要求的所有数据。新物质或之前未被 EFSA-CEF 小组评估过的物质,应提供毒理学数据。若载体系统是惰性的和/或已批准且对食品接触材料的抗菌性不起积极作用的话,之前已评估过的活性成分不需要新的毒理学数据。一个典型的例子是使用基于银的抗菌剂,可能给银离子使用不同的支撑物。	
应该强调的是抗菌物质的使用不代表不需要良好的卫生规范	
7.1　这种物质是用作抗菌剂的吗?	回答"是"或"不是",若回答"不是",则转到表 3-6 中第 5 节,若回答"是"转到本表中 7.2
7.2　预期的微生物学功能是什么?	说明生物杀灭剂的技术功能。若抗菌物质被用于: a. 在成品的生产过程中使用的产品的储存或制造过程中用作"保护剂",转到本表中 7.2.1;

所需数据/信息	数据/信息的具体要求
7.2 预期的微生物学功能是什么？	b. 减轻食品接触材料成品表面的微生物污染，从而改善食品制备区的卫生状况，则转到本表中 7.2.2
7.2.1 在产品储存或生产过程中用作保护剂	添加抗菌物质可用来保护用于生产成品的中间产品在生产过程中或者储藏过程中免受微生物破坏，例如，含有这些产品的水乳液或加工用水。 在这种情况下，应从 MIC 值、迁移量数据和/或最终产品中的浓度，证明成品表面没有抗菌活性。或者，应使用合适的方法，例如，JIS Z 2801[12]（适用于使用更广泛的微生物）来证明。转到表 3-9 中第 8 节
7.2.2 减少 FCM 表面微生物污染的方法	可能在 FCM 中加入抗菌物质来减少 FCM 表面微生物的数量，从而减少交叉污染的可能性。 在这种情况下，应该提供下面要求的所有信息
7.2.2.1 预期用途	尽可能详细地描述预期用途。 应该提供它是用于工业上食品加工，消费者使用（包括宴会用）还是两者兼用方面的信息。 还应该提供每种用途的信息，是重复使用还是单次使用
7.2.2.2 其他信息	给出除本表中 7.2.2.1 和第 3 部分中提到的信息以外的任何预期用途方面的信息，前提是这些信息对抗菌剂危险性评估有用
7.3 微生物活性的光谱	提供抗各种食品相关微生物包括病原体在内的活性的光谱。应该包括已知或已鉴定的任何不敏感的属或种
7.4 活性水平	对于可能接触这种物质的微生物，提供纯杀菌物质或优先提供其活性成分，如银离子的最小抑制浓度（MICs）相关的信息。应描述微生物的浓度及微生物接触杀菌物质的试验介质的特性。 如可获得，应包括任何剂量-时间-反应信息，例如，恒定时间内不同剂量的抗菌物质或不同时间内同一浓度的抗菌物质。描述微生物接触杀抗菌物质的试验介质的特性。 证明在敏感微生物中对抗菌物质产生耐药性的可能性或对其他抗微生物剂产生的交叉耐药性的可能性
7.5 使用抗菌物质可能产生的后果	描述在含有抗菌物质的食品接触材料表面可能产生的对抗菌物质不敏感生物群的选择性过度生长的促进作用
7.6 有效性	抗菌物质的有效性强烈地依赖于抗菌物质向食品接触材料表面的迁移，因而也依赖于聚合物的类型和聚合物中抗菌物质的含量。另一方面，抗菌物质的迁移量不应该过高以至于对食品产生防腐剂作用（见本表中 7.8 部分）。因此，应该用表 3-4 中 3.1 中提到的聚合物进行有效性试验，尤其应该使用给出最高和最低迁移量（例如分别用 LDPE 和 PET）的聚合物。这些试验材料中抗菌物质的浓度不应该超过表 3-4 中 3.4 和表 3-6 中 5.1.2.1 中指明的浓度。 提供数据来证明在预期使用条件下的有效性，描述证明抗菌物质有效性的试验方法。 当抗菌物质在低温下使用时，例如，用于冷藏室、冰箱，应在这些温度下证明有效性。 但是，当有效性试验在技术上不可能时，例如在大规模工业应用中，提供在模拟预期使用条件下的试验中获得的数据。 另一种方法可能依赖于如预测的迁移量和 MICs 之间的比较，这种比较要考虑内在条件和外在条件的影响。使用的模型应经过合理验证

所需数据/信息	数据/信息的具体要求
7.7 重复使用的有效性	应该提供信息来描述杀虫剂表面的行为、经过,例如反复清洗过程。在使用条件下的有效性的证明最好通过微生物学试验或建立活性物质浓度的方法来进行
7.8 对食品中/上的微生物缺乏杀菌活性的证明	描述对食品中/上微生物群没有任何影响的证据,包括与使用相同或类似的不含杀菌物质的 FCM 获得的数据进行比较。这些证据应包括最坏的情况,包括: 最敏感的微生物; 杀菌物质的最高释放水平或使用最高浓度的 FCM; 食品中添加超过观察到或计算出的迁移量水平的浓度的杀菌物质。 这一考虑包括: 比较观察到的或计算出迁移量水平和 MICs。 杀菌物质和可能导致杀菌剂失活的食品组分之间相互作用的信息
7.9 其他信息	说明任何其他可能和评估相关的信息
7.10 按照相关指令要求提出声明或放弃声明的信息	提出的声明应该和上面描述的关于有效性和活性方面的数据一致
7.11 (EU)No 528/2012 法规框架中授权为杀虫产品的信息	若物质列于(EU)No 528/2012 法规的附录 Ⅰ 中,或物质为(EU)No 528/2012 法规第 55(2)条中授权的杀菌产品中的组分,或物质为过渡期措施中允许的杀菌产品中的组分,或符合(EU)No 528/2012 法规中第 89 条中的 10 年工作计划,需提供相关信息

3.2.2.8 毒理学数据要求

毒理学数据是申报材料的核心内容之一,直接影响物质安全性评估结论。因此,根据物质性质、迁移量数据申报物质物理和化学性质需要阐述的数据信息及要求,详见表 3-9。

表 3-9　毒理学数据要求

所需数据/信息	数据/信息的具体要求
8 毒理学数据	基本原则要求 应提供完整的毒性研究报告。研究应遵循现行的欧盟或经济合作与发展组织(以下简称 OECD)的指南或其他国际商定的方法进行,并遵守良好的实验室做法,具体如下: 所测试的物质应是申请授权的商业物质。特别是纯度的百分比和杂质的鉴别应与实际使用的物质相同。在任何情况下,在任何毒理学试验中使用的物质都应该被适当地描述,并且其测试样品必须是可追溯的。若没有对所测试物质的标识(见第 1 节)作出说明,则应提供理由。 编写毒理学数据时应采用 2001 年《SCF 食品接触材料指南》所述的一般原则,即迁移过程中暴露量越大,所需的毒理资料就越多: a. 在大量迁移的情况下(即 5～60mg/kg 食品),需要一套完整的数据库来确定安全性。

所需数据/信息	数据/信息的具体要求
8 毒理学数据	b. 在迁移量为 0.05～5mg/kg 食品的情况下，需要提供的数据库更少。 　c. 在迁移量较低(即＜0.05 mg/kg 食品)的情况下，只需要有限的数据库。 　在确定所需数据库的适用范围时，迁移量不应视为绝对限量，而应视为指示性数值。 　①完整的数据库包括： 　至少两个体外基因毒性测试，符合 EFSA 科学委员会关于基因毒性试验方法的试验方法： 　a. 细菌回复突变试验； 　b. 体外哺乳动物细胞微核试验。 　90 天经口毒性研究； 　ADME 研究； 　生殖和发育毒性研究； 　长期毒性和致癌性研究。 　在某些情况下，可以不进行如上所述的大量测试，而只提供如下试验。 　减少的数据库②和③包括： 　②在迁移量为 0.05～5mg/kg(食品/食品模拟物)的情况下，需要以下数据： 　至少如上所示的两项基因毒性试验； 　90d 经口毒性研究； 　表明人类缺乏积累潜力的数据。 　③若迁移量低于 0.05 mg/kg(食品/食品模拟物)，则需要以下数据。 　至少如上所示的两项基因毒性试验
8.1 遗传毒性	根据 EFSA 科学委员会关于基因毒性试验方法的建议，应进行本表中 8.1.1 和 8.1.2 中所述的两种体外基因毒性试验。这两种检测方法的结合，满足了以最少的检测次数覆盖三个遗传终点的基本要求：细菌回复突变试验覆盖了基因突变，体外微核试验覆盖了结构染色体畸变和数量染色体畸变。 　若体外基因毒性试验结果呈阳性，可能需进一步的体内基因毒性试验。 　根据 EFSA 科学委员会关于基因毒性试验方法的建议，本表中 8.1.3、8.1.4 和 8.1.5 所述的体内测试将适用于跟进在体外基本细胞试验中呈阳性的物质，应咨询 EFSA 科学委员会的建议，以进一步了解测试方法的细节
8.1.1　细菌回复突变试验	按照 OECD 指南 471[13]进行
8.1.2　哺乳动物细胞体外细胞微核试验	按照 OECD 指南 487[14]进行。
8.1.3　体内微核试验	按照 EC 方法 B.10 和 OECD 指南 474[15]进行。 　体内微核试验涵盖了结构染色体畸变和数目染色体畸变的终点，是体外克隆和非克隆的合适追踪手段
8.1.4　体内 Comet 试验	根据 OECD 指南 489[16]。 　体内 Comet 试验评估 DNA 原发病变是一种指示性试验，对引起基因突变和/或结构染色体在体外畸变的物质具敏感性。该方法可用于制备单细胞悬浮液的任何组织，也适用于检测 DNA 损伤的第一个接触点。

所需数据/信息	数据/信息的具体要求
8.1.5　转基因啮齿动物基因突变试验	根据 OECD 指南 488[17]。 转基因啮齿动物试验可以检测点突变和小缺失,而且不受组织限制。应当考虑将评估同一动物不同组织中不同终点的试验结合起来,或将这种试验与无论如何都要进行的其他重复剂量毒性研究结合起来
8.1.6　其他资料	包括任何可能与评估物质的基因毒性相关的其他信息(如化学反应的物质、结构警示、结构相关的物质、在生物利用度的数据、新陈代谢、毒性动力学、靶器官特异性,物质的基因毒性相关的任何发布数据)
8.2　一般毒性	
8.2.1　亚毒性(90 天)口服毒性	按照 EC 方法 B.26 和 OECD 指南 408[18]进行
8.2.2　慢性毒性/致癌性	按照 EC 方法 B.33 和 OECD 指南 453[19]进行
8.2.3　生殖/发育毒性	按照 EC 方法 B.34~B.35 和 OECD 指南 421~422[20,21]进行
8.2.4　其他资料	说明其他与评估相关的资料,例如,应提供可获得的急性或亚急性(28 天)毒性[22]、皮肤接触和吸入的影响方面的信息
8.3　代谢	
8.3.1　吸收、转运、生物转化和排泄	给出任何可以获得的相关信息
8.3.2　在人体内的积累	为评价在人体内积累的潜在可能性,参考附件 4 中所列的方法。由于没有方法的详细指南,可以参考欧盟指南中关于兽药、动物食物添加剂和人类药的相关部分。IPCS(EHC70[23]和 EHC57[24])和 FDA 红皮书Ⅱ[25]也可以提供指南
8.3.3　其他资料	说明其他与评估相关的信息
8.4　其他多种类型的资料	
8.4.1　对免疫系统的影响	给出其他任何相关的信息
8.4.2　神经毒性	应测定磷酸酯和亚磷酸酯来考察神经毒性,若每千克食品或食品模拟物中迁移超过 0.05mg,则按照 OECD 指南 424[26,27]进行
8.4.3　其他信息	说明其他与评估相关的信息

附录 3-5　《塑料食品接触材料指南说明》(EFSA, 2017)附件 1

塑料单体和添加剂在消化液模拟物中水解的测定

目录

介绍

1 范围

2 原理

3 试剂

3.1 化学试剂

3.2 消化液模拟物

4 仪器

5 样品

6 步骤

6.1 水解方程

6.2 消化液模拟物的选择

6.3 水解试验

6.4 水解产物的分析

7 试验报告

介绍

为保护人类健康，塑料食品接触材料应符合关于拟与食品接触的塑料材料和制品的（EU）No 10/2011 及其修订法规，该指令包括食品接触材料组成及其成分向所接触食品的迁移要求。可能迁移到食品中的成分包括残留单体，其他起始物质，残留加工化合物、添加剂、降解产物以及这些物质中的杂质。

某些成分被摄取后可能会发生水解，因此为评估这些组分是否会降解成无害物质。本附录方法主要用来测定物质的水解程度，特别是酯类物质。

1 范围

本方法使用唾液、胃液、肠液的标准消化液模拟物来测定单体和添加剂在体内的水解程度。

方法未规定测定模拟物中原组分和其水解产物所需的分析步骤。

2 原理

将测试物质（单体或者添加剂）溶解在合适的溶剂中。取溶液中的一部分转移到消化液模拟物中，37℃保温，并连续搅拌。经过一段时间后，测定模拟液中原组分和水解产物的浓度，由此计算出水解的百分率。

3 试剂

注意：除非另有说明，否则所有试剂均应为分析纯。

3.1 化学试剂

3.1.1 水、蒸馏水或去离子水

3.1.2　碳酸氢钠（$NaHCO_3$）

3.1.3　氯化钠（NaCl）

3.1.4　牛磺酸钠

3.1.5　碳酸钾（K_2CO_3）

3.1.6　氢氧化钠标准溶液，0.2mol/L

3.1.7　盐酸标准溶液，2mol/L 和 0.1mol/L

3.1.8　磷酸二氢钾（KH_2PO_4）

3.1.9　猪胰酶提取物，其活性相当于 8x SUP 规格

3.1.10　分散溶剂，下面溶剂中的一种：

乙腈

N,*N*-二甲基乙酰胺

1,4 二氧环己烷

乙醇

甲醇

2-丙醇

四氢呋喃

水

3.2　消化液模拟物

3.2.1　唾液模拟物

将 4.2g 碳酸氢钠（$NaHCO_3$）、0.5g 氯化钠（NaCl）和 0.2g 碳酸钾（K_2CO_3）溶解于 1L 水中，溶液的 pH 值应为 9 左右。

3.2.2　胃液模拟物

将 0.1mol/L 盐酸标准溶液稀释至 0.07mol/L，溶液的 pH 值应为 1.2±0.1。

3.2.3　肠液模拟物

注意：应确保按以下顺序配制模拟液。

将 6.8g 磷酸二氢钾（KH_2PO_4）溶解于 250mL 水中，转移到 1L 的容量瓶中，加入 190mL 0.2mol/L 的氢氧化钠溶液（NaOH）。加入 400mL 水，振荡混匀。称取 10.0g 胰酶提取物，放入 250mL 烧杯中，加少量水，搅拌制成黏稠均匀的膏状物。用少量水分次稀释膏状物，每次稀释后充分搅拌，得到约 150mL 澄清溶液。将该溶液转移到容量瓶中，用水冲洗烧杯和漏斗。加入 0.5g 牛磺酸钠，慢慢摇动容量瓶，使体积上升至瓶颈。再用 0.2mol/L 的氢氧化钠调溶液的 pH 到 7.5±0.1，加水定容，充分振荡使之混匀。

4 仪器

注意：仅列出特殊或特别规格的仪器。

4.1 玻璃瓶，100mL 或 125 mL，带有压盖式的 PTFE/硅橡胶隔垫。

4.2 封口和开瓶用的钳。

4.3 模拟物的机械搅拌装置，例如，摇瓶振荡器，或带有一个搅拌盘的磁力搅拌器，并放在一个保温箱或水浴锅中，控制温度在（37±1）℃。

5 样品

注意：测试物质的纯度应该和用于食品接触材料的物质纯度相似。

储备液的制备：

称取所需样品，精确到 0.1mg，加入到 10mL 容量瓶中，在一种合适的分散溶剂中溶解，如 3.1.10 部分中列出的溶剂中的一种，定容，充分振荡容量瓶使溶液混匀。溶剂（除水以外）在消化液模拟物中的最终浓度不能超过 0.1%（体积分数）。

应选择消化液模拟物中试验物质的浓度，例如能测量到物质低至加入模拟液中量的 5%。但需要确保浓度不能低于迁移研究预测的人体最大的可能摄入量。

注意：选择的溶剂必须完全溶解测试物质，而且不能和测试物质发生化学反应。

6 步骤

6.1 水解方程

用下列形式表示水解方程，

$$PC \Longrightarrow HP\text{-}1 + HP\text{-}2 (+ HP\text{-}3 + \cdots HP\text{-}N)$$

在该方程式中：PC 为原成分、HP 为水解产物。

6.2 消化液模拟物的选择

为了使分析最简化，可选择消化液模拟物进行测试。比如用肠液模拟物进行试验足以证明酯类的水解。所以，若测试物质是一种酯类，则应该首选肠液模拟物进行试验。若证明酯类在肠液模拟物中能够完全水解，则不需要用其他消化液模拟物进行试验。

6.3 水解试验

在每个试验中，用量筒将 100mL 消化液模拟物转移至一个玻璃瓶中，并用 PTFE-硅胶膜封口玻璃瓶。摇动玻璃瓶或搅拌其内容物，在（37±1）℃下平衡消化液模拟物。

然后，用 100μL 注射器将适当体积的储备液（25～100μL），加入消化液模拟物中。通过垫片将储备液注射到消化液模拟物液面下，在试验过程中不断进行摇动或搅拌。试验时间可从下面选取：

模拟唾液：0.5h；

模拟胃液：1h、2h 和 4h；

模拟肠液：1h、2h 和 4h。

注意 1：从分析技术原因来说，用于测定的水解方程中的每种物质必须通过独立水解试验进行评估，每个测定必须做三次重复，测试需要的玻璃瓶数量是要测定的物质（原物质或它的水解产物组合），指定时间和消化液模拟物的组合数的三倍。

注意 2：若用胃液或肠液模拟物做试验，则首选 1h。若证明 1h 完全能够水解，则无需 2h 或 4h 的试验。

6.4 水解产物的分析

水解试验终止后，测定水解液中的水解产物。采用合适的分析方法，并根据结果计算水解百分率。

分析方法的适用性可以通过 CEN 标准格式中标准添加目标水解产物的试验来证明。

注意：仅测定原成分的消失是不够的。为对质量平衡作出判断，需对选择哪些水解产物进行测定，具体情况具体分析。

7 试验报告

试验报告应该符合 CEN 标准要求的格式。

附录 3-6 《塑料食品接触材料指南说明》（EFSA，2017）附件 2

聚合物添加剂

分子量大于 1000 的成分不太可能被胃肠道吸收，所以被认为不存在毒性风险。之所以选择 1000 这个值，是考虑了分子形状的影响，分子形状对分子量在 600～1000 范围的物质的可吸收性具有重要影响。低于 600 的大多数物质可被吸收，且吸收速率取决于分子形状和分子大小。

因为只有分子量低于 1000 的聚合物添加剂和毒性有关，所以选择以重均分子量（M_w）1000 来区分聚合物添加剂。对于重均分子量（M_w）高于 1000 的聚合物添加剂，其分子量低于 1000 的部分是不固定，应视具体情况考虑将决定是否需要进一步的数据。

应该提供下列数据；

Ⅰ.《塑料食品接触材料指南说明》的如下数据：

——第 1.4 段 "信息"；

——第 2 段 "性质"

——第 3 段 "用途"

——第 4 段 "授权"

Ⅱ.《塑料食品接触材料指南说明》要求的单体基因毒性数据。

Ⅲa. 对于重均分子量（M_w）低于 1000 的添加剂：提供《塑料食品接触材料指南说明》聚合物添加剂本身的毒性和迁移数据，除非不需要聚合物本身的诱变研究。

Ⅲb. 对于重均分子量（M_w）大于 1000 的添加剂：如 CEF 小组检查了聚合物添加剂的规格，也可能要求包括迁移量和毒性在内的数据，特别是含有大量分子量低于 1000 组分的添加剂。通常，CEF 小组将根据分子量低于 1000 组分的多少和塑料中使用该添加剂的比例，考虑是否需要更进一步的数据。

注意：对于迁移量，应该优先提供分子量低于 1000 组分的迁移水平。但是，若申请人无法测定或决定不测定分子量低于 1000 的迁移组分，则聚合物添加剂的总迁移量将视为分子量低于 1000 组分的迁移量。

一般来说，上述指南适用于聚合物添加剂。但是，CEF 小组也会考虑申请人提出偏离指南的科学论据。例如，对于加氢作用制成的添加剂，或者残留单体已经从最终产品中去掉的添加剂来说，并不需要提供指南要求的所有资料。如可以得到相关的毒理学数据，则可以提交这些资料，以支持评估。

附录 3-7 《塑料食品接触材料指南说明》（EFSA, 2017）附件 3

人体内积累

此处重点讨论在人体内的积累，而不是通常的生物积累。很多专家对"生物积累"这个术语很熟悉，因为它指的是一种化学物质在环境中的行为。生物积累包括水生生物的行为和通过食物网积累的能力。

就食品接触材料来说，关注的焦点在于哺乳动物组织中直接积累的能力，而不是通过食物链的生物放大。但是，正常情况下，$\lg k_{o/w}$ 值小于 3 被认为足以证明在哺乳动物体内缺乏积累能力，除非特殊的考虑，例如，化学结构，给出关注理由。另一方面，$\lg k_{o/w}$ 值等于或大于 3 不能作为积累的依据，因为某种物质可能不被吸收或代谢成没有积累能力的物质。在这些情况下，需要其他证据来证明其没有积累能力。

对所用的方法给出一个明确的指南是不可能的，因为不同的物质由于化学结构和物理性质的不同，需要采用不同的方法。若在口腔接触后能用合适的动力学研究（吸收、分布、代谢和排泄）表明生物半衰期排除了积累的可能性，这将被看作是充分的证据。而且，合适的放射性标记物质和放射自显影的使用能够证明某种物质是否具有积累能力。

详细描述这些研究步骤的指南还不存在，但一些相关的资料能够在现存的欧盟关于兽药、动物食物添加剂和人类用药指南中找到。在 IPCS（EHC 70 和 EHC 57）以及 FDA 红皮书 II 中也可能找到可以利用的方法。

原则上，积累不是我们所希望的，但它并不自动地和毒性效果联系在一起。在积累能力已经被证明或缺乏积累能力没有被证明的情况下，申请者仍然有责任提供证据，来证明即使在长期暴露下，也不会产生毒性作用。

参 考 文 献

[1] Regulation（EC）No 1935/2004 of the European Parliament and of the Council of 27 October 2004 on materials and articles intended to come into contact with food and repealing Directives 80/590/EEC and 89/109/EEC，OJ L 338，13.11.2004，p. 4-17.

[2] Commission Regulation（EU）No 10/2011 of 14 January 2011 on plastic materials and articles intended to come into contact with food，OJ L 12，15.1.2011，p. 1-89.

[3] EFSA（European Food Safety Authority），2017. Administrative Guidance for the preparation of applications for the safety assessment of substances to be used in plastic Food Contact Materials. EFSA supporting publication 2017：EN-1224，41 pp. https：//doi.org/10.2903/sp.efsa.2017.EN-1224.

[4] https：//ec.europa.eu/food/sites/food/files/safety/docs/sci-com_scf_out82_e.pdf.

[5] European Commission's archive of opinions adopted by the former Scientific Committee on Food available at the EC website.

[6] EFSA Scientific Committee；Scientific Opinion on genotoxicity testing strategies applicable to food and feed safety assessment. EFSA Journal 2011；9（9）：2379，69 pp. https：//doi.org/10.2903/j.efsa.2011.2379.

[7] EFSA CEF Panel（EFSA Panel on Food Contact Materials，Enzymes，Flavourings and Processing Aids），2016. Scientific opinion on recent developments in the risk assessment of chemicals in food and their potential impact on the safety assessment of substances used in food contact materials. EFSA Journal 2016；14（1）：4357，28 pp. https：//doi.org/10.2903/j.efsa.2016.4357.

[8] Hoekstra E，Bradley E，Brandsch R，Bustos J，Dainelli D，Faust B，Franz R，Kappenstein O，Ri-

jk R, Schaefer A, Schupp B, Simoneau C, Vints M, 2016. Technical guidelines for compliance testing of plastic food contact materials in the framework of Regulation (EU) No 10/2011. EUR 28329 EN, https://doi.org/10.2788/54707.

[9] Hoekstra EJ, Brandsch R, Dequatre C, Mercea P, Milana MR, St€ormer A, Trier X, Vitrac A. Sch€afer O and Simoneau C, Practical guidelines on the application of migration modelling for the estimation of specific migration; EUR 27529 EN, https://doi.org/10.2788/04517.

[10] Bratinova S, Raffael B, Simoneau C, (2009) Guidelines for performance criteria and validation procedures of analytical methods used in controls of food contact materials. 1st edition 2009. Publication Office of the European Union, Luxembourg, JRC Scientific and Technical Report, EUR 24105 EN.

[11] Commission Regulation (EU) No 528/2012 of the European Parliament and of the Council of 22 May 2012 concerning the making available on the market and use of biocidal products, OJ L 167, 27.6.2012, p. 1-123, repealing Commission Directive 98/8/EC of 16 February 1998 concerning the placing of biocidal products on the market.

[12] Japanese Industrial Standard/Antimicrobial products - Test for antimicrobial activity and efficacy (Japanese Standards Association - 4-1-24, Akasaka, Minato-ku, Tokyo, 107-8440 JAPAN).

[13] OECD (1997), Test No. 471: Bacterial Reverse Mutation Test, OECD Publishing, Paris. https://doi.org/10.1787/9789264071247-en.

[14] OECD (2010), Test No. 487: In Vitro Mammalian Cell Micronucleus Test, OECD Publishing, Paris. https://doi.org/10.1787/9789264091016-en.

[15] OECD (2014), Test No. 474: Mammalian Erythrocyte Micronucleus Test, OECD Publishing, Paris. https://doi.org/10.1787/9789264224292-en.

[16] OECD (2014), Test No. 489: In Vivo Mammalian Alkaline Comet Assay, OECD Publishing, Paris. https://doi.org/10.1787/9789264224179-en.

[17] OECD (2011), Test No. 488: Transgenic Rodent Somatic and Germ Cell Gene Mutation Assays, OECD Publishing, Paris. https://doi.org/10.1787/9789264122819-en.

[18] OECD (1998), Test No. 408: Repeated Dose 90-Day Oral Toxicity Study in Rodents, OECD Publishing, Paris. https://doi.org/10.1787/9789264070707-en.

[19] OECD (2009), Test No. 453: Combined Chronic Toxicity/Carcinogenicity Studies, OECD Publishing, Paris. https://doi.org/10.1787/9789264071223-en.

[20] OECD (1996), Test No. 422: Combined Repeated Dose Toxicity Study with the Reproduction/Developmental Toxicity Screening Test, OECD Publishing, Paris. https://doi.org/10.1787/9789264070981-en.

[21] The following OECD guidelines have also been developed to assess additional reproduction toxicity endpoints: - OECD (2001), Test No. 414: Prenatal Development Toxicity Study, OECD Publishing, Paris. https://doi.org/10.1787/9789264070820-en - OECD (2001), Test No. 416: Two-Generation Reproduction Toxicity, OECD Publishing, Paris. https://doi.org/10.1787/9789264070868-en - OECD (2011), Test No. 443: Extended One-Generation Reproductive Toxicity Study, OECD Pub-

lishing，Paris. https：//doi. org/10. 1787/9789264122550-en.

[22] OECD （2008），Test No. 407：Repeated Dose 28-day Oral Toxicity Study in Rodents，OECD Publishing，Paris. https：//doi. org/10. 1787/9789264070684-en.

[23] IPCS，Environmental Health Criteria 70，Principles for the safety assessment of food additives and contaminants in food，1987.

[24] IPCS，Environmental Health Criteria 57，Principles of toxicokinetic studies，1986.

[25] FDA，Redbook II，Guidance for Industry and Other Stakeholders Toxicological Principles for the Safety Assessment of Food Ingredients，2007.

[26] OECD （1997），Test No. 424：Neurotoxicity Study in Rodents，OECD Publishing，Paris. https：//doi. org/10. 1787/9789264071025-en.

[27]　The following OECD guidelines have also been developed to assess additional neurotoxicity endpoints：-OECD （1995），Test No. 418：Delayed Neurotoxicity of Organophosphorus Substances Following Acute Exposure，OECD Publishing，Paris. DOI：https：//doi. org/10. 1787/9789264070905-en- OECD （1995），Test No. 419：Delayed Neurotoxicity of Organophosphorus Substances：28-day Repeated Dose Study，OECD Publishing，Paris. https：//doi. org/10. 1787/9789264070929-en- OECD （2007），Test No. 426：Developmental Neurotoxicity Study，OECD Publishing，Paris. https：//doi. org/10. 1787/9789264067394-en.

3.2.3　《塑料食品接触材料指南说明》适用性及过渡期的说明

《塑料食品接触材料指南说明》在 EFSA 期刊上发表后，所有申请人均可参考，并在塑料食品接触材料用物质授权申报时使用。

对于符合《EFSA 科学委员会关于基因毒性试验方法的意见》的《塑料食品接触材料指南说明》（EFSA，2017）第 8.1 项所述的基因毒性试验要求，自该指南在 EFSA 期刊上发表之日起一年内，适用于新进行的基因毒性研究。在此过渡期内，申请人可根据 2001 年《SCF 食品接触材料指南》所述的试验方法，或 EFSA 科学委员会《基因毒性试验方法意见》所述的试验方法，提交基因毒性试验。

3.3　再生塑料材料及制品回收工艺的安全评估指南

根据欧盟委员会（EC）No 282/2008 法规关于拟用于接触食品的再生塑料材料和制品的法规（以下简称"再生塑料法规"），用于制造食品接触材料和制品的再生塑料只能从经欧洲食品安全局（EFSA）的安全评估并获得欧盟委员会授权的工艺中获得，且回收工艺应按照（EC）No 2023/2006 法规附件要求的质量保证体系（QAS）管理。

为给申请获得再生塑料生产工艺授权的申请人提供指导，2008 年 EFSA 发了"关于提交生产食品接触材料及制品用再生塑料回收工艺安全评估卷宗的指南"，该指南就 EFSA 评估的行政、技术数据要求和申请格式给出了指导。

该指南适用于收集的塑料在制成新的食品接触材料之前被粉碎成小块并净化的机械回收，不适用于塑料被完全解聚成单体和起始物并在聚合反应中重新被使用的化学回收。只要塑料不会解聚，回收工艺中的主要机械回收工艺部分都在该指南的适用范围内。此外，该指南不适用于已不在再生塑料法规范围内的材料：

① 根据欧盟委员会 2002/72/EC 指令〔编著者注：2002/72/EC 指令已被（EU）No 10/2011 法规替代〕的规定，在塑料功能阻隔层后使用的再生塑料；

② 食品接触塑料材料在生产过程中产生的边角料和废料，在还没有接触到食品之前在生产现场回收的材料，或按欧盟委员会（EC）No 2023/2006 法规附件要求审核过的质量保证体系（QAS）的其他现场进行回收的材料。

关于该指南的主要内容介绍如下，为确保准确，作者已尽力保持原文转化，或仍有词不达意之处，如有内容与原文不一致之处，请以英文原文为准。

3.3.1 用于制造食品接触材料及制品的再生塑料的安全评估通则

使用再生塑料材料和制品与食品接触的风险来自化学品可能的迁移，例如：

（1）原料中的污染物

① 在原料中，可能有不适于接触食品的材料作为污染物被引入。根据再生塑料法规，塑料投料应来源于按照欧盟关于塑料食品接触材料和制品的法规而制造的塑料材料。但是，如果分拣系统不是完全有效，投料中可能含有未经授权用于食品接触应用的塑料（AFSSA 2007）；

② 来自原料使用时附带的污染物，包括可能的误用。为食品设计的塑料容器可能会被消费者误用产生有毒的化学品，这些化学品可能在投料中就存在（Begley et al.，2002；FDA，2002；FDA，2006；Franz et al.，2004a；Komolprasert and Lawson，1994；Welle，2005）。

（2）回收工艺中使用的化学品

如洗涤剂，这些化学品可能无法从回收塑料中完全去除。（AFSSA，2007，Begley et al.，2002，Welle，2005）。

（3）聚合物或塑料添加剂的降解产物

在回收工艺的很多步骤中，如高温处理，聚合物链可能被分解成更小的分子，添加剂可能发生反应并转化为新的化合物（Vilaplana et al.，2007）。

因此，需要关注存在于回收塑料中且迁移到食品中的量可能危害人类健康的物质（AFFSA，2007；FDA，2007，Pennarun et al.，2005）。原材料的质量、回收过程去除污染物的效率以及回收塑料的预期用途都是风险评估的关键点。须证明该工艺能将原料的所有潜在污染源减少到按最终产品的预期用途不会对人类健康造成风险的水平（Franz et al.，2004a；Komolprasert and Lawson，1994；AF-SSA，2007；Coulier et al.，2007；FDA，2006）。

申请人提交的卷宗应包括所有能让 EFSA 进行安全评估的相关信息，EFSA 将按照情况对投料、回收工艺或再生塑料的使用发表意见、建议、规范或限制。

根据再生塑料法规，QAS 的评估和审核将由成员国而不是 EFSA 进行。但如果申请人认为 QAS 与安全评估相关，该指南也包括了质量保证体系文件的要求。

应注意的是，该指南不包括环境方面的内容，如食品接触材料成分在环境中的持久性、生态影响以及食品接触材料废物处理后的结果。

3.3.2 提交申请

申请人应注意，成员国主管当局完全有权获得提交给 EFSA 的所有卷宗［欧洲委员会（EC）No 1935/2004 法规第 9 条］。除明确标明为机密的部分外，申请将向公众开放。与安全评估直接相关的信息不能保密，只有可能明显损害申请人竞争地位的信息才能被视为机密且必须提供可核实的理由［（EC）No 1935/2004 法规第 9 条］。

申请书应当按照再生塑料法规第 5 条的规定提交，申请人应提供所有与 EFSA 评估相关的数据。再生塑料法规中规定的定义适用于本指南。

申请人应提交一份包含完整信息的卷宗，包括纸质和电子格式的标准媒介（CD-ROM）。需要提供声明信说明电子版和纸质版是相同的。除含有完整信息的版本，申请人还须提供没有保密信息的第二个 CD-ROM 版本。根据（EC）No 1935/2004 法规第 10 条的规定，该版本将提供给向 EFSA 提出请求的任何人。

任何提及并用于支持申请的文献参考资料（如科学论文）必须在卷宗中提供全文，当参考物为书籍或大量出版物时，只需提供相关部分。如果申请人在卷宗中提供有效的和有文件证明的科学理由，可以偏离该指南。但在任何情况下，EFSA 都可能要求提供额外数据。

3.3.3 申请批准回收工艺时须一并提供的资料

卷宗由总结文件、行政部分和技术卷宗三部分组成。为进行完整的安全评估，这三部分信息均需提供。

3.3.3.1　总结文件

总结文件应对技术卷宗中提供的信息和工艺的安全评估进行总结，包括对使用限制和特殊应用的建议。总结文件应与技术卷宗有相同的顺序，且应为单独的文件。如果参考了其他文件，还应提供这些文件中相关信息的总结。

此外，申请人还应有自己的结论，即对所提交数据中的任何不寻常特征以及对工艺的评估，包括对特殊应用可能存在的限制。

3.3.3.2　行政部分

提供的资料应当说明所涉及的法人和业务，以及申请的负责人。

① 申请人姓名（公司、机构等）、地址和其他通信方式，如电话、传真、电子邮件。

② 拟作为授权持有人的经营者名称（如与上述不同）、地址和其他通信方式，如电话、传真、电子邮件。

③ 申请负责人姓名、地址和其他通信方式，如电话、传真、电子邮件。

④ 提交申请的日期。

⑤ 申请的目录。

3.3.3.3　技术卷宗

1. 一般信息

（1）一般描述

该信息将由委员会服务部在授权回收工艺登记中公布。

申请的主题应描述清楚，包括塑料的类型，一般而言，还应说明工艺的主要关键步骤，特别是有助于清除潜在污染物的步骤。需要提供再生塑料的预期用途，例如在最终产品中的百分比、一次性或重复使用、食品类型和接触条件。本部分不应包含任何不能向公众披露的数据。

（2）现有授权

应包括欧盟成员国和其他国家现行立法和/或授权的任何信息。

应说明申请工艺是否已经被授权（同一工厂，同样工艺），是否被授权同一公司（如，另一工厂）或类似工艺（如具有类似特征和关键步骤的工艺）。如有，应提供授权的互联网地址，可附上授权书副本。应提供关于现有授权的任何其他有用和相关信息。

在本部分中，申请人应提供有关回收工艺状态的信息，即工艺是否已在运行或将要建立。

2. 具体信息

（1）回收工艺

应详细说明回收工艺，即从原料开始获得再生塑料的过程，包括流程图，说明工艺中的相关关键步骤，并附上所报告流程步骤的简短书面说明（1～2页），更详细地描述该工艺从原料到再生塑料或其制品的所有相关步骤。流程图中应明确每一步的目的：例如原料控制、分拣、清洗、干燥、研磨或薄片生产、分销、重新回收。

申请人应识别并描述工艺中减少原料中可能存在的污染物水平的步骤。此外，也需要阐述清洁步骤中使用的化学品以及聚合物或塑料添加剂可能的降解产物。

本部分内容应足够详尽，以便 EFSA 能够评估对人类健康可能存在的任何风险。申请人应强调与特性相关的工艺和步骤的参数（如温度、压力、时间、操作细节、特殊装置），并应说明与安全评估相关的关键参数得到了良好的控制。

（2）原料质量

本部分申请人应说明如何确保原料中不含在回收工艺中存在并通过食品接触材料和制品转移到食品且含量已经达到可能影响公众健康的化学品。

申请人应说明与可能污染物相关的原料规格，以及对满足特定要求的供应商的评估和资格认定计划。应提供原料来源的相关信息（例如路边收集、收集中心、垃圾箱、闭环回收系统等），特别是可追溯性以及如何防止不适于接触食品的材料和制品进入原料的措施，并识别出安全评估的关键步骤。

（3）回收工艺清洁效率的测定

值得关注的化学污染物是指在工艺中未被除去的污染物，例如污染物经过清洗或挥发后仍能迁移到食品中，而且含量仍可能对人类健康造成影响。这与污染物的物理化学性质有关，主要是极性和分子量。这两个参数影响污染物对聚合物、清洗介质和食品的亲和力，以及迁移速率和挥发性。

为证明回收工艺的清洁效率，需要进行特别设计的测试，即使用一组替代物的挑战性测试。这些替代物具有不同分子量和极性，代表了所有可能存在的污染物（FDA，1992；Pennarun et al. ，2005）。回收工艺的清洁效率（每个替代品水平的降低）应通过在塑料中添加替代品，再经过回收工艺的所有步骤测定。在这些挑战性试验中，替代品的添加浓度应易于在工艺的相关步骤分析检测。添加浓度可能比实际污染物浓度高几个数量级。根据聚合物及其预期用途，文献中提出了一系列替代物（Begley et al. ，2002；FDA，1992；FDA，2006；Pennarun et al. 2005；Franz et al.，2004a；Vilaplana et al.，2007）。

应提供所有相关的试验数据，详细说明挑战性测试中经过工艺相关步骤后清洁效率测定的程序和结果。应清楚地阐述试验或理论上与食品接触的迁移，并提供充分的文件和/或科学文献作为科学依据。

在许多情况下，某些设备的使用可能会对清洁效率产生很大的影响。因此，设备的生产商进行挑战性试验是可以接受的。

（4）再生塑料的特性

申请人应提供相关数据，表明所生产的再生塑料（如薄片、树脂、材料等）适合制造食品接触材料和制品。

申请人应识别对再生塑料特性具有重要意义的参数，并报告其规格（如熔体流动指数、玻璃化转变温度）。如果对再生塑料划分几种等级，则应按照第3.2.5节所述说明每种等级的预期用途。

（5）与食品接触的预期用途

应提供拟接触的食品类型、接触时间和温度、塑料表面/食物体积比、一次性或重复使用的信息以评估可能的迁移（AFSSA，2007；FDA，2006；Franz et al.，2004b；Welle，2005）。

（6）遵守食品接触材料和制品的有关规定

应提供证据说明再生塑料和/或由其生产的最终材料和制品符合食品接触材料及制品相关规定的要求。

（7）过程分析与评价

申请人应进行风险分析，并根据上述所有数据得出结论（AFSSA，2007）。

应提供正确识别出的关键步骤，分析关键参数与预先设定值（如分拣效率、清洗或清洁过程中的温度范围）不符时的可能后果。

3.3.4 工艺的重新评估

授权持有人应注意，对工艺的任何重大调整都可能被 EFSA 要求重新评估工艺。根据工艺变更的重要性，重新评估的要求可以从简单的信函通知到完整的卷宗。当调整的参数对安全评估至关重要时，应提交完整的卷宗。

3.3.5 质量保证体系

在适当的情况下，与安全评估相关的质量保证体系（QAS）中的相应部分应与技术卷宗一起提交。所提供的信息应只需强调质量保证体系中确保再生塑料符合预先设定的、保障最终材料和制品符合食品接触材料相关规定的基本要求的关键点。

法规不要求 QAS 符合相关规范（如 ISO 9000）的认证，但当 QAS 符合任何相关规范并得到认证时，其认证文件可以随附在申请书中。

参 考 文 献

为便于读者查询和了解该指南原文的引用文件和参考文献，其指南参考文献罗列如下。以下引用的参考文献是欧洲食品安全局用于起草指南的参考文献。参考章节并非详尽的参考书目。

[1] Agence Française de Sécurité Sanitaire des Aliments，2007. Opinion of the French Food Safety Agency on the assessment of health risks associated with the use of materials made from recycled poly（ethylene terephthalate）intended for or placed in contact with foodstuffs and drinking water. 2007. http://www. afssa. fr/Ftp/Afssa/38790-40715. pdf.

[2] Begley T H，McNeal T P，Biles J E，et al. Evaluating the potential for recycling all PET bottles into new food packaging. Food Additives and Contaminants，2010：135-143.

[3] Coulier L，Orbons H G M，Rijk R. Analytical protocol to study the food safety of（multiple-）recycled，high-density polyethylene（HDPE）and polypropylene（PP）crates：Influence of recycling on the migration and formation of degradation products. Polymer Degradation and Stability，2007，92：2016-2025.

[4] European Commission. Commission Directive 2002/72/EC of 6 August 2002 relating to plastic materials and articles intended to come into contact with foodstuffs. OJ L 220.

[5] European Commission. Regulation（EC）No 1935/2004 of the European Parliament and of the Council of 27 October 2004 on materials and articles intended to come into contact with food and repealing Directives 80/590/EEC and 89/109/EEC. OJ L 33813. 11. 2004.

[6] European Commission. Commission Regulation（EC）No 2023/2006 of 22 December 2006 on good manufacturing practice for materials and articles intended to come into contact with food；OJ L 384 29. 12. 2006.

[7] European Commission. Document［SANCO 3447/2007］［Draft］Commission Regulation（EC）No［XXX/2008］on recycled plastic materials and articles intended to come into contact with foods and amending Commission Regulation（EC）No 2023/2006.

[8] European Commission. Commission Regulation（EC）No 282/2008 of 27 March 2008 on recycled plastic materials and articles intended to come into contact with foods and amending Regulation（EC）No 2023/2006.

[9] Food and Drug Administration. Points to consider for the Use of Recycled Plastics in Food Packaging. Chemistry Considerations，1992. http://www. cfsan. fda. gov/~dms/opa-cg3b. html.

[10] Food and Drug Administration. Use of Recycled Plastics in Food Packaging：Chemistry Considerations. Division of Food Contact Notifications HFS-275，Center for Food Safety and Applied Nutrition，

Food and Drug Administration，5100 Paint Branch Parkway，College Park，MD 20740 http：//
www. cfsan. fda. gov/guidance. html.

[11] Franz R，Bayer F，Welle F. Guidance and Criteria for Safe Recycling of Post Consumer Polyethylene
Terephthalate into New Food Packaging Applications. Report EUR 21155 - Luxembourg：Office for
Official Publications of the European Communities ISBN 92-894-6776-2 (the report will be available on
the Ispra JRC web site and the link will then be added).

[12] Franz R，Mauer A，Welle F. European Survey on post-consumer poly (ethylene terephthalate) ma-
terials to determine contamination levels and maximum consumer exposure from food packages made
from recycled PET. Food Additives and Contaminants，2004，21：265-286.

[13] Komolprasert V，Lawson A，Residual contaminants in recycled polyethylene terephthalate-effects of
washing and drying，208th American Chemical Society National Meeting. Washington DC，1994，
25：435-444.

[14] Pennarun P Y，Saillard P，Feigenbaum A，et al. Experimental direct evaluation of functional barriers
in PET recycled bottles：comparison of migration behaviour of mono-and multilayers. Packaging Tech-
nology and Science，2005，18：107-123.

[15] Vilaplana F，Ribes-Greus A，Karlsson S. Analytical strategies for the quality assessment of recycled
high-impact polystyrene：A combination of thermal analysis，vibrational spectroscopy，and chroma-
tography. Analytica Chimica Acta，2007，604：18-28.

[16] Welle F. Post-consumer contamination in high-density polyethylene (HDPE) milk bottles and the de-
sign of a bottle-to-bottle recycling process，Food Additives and Contaminants，2005，22：999-1011.

3.4　活性与智能食品接触材料评估申报指南

　　根据欧盟框架法规（EC）No 1935/2004 和活性与智能食品接触材料及制品
法规（EC）No 450/2009 规定，对活性与智能食品接触材料及制品中组分实行许
可物质清单管理，即只有纳入许可物质"欧盟清单"的物质才可用作活性和智能
材料的组分。纳入欧盟清单构成活性和智能材料及制品组分的物质必须满足
（EC）No 1935/2004 法规的第 3 条规定，以及第 4 条（适用时）对预期使用状态
下的活性或智能材料或制品的要求。同时，这些物质在其被许可之前应经过安全
评估。有意将活性和智能材料及制品或其中成分投放市场的人，即申请人，应提
交该物质（若有必要，包括构成组分的物质组）安全性评估所必需的所有信息。

　　EFSA 为给申请人及相关方提供指导，建立并发布了《活性与智能食品接触
材料用活性或智能物质安全评估申请卷宗的指南》（以下简称"活性与智能食品
接触材料申请指南"）。该指南对关于与食品接触的活性和/或智能材料及制品中
起到活性和/或智能作用的活性和/或智能物质的评估，以及提交申请所需行政数
据和技术数据以及文件资料（以下称为"卷宗"）的格式提供了指南。关于该指

南内容具体介绍如下。

3.4.1 相关定义与说明

3.4.1.1 相关定义

活性材料及制品：指预期延长食品的货架期，或维持或改善食品包装内环境的材料及制品。它们通过有意地加入某些能向被包装食品或其周围环境释放或从中吸收物质的成分而构成〔(EC) No 1935/2004 法规第 2.2 条 (a) 及 (EC) No 450/2009 法规第 3 条 (a)〕。就活性与智能食品接触材料申请指南而言，活性材料及制品指所有被设计成有意与食品和/或食品周围的环境发生相互作用，从而改变其组成或特征的材料及制品。

智能材料及制品：指能监控被包装食品或其周围环境条件的材料及制品〔(EC) No 1935/2004 法规第 2.2 条 (b) 及 (EC) No 450/2009 法规第 3 条 (b)〕。

组分：指一种或一组能使材料或制品具有活性和/或智能功能的个体物质，包括这些物质的现场反应产物；不包括那些惰性部分，例如这些物质所加入或掺入的材料〔(EC) No 450/2009 法规第 3 条 (c)〕。

功能阻隔层：指由一层或多层食品接触材料组成的阻隔层，它能确保最终材料或制品满足 (EC) No 1935/2004 法规第 3 条及 (EC) No 450/2009 法规第 3 条的要求。

释放性活性材料及制品：指通过有意识地加入某些能释放到被包装食品或其周围环境之中或之上的物质而构成的材料及制品〔(EC) No 450/2009 法规第 3 条 (e)〕。

被释放活性物质：指预期从释放性活性材料及制品中释放到被包装食品或其周围环境之中或之上，且在食品中达到一定作用的物质〔(EC) No 450/2009 法规第 3 条 (f)〕。

活性和/或智能物质：指有助于活性和/或智能功能的物质。

被动组分：指被添加或掺入组分的所有材料及制品（例如容器、含有或掺入组分的基础包装材料）。

为便于理解，对于组分和被动组分，以聚丙烯抗菌食品包装袋举例说明，聚丙烯塑料即为被动组分，发挥抗菌作用的物质即为组分。

3.4.1.2 说明

欧洲食品安全局对每种物质进行风险评估并发表意见后，会建立一份可用于生产活性和/或智能材料及制品的活性或智能成分的共同体授权物质清单。在某些情况下，欧洲食品安全局也可能会对一组物质提出限制，特别是当起到活性或智能功能的不同物质之间蕴含相互作用的时候。欧盟清单包括该物质或物质组合物的识别信息、使用条件、限制和/或规范，必要时还包括物质所加入或掺入的组分、材料或制品的相关信息。物质识别信息至少应包括名称，当可行并有必要时，还应包括 CAS 编号、粒子尺寸、成分或其他说明。

被动组分应由适用于这些材料的具体共同体或成员国立法规定，例如塑料法规（EU）No 10/2011。

活性与智能食品接触材料指南不适用于（EC）No 450/2009 法规第 3 条所规定的功能阻隔层之后使用的物质。根据定义，这种阻隔层之后物质的迁移量不会危及人类健康，也不会导致食品成分或感官特性发生不可接受的变化。因此，这些活性和智能物质超出了（EC）No 450/2009 法规的适用范围，不需进行安全性评估。但功能阻隔层的概念不适用于纳米形式的物质，这些物质应根据具体情况进行评估 [（EC）No 450/2009 法规第 5 条（2）（c）ii]。

对于有意掺入活性材料及制品中，并预期释放到食品或食品周围环境中的物质，无需在活性和智能组分中许可使用的欧盟物质清单中列出。因为这些物质是有意添加到食品中的，它们的使用应完全符合共同体和成员国适用于食品的有关规定，并应符合（EC）1935/2004 法规及其实施措施的规定。同样的规定也适用于通过接枝和固定化等技术掺入活性材料及制品中，以在食品中产生技术效果的物质。但对于已经在食品立法中批准的物质，其在包装生产和加工条件下的稳定性必须由包装生产商进行验证，如果这些物质可能发生化学反应、降解或分解，则必须提交一份用于安全性评估的卷宗。

3.4.2　安全评估的一般原则

安全性评估将聚焦于化学物质膳食暴露风险，评估将基于以下内容进行：

① 活性物质和/或智能物质的迁移；

② 其降解和/或反应产物的迁移；

③ 其毒理特性。

申请人提交的卷宗应包括所有相关信息，以便欧洲食品安全局能够进行安全性评估。为确保活性和智能材料及制品所接触食品的安全，EFSA 将在适当的情况下对掺入活性或智能食品接触材料及制品中的一种或多种物质发表意见、建议、规格或限制，必要时还将规定生产和使用这些物质和/或掺入它们的材料及制品的特殊条件。

应注意的是，关于活性和/或智能材料及制品的功效，EFSA 只考虑与安全评估相关的、确保功效所需的任何技术参数及限制。EFSA 评估不能视为活性和/或智能材料及制品技术功效的证明。

此外，活性与智能食品接触材料申请指南不包括任何环境方面的考虑，例如环境持久性、食品接触材料成分的生态影响以及食品接触材料提交废物处理后的情况。

3.4.3 提交申请

申请书应按照（EC）No 450/2009 法规第 8 条的规定提出，申请人须提供与欧洲食品安全局评估有关的所有数据资料。

申请人应提交一份包含全部信息的卷宗，包括纸质和电子形式的标准实体媒介（CD-ROM），同时必须以书面形式声明电子版和纸质版的一致性。光盘驱动器应该包含两个或两组文件：一个不可修改的受保护文件，例如锁定为 Acrobat 或 Word 的文档；第二个是与第一份文件相同，但不进行保护，必要时可复制、摘要和/或注释所有资料，以方便评估过程。除提供完整的版本和完整的信息外，申请人还应提供不包含机密信息的 CD-ROM 的第二种版本。根据（EC）No 1935/2004 法规第 19 条的规定，任何可能向欧洲食品安全局提出请求的人都可以使用这一版本。申请人须备存额外的纸张及电子副本，以备欧洲食品安全局要求时使用。

在卷宗中，任何提及并用于支持申请的具体文献（科学论文）都必须以全篇幅论文的形式提供。当参考一本书或大量出版物时，只需要提供相关部分。

如果在卷宗中提供了有文件证明的有效科学理由，申请人可以偏离指南要求。在所有情况，欧洲食品安全局可能要求申请人提供更多的数据。

申请人应注意，成员国的主管当局将完全有权查阅提交给欧洲食品安全局的任何卷宗［（EC）No 1935/2004 法规第 9 条］。另外，除机密信息外，授权申请、申请人的补充信息和管理局的意见均应向公众公开［（EC）No 1935/2004 法规第 19 条］。因此，申请人必须清楚地标明卷宗中的机密信息，同时对于申请视为机密的信息需提供可验证的理由，但根据（EC）No 1935/2004 法规第 20 条规定下列信息不应视为机密信息：

① 申请人的名称和地址，该物质的化学名称；

② 与评估物质的安全性直接有关的资料；

③ 分析方法。

3.4.4 申请应提供的资料

申请人需对申报物质进行完整的安全评估，提交由摘要文件、行政部分、技术部分（技术卷宗）三部分组成，且含足够信息的卷宗。卷宗各部分内容要求介绍如下：

3.4.4.1 摘要文件

摘要文件应包含技术卷宗（technical dossier，TD）和安全性评估中提供的所有信息的摘要，包括：

① 活性或智能材料及制品的原理和目标功能；

② 活性和/或智能物质的信息和相关的理化特性；

③ 活性或智能物质的生产过程，可以向其中添加或掺入该物质的材料类型、活性和/或智能材料及制品的生产条件；

④ 活性和/或智能材料及制品预期接触的食品类型、使用时间和温度；

⑤ 欧盟成员国和其他国家现有的授权情况；

⑥ 迁移数据；

⑦ 毒理学数据。

摘要文件是一份独立的文件，若申请人参考了其他文件，还应提供这些文件中有关资料的摘要，并强调与安全性评估有关的重要参数。

3.4.4.2 行政部分

申请人提供的资料应当载明所涉及的法人实体及其所涵盖的业务，以及该申请的负责人。该部分主要内容包括：

① 申请人的姓名（公司、提交申请的机构）、地址及其他联系方式（例如：电话、电子邮件）；

② 提交申请的运营商的名称（如与上述提交申请的机构不同）、地址及其他联系方式（例如：电话、电子邮件）；

③ 卷宗负责人的姓名、地址和其他联系方式（例如：电话、电子邮件）；

④ 提交卷宗的日期；

⑤ 卷宗的目录。

3.4.4.3 技术卷宗

（1）申请概述

概述活性或智能材料及制品的组成、结构和作用原理，并全面综合地阐述活性与智能材料及制品目标功能、组分和被动组分的作用，以及了解它们作用方式所必需的其他信息，如预期的迁移或反应，以及使用条件的重要性。可以采用图解来说明基础包装、独立制品（如有）以及食品本身（必要时）等不同元素的位置和作用。

如发挥活性或智能功能的物质之间会相互作用或反应，则所有物质的所有相关信息，均应按照后续条款描述提交资料在卷宗中。

如使用了纳米颗粒，请在EFSA科学委员会的意见（EFSA，2009）中查询提交数据的信息和建议。

（2）活性或智能物质的信息

应提供活性或智能物质及其杂质的所有相关信息，无论是单一物质还是混合物中的物质，都必须清楚地标识，给出相应的化学名称（IUPAC）、CAS登记号、同义词和商品名、缩写、分子量、分子和结构式、光谱数据，以便识别目标物质、纯度和杂质。如果是混合物，还必须给出混合物中各成分的比例。

（3）活性和/或智能物质的物理/化学性质

应提供有关活性和智能物质的物理和化学性质的所有相关信息，如物理状态、熔点、沸点、溶解度、辛醇/水分配系数、稳定性、分解温度、反应活性和水解性。

此外，还应提供活性物质或智能物质在生产、存储或使用过程中产生的任何可预期的，或潜在的不可预期的反应或分解产物的信息，包括与包装材料被动组分、食品周围环境中物质，以及食品中天然化合物反应的信息。

（4）活性或智能物质和材料及制品的生产过程

申请人应从以下几个方面，详细说明活性或智能物质和材料及制品的生产过程，并确认在生产工艺条件下任何可能的反应和/或降解产物。

① 活性或智能物质的生产过程；

② 被动组分的性质；

③ 在成品或制品中加入活性和/或智能物质的过程；

④ 食品接触材料的种类；

⑤ 食品接触材料中活性或智能物质的最大百分比。

（5）活性和智能材料及制品的预期用途

应提供有关活性和智能材料及制品拟用于/建议用于的食品类别和范围的信息，并说明使用这些活性或智能材料及制品与食品接触的预期和最坏的情况（时间、温度、S/V或任何与安全性评估相关的情况）。

此外，申请人还应提供与预期用途的活性和/或智能材料及制品有效性相关的数据。

（6）已有授权情况

应提供有关活性和智能物质在欧盟和/或成员国层面立法状态的所有相关信息，以及其他国家（如美国、日本）的对申请物质的授权信息。应该指出与申报相同或相似的材料及制品是否已被授权使用。所谓相同材料及制品是指被动组分、活性或智能物质以及使用条件相同的材料及制品，相似的材料或制品是指具有相似原理和功能的材料或制品，即类似的活性或智能物质、被动组分和使用条件。如已授权，应提供授权的互联网地址，授权书的副本可以作为附件提交，以及其他与现有授权物质相关的任何有用信息。

（7）迁移数据

应提供活性和/或智能物质以及杂质，反应产物和降解产物（如有）的迁移数据。迁移数据，应针对预期/推荐的使用条件，采用欧盟指令 82/711/EEC（本书作者补充说明：该指令现已被 EU No 10/2011 及其修正案替代）所描述的合适的常规迁移测试，或专用的、已经充分证明的食品、模拟物迁移/评估测试获得。或者，使用基于最坏情况的迁移或公认数学迁移模型的计算（欧洲委员会，2002），包括所做的任何假设。

应详细阐述用于测定食品或食品模拟物中和/或最终材料中相关物质及其降解和反应产物的分析方法及其验证信息，除非所用分析方法是已建立的、充分验证的分析方法，且方法已作为参考文献提供。

如已知，还应提供迁移物质其他来源的暴露评估。

（8）毒理学数据

应提供每种物质以及有关其降解产物和任何确定的反应副产物的毒理学数据。

所需毒理学研究的范围程度将取决于迁移暴露的水平，暴露量越大，则需要毒理学信息越多。此外，还应遵循食品科学委员会关于食品接触材料用物质授权前安全评估申请指南（欧洲委员会，2001）中描述的分级方法。

如果某种物质已在食品或食品接触材料共同体立法中获得批准或已经过 SCF 或 EFSA 评估，则应首先提供该法规或该物质的评估作为参考文献，以代替上述毒理学数据。当然，EFSA 在必要时仍可能会要求提供更多数据。

上述（2）～（8）项的相关信息也可在 EFSA 关于提交食品接触材料用物质评估卷宗的指南文件中找到（EFSA，2006）。此外，还应提供可能与评估有关的所有其他数据。

参 考 文 献

[1] EC (European Commission). Regulation (EC) No 450/2009 on active and intelligent materials and articles intended to come into contact with food. 2009.

[2] EC (European Commission). Regulation (EC) No 1935/2004 of the European Parliament and of the Council of 27 October 2004 on materials and article intended to come into contact with food and repealing Directives 80/590/EEC and 89/109/EEC，Official Journal L 338 13. 11. 2004.

[3] EC (European Commission). Directive No 2002/72/EC of the Commission relating to plastic materials and articles intended to come into contact with foodstuffs，Official Journal L 220，15/08/20052 P. 0018.

[4] EC (European Commission). Guidelines of the Scientific Committee on food for the presentation of an application for safety assessment of a substance to be used in food contact materials prior to its authorization. SCF/CS/PLEN/GEN/100 Final，2001. http://ec. europa. eu/food/fs/sc/scf/out82_en. pdf.

[5] EC (European Commission). Directive 82/711/EEC of the Council of 18 October 1982 laying down the basic rules necessary for testing migration of constituents of plastic materials and articles intended to come into contact with foodstuffs，Official Journal L 297，23/10/1982 P. 0026 0030.

[6] EFSA (European Food Safety Authority). Scientific Opinion of the Scientific Committee on a request from the European Commission on the Potential Risks Arising from Nanoscience and Nanotechnologies on Food and Feed Safety. The EFSA Journal，2009，958：1-39. http://www. efsa. europa. eu/EFSA/efsa_locale-1178620753812_1211902361968. htm.

[7] EFSA (European Food Safety Authority). Guidance document on the submission of a dossier on a substance to be used in Food Contact Materials for evaluation by EFSA by the Panel on food additives，flavourings，processing aids and materials in contact with food （AFC）. 2008. http://www. efsa. europa. eu/EFSA/efsa_locale-1178620753812_1211902600222. htm.

第4章

我国食品相关产品新品种评估申报解析与实践

在我国，食品接触材料属于食品相关产品的范畴。因此，《食品相关产品新品种行政许可管理规定》和《食品相关产品新品种申报与受理规定》也适用于食品接触材料。本章仅对食品接触材料新品种申报相关的管理规定进行解读，并在参考欧盟和美国申报指南相关细化要求的基础上，结合我国法律法规、标准的管理要求和相关实践经验，对食品接触材料新品种的申报和安全性评估给出相关的指导性意见和建议。

4.1　食品相关产品新品种行政许可管理规定解析

为保障食品安全，同时规范食品相关产品新品种的安全性评估和许可工作，根据《中华人民共和国食品安全法》及其实施条例的规定，卫生部（现国家卫生健康委员会，以下简称卫健委）卫生监督中心在2011年3月24日发布了《食品相关产品新品种行政许可管理规定》（卫监督发〔2011〕25号），明确以下关于食品接触材料新品种的内容及要求。

4.1.1　食品接触材料新品种定义

食品接触材料新品种，是指用于食品包装材料、容器和用于食品生产经营的工具、设备的新材料、新原料或新添加剂，具体包括：

①尚未列入食品安全国家标准或者卫生部公告（因职能调整，公告包括卫生部、卫计委、卫健委相关公告）允许使用的食品包装材料、容器及其添加剂；

②扩大使用范围或者使用量的食品包装材料、容器及其添加剂；

③食品生产经营用工具、设备中直接接触食品的新材料、新添加剂。

4.1.2 申报产品的基本要求

食品接触材料应当符合下列要求：

① 用途明确，具有技术必要性；

② 在正常合理使用情况下不对人体健康产生危害；

③ 不造成食品成分、结构或色香味等性质的改变；

④ 在达到预期效果时尽可能降低使用量。

4.1.3 主管和评审机构

根据《食品相关产品新品种行政许可管理规定》，卫生部负责食品接触材料新品种许可工作，制订安全性评估技术规范，并指定卫生部卫生监督中心作为食品接触材料新品种技术审评机构，负责食品接触材料新品种的申报受理、组织安全性评估、技术审核和报批等工作。由于职能调整，2016 年 7 月起，食品接触材料新品种技术评审工作移交至国家食品安全风险评估中心（以下简称评估中心），即目前由评估中心负责技术评审。

4.1.4 申请人及申请材料

申请食品接触材料新品种许可的单位或个人（以下简称申请人），向审评机构提出申请，并提交下列材料：

① 申请表；

② 理化特性；

③ 技术必要性、用途及使用条件；

④ 生产工艺；

⑤ 质量规格要求、检验方法及检验报告；

⑥ 毒理学安全性评估资料；

⑦ 迁移量和/或残留量、估计膳食暴露量及其评估方法；

⑧ 国内外允许使用情况的资料或证明文件；

⑨ 其他有助于评估的资料。

申请食品用消毒剂、洗涤剂新原料的，可以免于提交第 7 项资料。

申请食品包装材料、容器、工具、设备用新添加剂的，还应当提交使用范围、使用量等资料。申请食品包装材料、容器、工具、设备用添加剂扩大使用范围或使用量的，应当提交第 1 项、第 3 项、第 6 项、第 7 项及使用范围、使用量等资料。

申请首次进口食品接触材料新品种的，除提交上述九项材料外，还应当提交以下材料：

① 出口国（地区）相关部门或者机构出具的允许该产品在本国（地区）生产或者销售的证明材料；

② 生产企业所在国（地区）有关机构或者组织出具的对生产企业审查或者认证的证明材料；

③ 受委托申请人应当提交委托申报的委托书；

④ 中文译文应当有中国公证机关的公证。（编著者注：按许可管理规定需要提交该材料，但申报时，建议咨询具体实施要求。）

申请人应当如实提交有关材料，反映真实情况，并对申请材料的真实性负责，承担法律后果。申请人应当在其提交的资料中注明不涉及商业秘密、可以向社会公开的内容。

4.1.5 受理及评审

审评机构应当在受理后 60 日内组织医学、食品、化工、材料等方面的专家，对食品接触材料新品种的安全性进行技术评审，并做出技术评审结论。对技术评审过程中需要补充资料的，审评机构应当及时书面一次性告知申请人，申请人应当按照要求及时补充有关资料。根据技术评审需要，审评机构可以要求申请人现场解答有关技术问题，申请人应当予以配合。必要时，可以组织专家对食品接触材料新品种研制及生产现场进行核实、评价。需要对相关资料和检验结果进行验证试验的，审评机构应当将检验项目、检验批次、检验方法等要求告知申请人。验证试验应当在取得资质认定的检验机构进行。对尚无食品安全国家标准检验方法的，应当首先对检验方法进行验证。

食品接触材料新品种行政许可的具体程序按照《行政许可法》《卫生行政许可管理办法》等有关规定执行。审评机构应当在评审过程中向社会公开征求意见。

根据技术评审结论，卫生部对符合食品安全要求的食品接触材料新品种准予许可并予以公告。对不符合要求的，不予许可并书面说明理由。符合卫生部公告要求的食品接触材料（包括进口食品接触材料），不需再次申请许可。卫生部根据食品接触材料安全性评估结果，按照食品安全国家标准管理的有关规定制定公布相应食品安全国家标准。相应的食品安全国家标准公布后，原公告自动废止。

有下列情况之一的，卫生部应当及时组织专家对已批准的食品接触材料进行重新评估：

① 随着科学技术的发展，对食品接触材料的安全性产生质疑的；

② 有证据表明食品接触材料的安全性可能存在问题的。

经重新评价认为不符合食品安全要求的，卫生部可以公告撤销已批准的食品接触材料品种或者修订其使用范围和用量。

审评机构对食品接触材料新品种审批资料实行档案管理，建立食品接触材料新品种审批数据库，并按照有关规定提供检索和咨询服务。

4.2　食品相关产品新品种申报与受理规定解析

为贯彻《食品安全法》及其实施条例，规范食品相关产品新品种行政许可工作，根据《食品相关产品新品种行政许可管理规定》，2011 年 5 月 23 日卫生部组织制定并发布了《食品相关产品新品种申报与受理规定》（卫监督发〔2011〕49 号）。该规定主要明确了以下内容及要求。

4.2.1　申报资料要求

4.2.1.1　总体要求

申请食品接触材料新品种的单位或个人（以下简称申请人）应当向卫生部卫生监督中心（因职能调整，现向国家卫生健康委政务大厅）提交申报资料原件 1 份、复印件 4 份、电子文件光盘 1 件以及必要的样品。同时，填写供公开征求意见的内容。

申报资料应当按照①申请表；②理化特性；③技术必要性、用途及使用条件；④生产工艺；⑤质量规格要求、检验方法及检验报告；⑥毒理学安全性评估资料；⑦迁移量和/或残留量、估计膳食暴露量及其评估方法；⑧国内外允许使用情况的资料或证明文件；⑨其他有助于评估的资料顺序排列，逐页标明页码，使用明显的区分标志，并装订成册。

除官方证明文件外，申报资料原件应当逐页加盖申请人印章或骑缝章，电子文件光盘的封面应当加盖申请人印章；如为个人申请，还应当提供身份证件复印件。申请资料应当完整、清晰，同一项目的填写应当前后一致。申报资料中的外文应当译为规范的中文，文献资料可提供中文摘要，并将译文附在相应的外文资料前。

如委托他人申请，受委托申请人还应提交委托书。

4.2.1.2　食品包装材料、容器、工具、设备新品种材料要求

申请食品包装材料、容器、工具、设备用新添加剂的，还应当提交使用范围、使用量等资料。申请食品包装材料、容器、工具、设备用添加剂扩大使用范

围或使用量的，应当提交①申请表；③技术必要性、用途及使用条件；⑥毒理学安全性评估资料；⑦迁移量和/或残留量、估计膳食暴露量及其评估方法；以及使用范围、使用量等资料。

申请首次进口食品接触材料新品种的，除提交 4.2.1.1 的材料外，还应当提交①出口国（地区）相关部门或者机构出具的允许该产品在本国（地区）生产或者销售的证明材料；②生产企业所在国（地区）有关机构或者组织出具的对生产企业审查或者认证的证明材料；③中文译文应当有中国公证机关的公证这三项材料。

4.2.1.3 理化特性资料要求

理化特性资料应当包括：

① 基本信息：化学名、通用名、化学结构、分子式、分子量、CAS 号等。

② 理化性质：熔点、沸点、分解温度、溶解性、生产或使用中可能分解或转化产生的产物、与食物成分可能发生相互作用情况等。

③ 如申报物质属于不可分离的混合物，则提供主要成分的上述资料。

4.2.1.4 技术必要性、用途及使用条件资料要求

技术必要性、用途及使用条件资料应当包括：

① 技术必要性及用途资料：预期用途、使用范围、最大使用限量和达到功能所需要的最小量、使用技术效果。

② 使用条件资料：使用时可能接触的食品种类（水性食品、油脂类食品、酸性食品、含乙醇食品等），与食品接触的时间和温度；可否重复使用；食品容器和包装材料接触食品的面积/容积比等。

4.2.1.5 生产工艺和质量规格资料要求

生产工艺资料应当包括：原辅料、工艺流程图以及文字说明，各环节的技术参数等。质量规格要求包括纯度、杂质成分、含量等，以及相应的检验方法、检验报告。

4.2.1.6 毒理学安全性评估资料要求

申请食品接触材料新品种（食品用消毒剂、洗涤剂新原料除外）应当依据其迁移量提供相应的毒理学资料：

① 迁移量小于等于 0.01mg/kg 的，应当提供结构活性分析资料以及其他安全性研究文献分析资料；

② 迁移量为 0.01～0.05mg/kg（含 0.05mg/kg），应当提供三项致突变试验（Ames 试验、骨髓细胞微核试验、体外哺乳动物细胞染色体畸变试验或体外哺

乳动物细胞基因突变畸变试验）；

③ 迁移量为 0.05～5.0mg/kg（含 5.0mg/kg），应当提供三项致突变试验（Ames 试验、骨髓细胞微核试验、体外哺乳动物细胞染色体畸变试验或体外哺乳动物细胞基因突变畸变试验）、大鼠 90 天经口亚慢性毒性试验资料；

④ 迁移量为 5.0～60mg/kg，应当提供急性经口毒性、三项致突变试验（Ames 试验、骨髓细胞微核试验、体外哺乳动物细胞染色体畸变试验或体外哺乳动物细胞基因突变畸变试验），大鼠 90 天经口亚慢性毒性，繁殖发育毒性（两代繁殖和致畸试验），慢性经口毒性和致癌试验资料；

⑤ 聚合物（平均分子量大于 1000）应当提供各单体的毒理学安全性评估资料。

毒理学试验资料原则上要求由各国（地区）符合良好实验室操作规范（GLP）实验室或国内有资质的检验机构出具。

4.2.1.7 迁移量和/或残留量、估计膳食暴露量及其评估方法等资料要求

迁移量和/或残留量、估计膳食暴露量及其评估方法等资料应当包括：

① 根据预期用途和使用条件，提供向食品或食品模拟物中迁移试验数据资料、迁移试验检测方法资料或试验报告；

② 在食品容器和包装材料中转化或未转化的各组分的残留量数据、残留物检测方法资料或试验报告；

③ 人群估计膳食暴露量及其评估方法资料。

试验报告应当由各国具有相应试验条件的实验室或国内有资质的检验机构出具。

4.2.1.8 相关证明文件的要求

国内外允许使用情况的资料或证明文件为国家政府机构、行业协会或者国际组织允许使用的证明文件。

出口国（地区）相关部门或者机构出具的允许该产品在本国（地区）生产或销售的证明文件应当符合下列要求：

① 由出口国（地区）政府主管部门、行业协会出具。无法提供原件的，可提供复印件，复印件须由文件出具单位或我国驻出口国使（领）馆确认；

② 载明产品名称、生产企业名称、出具单位名称及出具日期；

③ 有出具单位印章或法定代表人（授权人）签名；

④ 所载明的产品名称和生产企业名称应当与所申请的内容完全一致；

⑤ 一份证明文件载明多个产品的，在首个产品申报时已提供证明文件原件

后，该证明文件中其他产品申报可提供复印件，并提交书面说明，指明证明文件原件所在的申报产品；

⑥ 证明文件为外文的，应当译为规范的中文，中文译文应当由中国公证机关公证。

4.2.1.9 注意事项

关于提交的申报资料，特别提醒注意以下事项：

① 装订材料不易散开、易读易翻，排版严格按照要求顺序，章节区分标识；

② 复印件与原件确保一致；

③ 电子光盘建议盖章，并注明申报物质名称；

④ 同一项目，材料中前后表述应一致性，如一种物质多种名称、使用条件描述等；

⑤ 当后续需要增补材料时，如涉及申请表内容变更，应确保一致性。

4.2.2 申报委托书要求

当委托他人申报时，还应提交申报委托书，并符合下列要求：

① 应当载明委托申报的产品名称、受委托单位名称、委托事项和委托日期，并加盖委托单位的公章或由法定代表人签名；

② 一份申报委托书载明多个产品的，在首个产品申报时已提供证明文件原件后，该委托书中其他产品申报可提供复印件，并提交书面说明，指明委托书原件所在的申报产品；

③ 申报委托书应当经真实性公证。

申报委托书如为外文，应当译成规范的中文，中文译文应经中国公证机关公证。

4.2.3 受理及审查

卫生部卫生监督中心（因职能调整，现接收部门为卫生健康委政务大厅）接收申报资料后，应当当场或在 5 个工作日内作出是否受理的决定。对申报资料符合要求的，予以受理；对申报资料不齐全或不符合法定形式的，应当一次性书面告知申请人需要补正的全部内容。

申请人应当按照技术审查意见，在 1 年内一次性提交完整补充资料原件 1份，补充资料应当注明日期，逾期未提交的，视为终止申报。如因特殊原因延误的，应当提交书面申请。

终止申报或者未获批准的，申请人可以申请退回已提交的出口国（地区）相关部门或机构出具的允许生产和销售的证明文件、对生产企业审查或者认证的证明材料、申报委托书（载明多个产品的证明文件原件除外），其他申报资料一律不予退还，由审评机构存档备查。

4.3 食品接触材料行政许可流程与相关信息查询

4.3.1 食品接触材料新品种申报与评审流程

根据《食品相关产品新品种行政许可管理规定》以及卫健委《食品相关产品新品种审批服务指南》（网址：http://zwfw.nhc.gov.cn/bsp/spxgcpxpz/202011/tz0201124_1514.html），梳理食品接触材料新品种申报和评审流程如图4-1所示。

（1）提交申请

申请食品接触材料新品种的单位或者个人（以下简称申请人）向卫健委政务大厅提交申请。

（2）受理

卫健委政务大厅负责食品接触材料新品种的受理工作，并应在5个自然日内完成对申报资料的完整性、合法性和规范性的初审。对于需要继续补充资料的，应告知申请人需要补充的内容。对于符合申报材料要求的申请予以受理。受理后，卫健委政务大厅将申报资料移交给国家食品安全风险评估中心。

（3）技术评审

评估中心负责组织食品接触材料新品种的技术审评工作。评估中心定期组织召开专家评审会（受理之日起60日内召开，一般每两个月召开一次），对申报资料进行技术评审，并根据专家评审会技术评审意见分别做出建议批准、补充资料延期再审和建议不批准的决定。

① 对于建议批准的食品接触材料新品种，评估中心负责组织撰写解读材料，征求行业协会的意见，同时在评估中心网站公开征求社会意见，征求意见时间为30日，并根据征求意见情况进行初步社会风险评估，形成社会风险评估报告后，与拟公告内容及解读材料一并上报卫健委。

② 对于建议补充资料延期再审的食品接触材料新品种，评估中心出具"行政许可技术评审延期通知书"，申请人按照通知书的要求补充资料，需要在一年内提交补充资料。

③ 对于建议不批准的食品接触材料新品种，评估中心向申请人出具"不予行政许可告知书"，申请人对"不予行政许可告知书"的审查结论有异议的，应

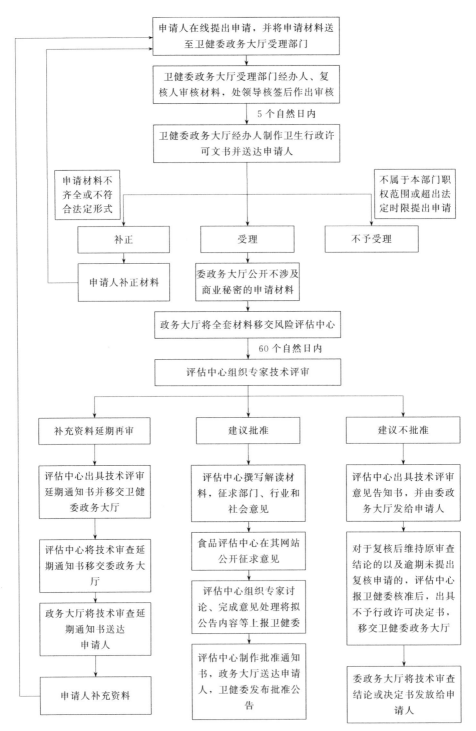

图 4-1　食品接触材料新品种行政许可流程

当在 30 日内提出复核申请。对于复核后维持原审查结论的以及逾期未提出复核申请的，评估中心报卫健委核准后作出不予许可的决定，出具"不予行政许可决定书"，由政务大厅告知申请人。

④ 对于建议终止审查的产品，评估中心出具"行政许可终止审查通知书"，由政务大厅告知申请人。

（4）批准

对于建议批准的食品接触材料新品种，卫健委对评估中心上报的材料进行审核后发布公告予以批准。

4.3.2 食品接触材料新品种相关资讯查询

《食品相关产品新品种行政许可管理规定》规定"审评机构对食品接触材料新品种审批资料实行档案管理，建立食品接触材料新品种审批数据库，并按照有关规定提供检索和咨询服务""卫生部根据食品接触材料安全性评估结果，按照食品安全国家标准管理的有关规定制定公布相应食品安全国家标准。相应的食品安全国家标准公布后，原公告自动废止。"

因此，与食品接触材料新品种相关的信息均可在相关网页上进行查询，具体查询内容及路径见表 4-1。

表 4-1　食品接触材料新品种申报相关信息查询路径

序号	查询内容及路径
1	食品安全国家标准查询：https://sppt.cfsa.net.cn:8086/db
2	送达信息：https://zwfw.nhc.gov.cn/kzx/sdxx/sdxxqb/
3	受理公示：https://zwfw.nhc.gov.cn/kzx/sdxx/sdxxqb/
4	行政许可征求意见：https://www.cfsa.net.cn/Article/News_List.aspx? channelcode＝FD7DFE7A58DAB7788ED6929809972C8AE0FC102162B069D1
5	批准公告及公告解读：http://www.nhc.gov.cn/sps/pqt/new_list.shtml 或 hhttps://zw-fw.nhc.gov.cn/kzx/tzgg/tzggqb/
6	卫生许可公众查询：https://xk.cfsa.net.cn/xwfb/gzcx/PassFileQuery.jsp

4.4　我国食品接触材料新品种评估申报实践

由第 2 章、第 3 章以及本章第 2 节阐述内容可知，尽管各国关于食品接触材料新品种的管理规定不尽相同，但其关于申报物质的理化特性、技术必要性、生产工艺、质量规格、迁移量/残留量、毒理学评估、膳食暴露量及其评估等决定申报物质食品安全的关键性信息要求基本一致。

因此，本节在参考欧盟和美国申报指南相关细化要求的基础上，结合我国法律法规、标准的管理要求和相关实践经验，对我国《食品相关产品新品种申报与受理规定》（以下简称规定）要求提供的核心技术内容给出相关的指导性意见和建议，以及相关示例，示例仅供参考，并非相关产品的真实数据或参数。

4.4.1 理化特性

【规定原文】

理化特性资料应当包括：

（一）基本信息：化学名、通用名、化学结构、分子式、分子量、CAS号等。

（二）理化性质：熔点、沸点、分解温度、溶解性、生产或使用中可能分解或转化产生的产物、与食物成分可能发生相互作用情况等。

（三）如申报物质属于不可分离的混合物，则提供主要成分的上述资料。

4.4.1.1 基本信息

对于任何申报的化学物质来说，化学名、分子式、分子量为必要的基本信息，当分子式或分子量不适用时，需采用合适的方式来表征物质，比如提供傅里叶红外光谱（FTIR）、紫外吸收光谱（UV）、核磁共振（NMR）、质谱（MS）等物质定性的光谱数据。申报物质尽量避免使用商品名，有CAS号时，必须提供CAS号；化学结构明确的，也必须提供准确的化学结构式。

4.4.1.2 理化性质

原则上，需提供规定中要求的所有理化特性的参数，不适用的除外。对于不适用的，也应说明不适用。例如高分子材料没有沸点之说，可不提供。

当物质的熔沸点、溶解性、分解温度、酸碱性及在食品模拟物中的稳定性与其迁移或毒理学性质相关时，则必须提供这些特性参数。例如分解温度，申报物质分解温度与后期加工或使用温度的逻辑关系应合理，在加工和使用条件下申报物质不分解或转化，其加工和使用温度应低于申报物质的分解温度。当申报物质含有杂质，或在生产和使用中发生分解/转化，或与某类食品或食品模拟物发生相互作用时，则需提供相关杂质、产物的理化特性资料。因为这些杂质和产物，多数为小分子化学物质，其产生和残留必然会影响成型品的食品安全，后续迁移、毒理和膳食暴露评估也需一并考虑。例如一些损耗性的添加剂，即在发挥既定作用的过程中，必然发生降解或转化，如抗氧剂168，申报该类物质时，必须阐述清楚其分解或降解过程及产物。

4.4.1.3 特殊说明

申报物质为聚合物时，需提供有关分子量的资料，包括重均分子量和数均分子量、分子量分布（分子量<1000 的组分百分比）、特性黏度或熔体流动速率等；同时，还需提供其所有单体和起始物的上述理化特性资料。

当申报物质为混合物（包括同分异构体的混合物）时，需提供每种成分的理化特性，以及各成分比例。原则上来说，一份申报资料只能申报一个物质，只有申报物质为不可分离的混合物时，才作为一个申报物质一次申报。

4.4.1.4 相关示例

申报物质理化特性描述需清晰明了，可采用表格的形式列出。在此，以硬脂酸钙为例，其基本信息和理化特性可描述如表 4-2。

表 4-2　硬脂酸钙理化特性示例

中文名称	硬脂酸钙
英文名称	calcium stearate
其他名称	十八酸钙盐
化学结构	
分子式	$C_{36}H_{70}CaO_4$
分子量	607.023
CAS 号码	1592-23-0
理化性质	
外观	干燥白色粉末
密度/(g/cm³)	1.12
熔点/℃	179
沸点/℃	不适用
分解温度/℃	435
溶解性	在水中的溶解度为 2 mg/L(35℃),不溶于醇和醚,微溶于热的植物油和矿物油,易溶于热的吡啶
辛醇/水分布系数	14.34
pH	7～9　(2.2 mg/L，H_2O，20℃)
生产或使用中可能分解或转化产生的产物	无分解或转化产生的产物
与食物成分可能发生相互作用情况	不与食品发生反应

注：物质的理化特性资料不局限于"申报资料要求"的限定，能反映物质特性的资料均可以提供，作为评审参考，特别是与申报物质生产工艺、质量规格、残留或迁移量有关联的特性参数。

4.4.2 技术必要性、用途及使用条件

【规定原文】

技术必要性、用途及使用条件资料应当包括：

（一）技术必要性及用途资料：预期用途、使用范围、最大使用限量和达到功能所需要的最小量、使用技术效果。

（二）使用条件资料：使用时可能接触的食品种类（水性食品、油脂类食品、酸性食品、含乙醇食品等），与食品接触的时间和温度；可否重复使用；食品容器和包装材料接触食品的面积/容积比等。

4.4.2.1 技术必要性及用途资料

所有申报物质，必须详细阐述其预期用途，并说明其技术必要性。技术必要性要充足、科学，需说明预期效果（如防雾、软化和/或增强阻隔性能等）以及技术必要性相关依据，包括使用申报物质后所发挥的作用和使用后的技术效果等，并提供文字、数据、图表等材料对技术效果进行佐证。必要时，还需说明使用申报物质和不使用申报物质所生产的成型品的性能差异，和/或说明使用申报物质生产的成型品与使用已允许使用的同种功能物质生产的成型品的效果差异，并提供必要的佐证数据材料。此外，当申报物质的预期技术作用与物质粒度或形态相关时，还需提供该粒度或形态特性有助于食品接触用途技术效果的证明数据或资料。

在充分说明技术必要性的同时，还需说明申报物质的使用范围。预期用途为新材料时，需说明具体材料类别（如塑料树脂、橡胶等）。预期用途为添加剂时，需说明添加剂类型（如增塑剂、交联剂、着色剂等）以及用于哪种材料的产品（如塑料、纸、橡胶、油墨、黏合剂等）。此外，当申报物质为塑料用添加剂时，还应当说明该申报物质可用于我国已批准使用的具体塑料材质（如可用于聚氯乙烯 PVC、聚丙烯 PP、聚乙烯 PE 和/或乙烯-乙酸乙烯共聚物 EVA 等），塑料材质的名称或类别需按照 GB 4806.6—2016《食品安全国家标准 食品接触材料用塑料树脂》及已发布公告的名称或类别进行描述。

对于最大使用限量和达到功能所需要的最小量，根据需要提供。当申报物质为新材料（如塑料树脂、橡胶等）时，一般可不说明最大使用量和/或达到功能的最小用量，当申报物质需要与其他材料共混或一起使用发挥技术作用、存在使用量大小之说的，需提供该参数，如涂料中使用的聚合物。当申报物质为添加剂时，需提供最大使用量，并明确表述方式（如质量分数、体积分数、克重等）及相关依据。申报物质有不同用途时，需分别说明拟申报用范围及各使用范围的最

大使用量(如 PE:0.2%;PC:0.15%,甚至接触某类食品时的最大使用量等)。

4.4.2.2 使用条件资料

使用条件,是指添加或使用申报物质加工制成的成型品的预期使用条件。该使用条件包括可能接触的食品种类(水性食品、油脂类食品、酸性食品、含乙醇食品等),与食品接触的时间和温度;可否重复使用;食品容器和包装材料接触食品的面积/容积比(以下简称面积/体积比)等。

对于拟接触食品种类,根据添加或使用了申报物质成型品的实际情况,可描述为接触所有类型食品、仅接触某类食品或不接触某类食品等,如需要也可具象为某一种食品,如奶粉、水等。食品种类和具体食品的描述,建议依据《食品安全国家标准 食品接触材料及制品迁移试验通则》(GB 31604.1—2015)规范化描述。

对于接触时间和温度,原则上需给出明确的规定,因为所谓安全都是建立在一定条件之下的安全。具体建议根据预期使用条件,参考《食品安全国家标准 食品接触材料及制品迁移试验通则》(GB 31604.1—2015)进行规范化描述。例如描述为 121℃,杀菌≤30min,然后室温下长期放置,保质期大于 6 个月等。

对于重复使用情况和面积/体积比,必须明确说明添加或使用了申报物质的成型品是一次性使用还是重复使用,并根据《食品安全国家标准 食品接触材料及制品迁移试验通则》(GB 31604.1—2015)《食品安全国家标准 食品接触材料及制品迁移试验预处理方法通则》(GB 5009.156—2016)以及申报物质相关迁移量和暴露量评估数据,界定面积/体积比要求。特别是申报材料中以 100%全迁移假设计算迁移量时,引入了特定的面积/体积比时,应进行明确的规定。

除上述使用条件外,还需对以下情况进行明确说明或规定:
① 申报物质不得用于婴幼儿用途或用于婴幼儿用途有特别限制的情况;
② 不与食品直接接触(如用于 PE 或 PET 层之后,间接与食品接触)的情况;
③ 某些其他特殊限制要求,如材料厚度、克重等,特别是当这些限制要求与迁移量和暴露量有关联时。

4.4.2.3 特殊说明

根据规定要求,申报时需提供申报物质国内外允许使用情况的资料。作为授权情况的证明资料,需确保所提供证明资料与申报材料中描述的技术必要性、用途及使用条件、最大使用量等相关限制性要求一致,或比申报材料更加严苛。如国内外相关法规或文献依据可支持大于 100℃的使用条件,申报材料限定使用条件与该条件一致或小于 100℃。当申报材料相关限制更宽松时,则需要提供足够的证明材料,证明该条件下的安全性。

当申报物质的最大使用量为具体数值(如 12％,60mg/dm² 等),并与最终材料或制品中的含量相关联时,应清晰界定使用量的含义。如涂料中添加剂含量应关联到是湿涂料还是最后的涂层,具体可参考《食品安全国家标准 食品接触材料及制品用添加剂的使用标准》(GB 9685—2016)和已发布公告中的描述。

当申报物质涉及与其他法规如食品相关法规及标准的相关性时,建议说明其与食品相关法规及标准的符合性。

4.4.2.4 相关示例

本节以玻璃纤维添加至聚乙烯(PE)塑料中为例,简单说明上述信息。

技术必要性及用途:将玻璃纤维作为填料添加至 PE 塑料中,最大添加量为 10％,以提高材料表面硬度、改善材料的抗形变能力,从而改善 PE 成型品的力学性能。非玻璃纤维增强 PE 和玻璃纤维增强 PE(玻璃纤维含量为 10％)之间的技术性能对比,如表 4-3 所示。

表 4-3 非玻璃纤维增强 PE 和玻璃纤维增强 PE 间的技术性能对比

性能	测试方法	PE(非玻璃纤维增强)	PE(10％玻璃纤维)
负载下的变形(15MPa),100h	参考 ASTM D621	300％	150％
肖氏硬度 D	DIN EN ISO 527	45	52

使用条件:PE 成型品使用时,预期接触所有类型食品,最高使用温度 50℃,单次最长接触时间 1h,可重复使用;实际使用时的食品接触材料接触食品的面积/体积比未知,按 6 dm²/kg 进行评估。

4.4.3 生产工艺

【规定原文】

生产工艺资料应当包括:原辅料、工艺流程图以及文字说明,各环节的技术参数等。

4.4.3.1 原辅料

资料中应列出所有起始原料的中英文名称(适用时包括构型、构象)、CAS 号(适用时,必须提供)和用量。根据安全评估要求,需要时还应提供起始原料的质量标准、规格、纯度等,说明起始原料中含有的杂质种类、名称、含量及其对生产工艺和产品安全性的影响。

4.4.3.2　工艺流程图及文字说明

工艺流程图需规范、完善，各工艺环节均应有中文标识，相关技术参数标识应详细、完整。

在工艺流程图的基础上，再以文字详细说明从原料到制成申报物质的各项工序，包括但不限于以下内容：

① 阐述原料转变为申报物质的物理、化学或生物等方法和过程，包括实现这一转变的全部措施。采用化学反应式和相应的文字描述，列出生产过程中发生的已知的化学反应，包括主反应、副反应等。有明确化学反应式的，必须提供。

② 详细说明生产工艺中各生产环节的要素，包括投入的起始原料及其比例、主要设备装置（包括设备名称、关键参数等）、辅料和助剂、关键工艺参数（包括温度、时间、压力、pH 等）等。此外，还需说明生产过程中使用的起始原料之外的所有其他物料的名称、具体作用、用量和浓度等，如溶剂、催化剂、增塑剂、抗氧剂、乳化剂、气氛等物料。

③ 阐明生产过程中可能产生的残留起始物、助剂、中间产物（如多步化学反应中的中间体、预聚物等）、降解物、异构体、副反应产物等物质的名称、来源、含量和/或产率，在流程图中标明产生的环节，并给出确定这些物质含量的分析数据和/或计算过程。此外，还需说明在相应产率下，这些物质对申报物质产品质量和申报物质所应用成型品质量的影响。

④ 如生产过程中需检测和控制中间产品或终产品的相关质量参数，以确保申报物质满足相应质量规格要求的，还需在工艺流程说明及流程图中对应位置标明相关参数的控制要求。如申报物质具有某种特定黏度特性，且黏度特性是其质量规格的特征性参数，则应在工艺流程说明及流程图中对相关要求进行描述。再如聚合物类申报物质，必要时生产工艺中需写明分子量低于 1000 物质的控制要求。

4.4.3.3　特殊说明

当申报物质在相关生产工艺下，其分子量在一定范围内变化时，需在工艺流程说明及流程图中对应位置标明申报物质分子量的变化范围以及分子量低于1000 部分的比例等。

当申报物质为混合物时，需在工艺流程说明及流程图中适当位置说明混合物的形成，并对混合物的组成及比例进行描述。

此外，必要时还应提供申报物质加工成食品接触材料成型品的生产工艺，特别是相关生产工艺影响到后续残留、迁移量、毒理学和膳食暴露量评估的情况。

如申报物质为食品接触材料成型品生产加工助剂，则需要提供成型品的工艺流程说明或流程图，并说明成型品中申报物质残留量控制及要求，如该物质作为加工助剂，则在成型品中的残留量≤0.1%。再如申报物质为涂料中使用的聚合物树脂或添加剂的，也需阐述涂层加工成涂层制品的工艺，并说明申报物质在涂层制品中的残留量。

4.4.3.4 相关示例

根据上述阐述，以1,4-丁二醇（BDO）示例生产工艺相关内容。

1,4-丁二醇生产工艺，根据采用原料的不同有20余种，但已实现工业化生产的工艺路线主要有炔醛法(Reppe法)、顺酐法、丁二烯法和环氧丙烷法4种。本次申报的1,4-丁二醇采用炔醛法制得，下面对生产工艺部分做简要介绍。

（1）原辅料

生产BDO的原料为乙炔、甲醛和氢气，具体信息见表4-4。

表4-4 生产BDO的原料

原料中文名称	原料英文名称	CAS号	用量/(kg/h)
乙炔	ethyne	74-86-2	2100
甲醛	methanal	50-00-0	9400
氢气	hydrogen	1333-74-0	350

（2）化学反应方程式

BDO生产过程中涉及的化学反应方程式如下。

① 炔化反应

$$HCHO + HC{\equiv}CH \longrightarrow HC{\equiv}CCH_2OH$$
甲醛　　　　乙炔　　　　　丙炔醇

$$HC{\equiv}CCH_2OH + HCHO \longrightarrow HOCH_2C{\equiv}CCH_2OH$$
丙炔醇　　　　甲醛　　　　　丁炔二醇

② 加氢反应

$$HOCH_2C{\equiv}CCH_2OH + 2H_2 \longrightarrow HOCH_2CH_2CH_2CH_2OH$$
丁炔二醇　　　　氢气　　　　　　1,4-丁二醇

（3）工艺流程图及说明

BDO生产过程的工艺流程，见图4-2。具体生产过程主要包括以下三个步骤：

第一步，乙炔和甲醛在催化剂作用下炔化生成丁炔二醇（BYD）。将精制的

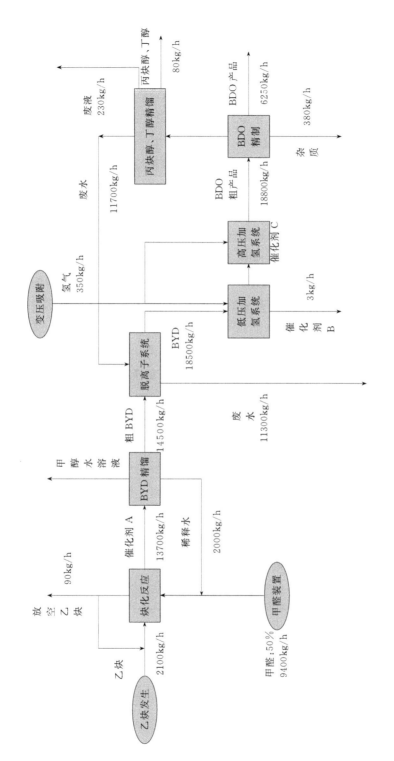

图 4-2　BDO 生产工艺流程

新鲜乙炔气由反应器下部，分别通入四个串联带搅拌的釜式反应器中，和循环的甲醛水溶液在温度 90～100℃、乙炔分压约 0.1MPa 反应条件下进行炔化反应。从第四台反应器排出的物料经压力过滤浓缩器及离心分离器后，浓缩的催化剂 A 溶液返回到第一台反应器循环使用，滤液送入 BYD 提纯塔，精馏后得到 35％～40％粗 BYD 水溶液。粗 BYD 水溶液通过脱离子装置，除去溶液中的金属离子和阴离子，然后进入 BYD 加氢工段。

第二步，BYD 在催化剂作用下经两步加氢生成 BDO 粗产品。BYD 加氢采用二段加氢，一段低压加氢采用带搅拌的釜式反应器，在催化剂 B 的作用下，反应温度 50～60℃，反应压力 1.4～2.5MPa。一段加氢后的物料将催化剂脱除后进入二段加氢，二段高压加氢采用气固液三相滴流床反应器，在催化剂 C 的作用下，反应温度为 120～140℃，氢压 14～21 MPa。

第三步，BDO 粗产品经精馏，精制成销售级的 BDO。加氢后的 BDO 粗产品经过精馏脱水、除重组分等杂质后，得到 BDO 产品。在精制过程中，丙炔醇、丁醇被回收作为副产品出售。

（4）单体、副产物及催化剂残留控制

本申报物的反应单体均为气体，未参与反应的单体易与产物分离，且分离完全，因此在产品中不存在单体残留。

申报物的生产过程为分阶段控制，严格限制每一阶段的反应温度和反应压力，同时具有产物浓缩及去离子过程，因此可有效避免副产物或中间产物的残留，此工艺反应结束的产物即为该申报物。

为了促进反应过程的顺利进行，提升反应效率，本申报物生产过程中加入了镍系催化剂，反应结束后，不可避免地会有痕量催化剂残留在产品中。为确保安全，后续对催化剂的迁移量进行了测试，并进行了膳食暴露量分析和毒理学资料查询。

4.4.4 质量规格要求、检验方法及检验报告

【规定原文】

质量规格包括纯度、杂质成分、含量等，以及相应的检验方法、检验报告。

4.4.4.1 质量规格

产品的质量特性和规格，决定了产品的性能。因此，需根据 4.4.2"技术必要性、用途及使用条件"，结合 4.4.3"生产工艺"阐述的内容，规定满足申报物质申报用途的质量规格要求。

通常情况下，质量规格包括物质的成分纯度或含量、杂质成分及含量等指标。当申报物质为聚合物时，还需包含单体或起始物残留量、平均分子量或其他能表征聚合物特征的参数指标。如在生产工艺详尽阐述了通过反应当量、投料比例或去除某些单体、起始物或杂质的技术手段，确保了某些单体、起始物或杂质不残留，也可不规定它们的质量规格。

当申报物质有多种质量规格，且不同用途有不同的纯度、限量等质量规格要求时，需根据用途分别给出针对性的质量规格。

4.4.4.2 检验方法和检验报告

检验方法的准确性直接决定了检测结果的准确性，以及申报物质质量规格控制的准确性，进而影响后续安全评估的可靠性，所以检测方法也是申报材料中的核心资料。因此，用以检测申报物质质量规格中各项质量指标的检验方法必须准确有效。通常优先选择国家标准检验方法，无国家标准检验方法时，选择行业标准或国外权威分析方法。如果国内外均无相应的检验方法，也可使用自行研制的方法，同时提供完整的方法文本及方法准确性的验证资料。

除检验方法外，还需提供申报物质依据质量规格要求进行质量控制的检验报告。检验报告应涵盖质量规格中规定的所有项目，且检验结果应符合质量规格的指标要求。通常需要提供三份不同批次的质量规格检验报告，用以表明产品质量的稳定性。

4.4.4.3 特殊说明

关于质量规格，建议按照《标准化工作导则 第1部分：标准化文件的结构和起草规则》(GB/T 1.1—2020)写成内容完整、格式规范的企业产品标准文本。当然，其核心是质量规格指标设定科学、合理，检验方法准确有效。同时，避免质量规格与4.4.2和4.4.3所述内容的矛盾冲突。比如，生产工艺明确有某些副产物产生并会残留在申报物质中，但质量规格中却没有体现该物质。

关于检测报告，出具检测报告的实验室，必须具备开展申报物质质量规格规定指标检测所需的试验条件。委外测试，建议优先选择有资质的实验室。

4.4.4.4 相关示例

以1,4-丁二醇的质量规格描述为例，则可参考《工业用1,4-丁二醇》(GB/T 24768—2009)。

4.4.5 迁移量和/或残留量及其检验方法、检验报告

【规定原文】

> (一)根据预期用途和使用条件,提供向产品或食品模拟物中迁移试验数据资料、迁移试验检测方法资料或试验报告;
>
> (二)在食品容器和包装材料中转化或未转化的各组分的残留量数据、残留物检测方法资料或试验报告。

迁移量是进行膳食暴露评估所必需的参数,其准确性直接决定了暴露量评估乃至风险评估的准确性,所以获取评估申报物质安全性所需化学物质在最严格条件或最差条件下的迁移量是至关重要的。迁移量,通常可通过迁移试验获得,也可采用100%全迁移假设估算迁移量及其他更为严苛的筛查试验获得。100%全迁移假设有采用物质添加量或者残留量进行100%全迁移估算两种方式,添加量通常适用于有明确添加或使用量的添加剂类新品种,残留量适用于申报中需要评估的聚合物单体、申报物质起始物或原料中杂质等物质的迁移量,特别是由于技术原因无法进行迁移试验(如某些挥发性物质或在油性介质中进行的迁移试验)的物质。

所以,迁移量和残留量数据,及其检测方法、试验报告均是评估申报的核心技术资料。

4.4.5.1 迁移量和/或残留量测试指标

为充分、有效地评估申报物质使用的安全性,不仅仅需要关注申报物质本身或聚合物申报物的单体或起始物,还需关注申报物质在生产和使用过程中引入或产生的、会保留在食品接触材料终产品中的所有物质,包括但不限于原辅料中的杂质、申报物质生产过程中产生的副产物、申报物质生产和使用中产生的分解或降解产物,以及申报物质与食品组分发生反应生产的产物等。

除上述物质外,还需说明使用申报物质加工的代表性样品符合相应食品安全国家标准的要求,以充分说明申报物质使用的安全性。如申报物质为塑料添加剂新品种,还应验证其代表性样品符合《食品安全国家标准 食品接触用塑料材料及制品》(GB 4806.7—2016)感官和理化指标要求,当然也包括代表性样品聚合物树脂的特定迁移量、特定迁移量总限量和残留量指标的要求。如申报物质为聚合物树脂新品种,同样也要验证代表性样品符合相应材料食品安全国家标准要求。

此外,当国内外法规标准对所需评估物质仅规定了残留限量指标时,必须检

测代表性样品中申报物质及与其相关残留物的量，以说明它们对国内外已有法规标准中限制指标的符合性。

4.4.5.2　代表性样品

无论迁移量还是残留量测试，所用样品都必须是根据申报物质预期用途及终产品的实际工艺条件制作的代表性试样。

对于多种预期用途的申报物质，代表性试样必须为可预见情况下迁移风险最大的参数条件（如最大使用量、最低分子量的聚合物基材或共聚单体含量最高的共聚物基材、涂层材料的最大克重等）加工制成的。同时，在申报资料中还需说明代表性试样的成分、含量、厚度等各参数及其选取情况。如申报物质为涂料和涂层用添加剂新品种，代表性试样至少是采用最大添加量、最大涂膜克重、预期使用的实际工艺加工而成的涂层样品，必要时还应考虑基材的影响。

4.4.5.3　迁移试验与迁移量

当采用迁移试验获取需评估物质的迁移量时，采用代表性试样进行迁移试验和表述迁移量时，需注意以下事项：

① 模拟物和迁移试验条件选择：根据申报物质预期使用条件中拟申请接触的食品或食品类型，依据相应食品安全国家标准和《食品安全国家标准 食品接触材料及制品迁移试验通则》(GB 31604.1—2015)选择食品模拟物。当申报物质预期有多个使用条件时，需说明试验采用的条件是否按照申报物质预期的"最差"使用条件选择，即是否为可预见情况下最严格(迁移风险最大)的条件，如最高接触温度、最长接触时间等。

② 试样清洗：根据拟申报物质预期使用条件中所阐述的清洗要求，依据《食品安全国家标准　食品接触材料及制品迁移试验预处理方法通则》(GB 5009.156—2016)要求执行。

③ 面积/体积比(S/V)：迁移试验面积/体积比，在满足方法检出限要求的基础上，不宜采用过大的面积/体积比，防止所测试迁移物饱和情况的发生。

④ 重复试验：重复试验要求应符合《食品安全国家标准 食品接触材料及制品迁移试验通则》(GB 31604.1—2015)规定。

⑤ 迁移量计算：应根据申报物质拟申请预期使用条件(包括使用的S/V、食品类型、油脂类食品脂肪含量等等)，依据《食品安全国家标准 食品接触材料及制品迁移试验通则》(GB 31604.1—2015)和《食品安全国家标准 食品接触材料及制品迁移试验预处理方法通则》(GB 5009.156—2016)要求进行迁移量计算和结果校正。

简而言之，迁移试验所获取的迁移量必须能反映所关注物质在拟申请的可预见的最严苛条件下的迁移量。同时，申请资料中还应说明上述参数的具体情况，以及迁移试验方法、迁移试验中面积计算情况等。比如申报物质预期使用的材料或制品在使用前需经特殊处理，如杀菌消毒、高压蒸汽清洁或水冲洗、辐照、紫外照射等，需说明试样在迁移试验前是否经相应处理。

4.4.5.4　检验方法

如前所述，检验方法是结果准确性的根基，无论是迁移量还是残留量测试都必须确保所使用检验方法的准确性和有效性。因此，检验方法首选公开发布的方法标准，建议选择顺序为国标、行业标准、其他国际或国外官方认可的方法标准。同时，采用检验方法国标或行业标准时，需在资料中提供所使用标准的标准号、标准名称及适用范围；当采用检验方法为其他国家或地区官方认可的检验方法或国际标准，需提供检测方法原文和规范的中文文本。

当所测试物质无任何方法标准或标准不适用时，也可使用非标方法。对于非标方法，申报资料中需详细阐述方法的原理、试剂及材料、仪器及设备、试样制备、仪器工作条件、标准曲线制备、试样测定、确定检出限或定量限的方法、计算过程、分析结果表述等，同时提供标准曲线或工作曲线、准确度、精密度等确认方法有效性的验证数据。对于残留量测试方法，还需充分说明提取方式及条件能否保证残留物完全提取并提供相关验证数据。

4.4.5.5　检验报告

检验报告必须是国内外具有相应试验条件实验室出具的，推荐优先选择有资质的实验室，且报告需说明检测方法依据。迁移量检验报告，还需说明与迁移量结果休戚相关的食品模拟物、迁移试验条件、迁移试验 S/V、迁移试验方法、迁移量结果计算的 S/V 与结果校正、重复试验、试样清洗等参数或操作情况。

当采用添加量或残留量 100% 全迁移假设估算物质迁移量时，需详细阐述估算中所采用的各参数，包括但不限于样品的厚度、密度、S/V 等，并确保估算结果能反应申报物质预期用途下最坏的情况。关于全迁移假设估算物质特定迁移量的方法，具体可参考《食品接触材料及制品迁移试验标准实施指南》中的相关介绍。

4.4.5.6　特殊说明

关于物质的迁移量，除迁移试验和 100% 全迁移假设外，还可通过总迁移量筛查特定迁移量的方式来估算最坏的情况，具体可参见《食品接触材料及制品迁移试验指南》中的相关介绍。

此外，迁移量和残留量的测试结果，必须能反映申报物质预期用途的最差情况，同时还应注意迁移试验条件与拟申请使用条件的匹配性。

4.4.6 毒理学安全性评估资料

不同的食品相关产品新品种根据迁移试验的结果（以迁移量的最大值为依据）进行毒理学试验项目需符合《食品相关产品新品种申报与受理规定》的要求，应当依据其迁移量提供相应的毒理学资料：

【规定原文】

> 1. 迁移量小于等于 0.01mg/kg 的,应当提供结构活性分析资料以及其他安全性研究文献分析资料;
>
> 2. 迁移量为 0.01～0.05mg/kg(含 0.05mg/kg),应当提供三项致突变试验(Ames 试验、骨髓细胞微核试验、体外哺乳动物细胞染色体畸变试验或体外哺乳动物细胞基因突变畸变试验);
>
> 3. 迁移量为 0.05～5.0mg/kg(含 5.0mg/kg),应当提供三项致突变试验(Ames 试验、骨髓细胞微核试验、体外哺乳动物细胞染色体畸变试验或体外哺乳动物细胞基因突变畸变试验)、大鼠 90 天经口亚慢性毒性试验资料;
>
> 4. 迁移量为 5.0～60mg/kg,应当提供急性经口毒性、三项致突变试验(Ames 试验、骨髓细胞微核试验、体外哺乳动物细胞染色体畸变试验或体外哺乳动物细胞基因突变畸变试验)、大鼠 90 天经口亚慢性毒性,繁殖发育毒性(两代繁殖和致畸试验),慢性经口毒性和致癌试验资料;
>
> 5. 高分子聚合物(平均分子量大于 1000)应当提供各单体的毒理学安全性评估资料。

4.4.6.1 迁移量与毒理学数据的匹配关系

由上述毒理学安全评估资料要求可知，化学物质迁移量越大，需要提供的毒理学数据越多。对于通过迁移测试获取迁移量的物质，当迁移量未检出时，迁移水平用检出限替代，因此，测试方法的检出限需尽可能的低。比如，若检出限为 5mg/kg 时，未检测到某物质的迁移，则其迁移水平以 5mg/kg 计，需根据迁移量为 0.05～5.0mg/kg(含 5.0mg/kg)的范围提供毒理学数据。若所依据的测试方法能支持证明迁移量 0.01 mg/kg 时未检出，则仅需要提供结构活性分析资料即可。

4.4.6.2　评估对象与毒理学数据

对于食品接触材料新品种，其安全风险不仅来自申报物质本身，还包括申报物质生产、使用过程中引入或产生的杂质、副产物、残留物等。所以，申报资料中对前述所有可能迁移到食品中的物质均需进行评估。

获取毒理学数据的各毒理学试验方法需符合《食品安全标准　食品安全性毒理学评价程序》(GB 15193.1—2014)对各试验的具体要求。进口原料，需要依据OECD等国际认可的毒理学指导原则要求进行毒理学试验，且检测指标至少与我国《食品安全标准　食品安全性毒理学评价程序》中各试验的要求一致。此外，毒理学试验受试物的染毒途径应为经口给药，如提供其他给药途径的试验，需说明理由。试验动物和动物房需符合国家有关要求，溶剂选择、剂量设计、检测指标等符合有关标准的要求，确保检测数据科学合理。

相关物质有已发表毒理学安全文献资料的，当文献资料中的受试物与申报物质一致时，可采用该文献资料作为证明资料。

对于拟评估物质本身不能开展毒理学试验的，可用已知结构或组成类似物质的毒性资料替代拟评估物质的安全性评价资料，但须考虑两者的联系和毒作用特点等，并进行充分、科学的分析比较，以说明类似物质可以替代拟评估物质。

此外，相关毒理学报告需由我国具有食品检验资质的检验机构出具，使用国外报告时，需确认报告是由国外符合良好实验室规范（GLP）实验室出具的。

4.4.6.3　毒理学试验

通常认为测试物质经口途径的安全试验与食品物质安全评估的相关度最高。如果观测到有末端部位的全身效用产生，则从其他摄入途径（包括经呼吸道和经皮）的试验得到的数据也可能是有价值的。以下简单介绍关于食品接触材料安全评估的不同毒理学试验相关性的一些观点，仅供参考。

① 急性毒性试验：了解受试物的急性毒性强度、性质和可能的靶器官，获得半数致死剂量（LD_{50}），为进一步毒性试验的剂量和观察终点的选择提供依据。

② 遗传毒性试验：遗传毒性试验用于预测受试物的潜在致癌性。在评价遗传毒性试验结果时需综合考虑受试物的化学结构、试验质量、遗传学终点等相关信息。如遗传毒性试验组合中两项或以上试验阳性，则表示该受试物可能具有遗传毒性和致癌作用；如遗传毒性试验组合中一项试验为阳性，则需要再选两项备选试验（至少一项为体内试验）。如再选的试验均为阴性，则遗传毒性结果为阴性；如其中有一项试验阳性，则遗传毒性结果为阳性；如三项试验均为阴性，则遗传毒性结果为阴性。

③ 短期毒性试验：28/30 天的短期毒性试验不能确定每日允许摄入量。但需重点关注毒性反应和剂量设置，以及潜在靶器官。

④ 亚慢性毒性试验：亚慢性毒性试验获得的未观察到不良作用水平（NOAEL）可作为每日允许摄入量的参考。但需要确定毒性靶器官、毒作用终点以及NOAEL 或观察到不良作用的最低剂量（LOAEL），并分析所有试验结果。

⑤ 生殖和发育毒性试验：生殖和发育毒性试验获得的 NOAEL 可以作为每日允许摄入量的参考。同时，应确定毒性靶器官、毒作用终点以及 NOAEL 或 LOAEL 并分析所有试验结果。

⑥ 慢性毒性试验：慢性毒性试验在安全性评估中起重要作用，慢性毒性试验结果可以取代亚慢性试验结果。慢性毒性应确定毒性靶器官、毒作用终点以及 NOAEL 或 LOAEL，并分析所有试验结果。

⑦ 致癌试验：分析动物各个器官部位单独/并发出现的良性和恶性肿瘤的风险，分析致癌试验所有肿瘤性和非肿瘤性的试验观察结果。但需确定毒性靶器官以及 NOAEL 或 LOAEL。

⑧ 结构-活性关系分析：化学结构和物理化学性质是毒性的潜在决定因素，可通过结构-活性关系预测潜在毒性。可用专家分析、决策树图表或者计算机辅助的定量结构活性方法，来推测相关物质的化学结构和毒性测试终点。此类信息有助于对化学物质的致癌性和其他特殊毒性的安全性评价提供参考，但不能用来代替毒理学试验本身。经结构-活性分析提示其具有某毒性的，需通过相关毒性试验予以确认。

此外，代谢和药物动力学试验，旨在测试其他特殊类型的动物毒性试验（例如：神经毒性、免疫毒性）等特殊毒性试验，以及临床试验资料也可用来说明拟评估物质的安全性。

4.4.7 估计膳食暴露量及其评估方法

【规定原文】

> 膳食暴露评估方法、所用数据、膳食暴露量和评估结果的解释。

4.4.7.1 膳食暴露评估对象及方法

膳食暴露评估仅针对迁移量在 0.05mg/kg 以上的物质。获取准确的膳食暴露量并与相关的健康指导值或毒性分离点进行比较，才能评估相关化学物质的安全风险。原则上膳食暴露评估对象应与迁移到食品中的物质一致，并采用最保守的膳食暴露量进行评估。此外，在进行膳食暴露评估中，还应尽可能利用我国膳食消费量和消费模式资料。

在我国膳食消费量和消费模式资料缺失的情况下，膳食暴露评估方法可借鉴美国或欧盟的评估方法，参考美国暴露评估方法时，需采用我国的消费系数（CF）和食品类型分配系数（f_T）。在无法获得我国 CF 和 f_T 时，则分别按照欧盟和美国的方法计算膳食摄入量，选择最大的膳食暴露量作为需评估物质的膳食暴露量。

关于美国和欧盟膳食暴露量计算方法，分别见本书第 2 章和第 3 章介绍。此外。计算膳食暴露量时，还需考虑所有相关的累积膳食暴露量，包括已经批准使用的食品添加剂、食品接触材料等的膳食暴露量，同时尽可能地提供申报物质的膳食暴露贡献率。

4.4.7.2　评估结果解释

对于有健康指导值或毒性分离点的化学物，若食品接触材料迁移是膳食暴露的所有摄入来源，则 CEDI 不超过健康指导值或毒性分离点时，可认为通过预期申报用途摄入的食品接触物质对人体是安全的。若还有除食品接触材料外的其他来源，则应根据食品接触材料来源的暴露占总暴露的比例，对食品接触材料及其制品新品种的安全性做出判定。

对于食品接触物质中的致癌成分，若累积终生致癌风险上限低于 $1/10^6$，或额外增加的致癌风险低于 $1/10^8$，则可以判定食品接触材料及其制品新品种没有可观察到的健康风险。

4.4.7.3　相关示例

本节以 4,4'-亚甲基双（2,6-二叔丁基苯酚）（CAS No. 118-82-1，抗氧剂702）为例进行膳食暴露评估。抗氧剂 702 申请作为抗氧化剂用在聚丙烯中，抗氧剂 702 此前未被批准用于食品接触材料添加剂，且迁移量超过了 0.05mg/kg。抗氧剂 702 不是致癌物。根据申请者提交的毒理学资料，获得了抗氧剂 702 的每日允许摄入量（ADI）为 1.07mg/(kg·d)。

根据终产品的预期使用条件设计迁移试验，得到抗氧剂 702 的特定迁移量。分别按照欧盟和美国的方法计算膳食摄入量，选择最大的膳食暴露量作为申报物质的膳食暴露量。

（1）计算膳食暴露量

1）欧洲食品安全局（EFSA）的方法计算拟评估物质的人群膳食暴露量

欧盟食品包装材料的暴露评估思路采用最坏的假设，即假设食品包装材料中的某物质迁移到食品中的量全部由人体通过膳食摄入这一极端情况。此方法假设体重60kg的人一生中日均摄入1kg由含有目标迁移物的食品包装材料包装的食品，食品和包装材料接触面积为6 dm^2，食品始终和含有目标迁移物的相同包装材料相接触，且食品中目标迁移物的含量为其最大特定迁移量（M）。计算估计每日摄入量（EDI）：

$$EDI = M \times 1kg / (p \cdot d)$$

2）美国食品药品监督管理局（FDA）的方法计算拟评估物质的人群膳食暴露量

根据美国FDA《行业指南：食品接触物质上市前提交的准备——化学建议》，EDI是用平均迁移浓度（<M>）乘以包装的消费系数（CF）求得膳食中食品接触物质的浓度。然后用膳食浓度乘以每人天消耗的食品总量求得估计每日摄入量。美国FDA假设每人天消耗3kg食品（包括固体和液体食品）。

$$EDI = <M> \times CF \times 3 \, kg/(p \cdot d)$$

（2）评估结果解释

假如没有其他来源的抗氧剂702的暴露量，则此ADI全部用于抗氧剂702。将膳食暴露量与ADI相比较，若膳食暴露量小于ADI时，可认为在预期使用情况下，摄入抗氧剂702对人体是安全的。结论为抗氧剂702作为抗氧化剂在聚丙烯中使用是安全的。当膳食暴露量大于ADI时，可认为在预期使用情况下，摄入抗氧剂702对人体是不安全的。即，不允许抗氧剂702作为抗氧化剂用在聚丙烯中。

如果迁移试验中，除了检测到抗氧剂702的迁移外，还有其他的降解产物等非有意添加物的存在，则同样需要进行暴露评估，并给出相应的结论。

4.4.8 国内外允许使用情况的资料或证明文件

【规定原文】

相关国家政府机构、行业协会或者国际组织发布的现行有效的法规、标准或证明文件。

4.4.8.1 资料或证明文件与申报物质的匹配性

根据该条规定，申报资料需要提供申报物质由其他国家以法规或标准形式批准的文件资料或证明文件。为确保所提供资料或证明文件清晰可查、便于审阅，通常需要列出法规或标准章节号、标题、外文原文复印件（建议在原文中醒目标记申报物质）及其摘要的中文翻译。中文摘要需要说明批准物质名称、CAS号

（如有）、使用范围、限量及其他限制性要求（包括但不限于接触的食品类型、使用条件、质量规格等）。

对于聚合物类物质，不同国家正清单管理模式不同，比如欧盟管理的是单体和起始物，我国则是基础聚合物。所以，当申报物质为聚合物时，国内外允许使用情况的资料或证明文件可以是申报聚合物的，也可以是聚合物所有单体或起始物被批准使用的证明文件。当申报物质为混合物时，应当有所有组成成分被批准使用的证明文件。

此外，建议提供至少两个国家、地区或组织批准申报物质允许使用的证明文件，且明确证明文件中批准的物质及其使用范围与所申报物质及申报使用范围相一致，以充分说明申报物质的安全性。

4.4.8.2 国外授权使用情况资料或证明文件的来源

关于申报物质国外授权使用情况的资料或证明文件，随着全球对食品接触材料中物质采用肯定列表管理国家的不断增多，国外法规或标准授权有了越来越多可使用的资料。目前，常用国外法规标准证明资料来源如下：

① 美国联邦法规第 21 章（21 CFR）相关章节、食品接触通告（FCN）；

② 欧盟及其成员国食品接触材料相关法规、欧洲委员会食品接触材料决议/指令；

③ 日本食品卫生法、厚生劳动省相关公告及其相关行业自主标准（如聚烯烃协会 JHOSPA、聚氯乙烯协会 JHPA、聚偏二氯乙烯协会 JHAVDC 自主标准等）；

④ 加拿大食品接触材料相关法规、文件。

4.4.9 公告内容

除规定要求的申报资料外，目前申报人还需同时提交拟公告内容。根据公告内容要求，在总结分析已发布公告的基础上，对于公告内容的拟定，给出以下建议。

4.4.9.1 基本要求

所有公告内容申报人应严格把关，确保真实、准确、规范。

此外，公告内容必须与申报资料中的相关阐述一致，特别是申报时多次补充材料，对申报物质预期用途、使用条件或相关限制做过调整变更的。特别关注核对，使用范围、使用量、特定迁移量（SML）和（或）最大残留量（QM）要求，以及特殊使用限制。

4.4.9.2 各项公告内容

关于各项公告内容的表述、阐述，给出以下建议：

① 中文名称（化学名）：建议以中国化学会化学名词审定委员会《有机化合物命名原则》《无机化学命名原则》（注意使用最新有效版本）为依据，也可参考《中国现有化学物质名录》最新版，或采用《化学品命名通则》(GB/T 23955—2009)命名。当《中国现有化学物质名录》中中文名称不准确时，需特别说明。

② 英文名称：建议以国际纯粹与应用化学联合会（IUPAC）的命名原则命名，或采用《欧盟现有化学物质名录》（查询地址：http://esis.jrc.ec.europa.eu/index.php?PGM=ein)中的名称，也可参考《中国现有化学物质名录》最新版，当物质存在 CAS 号时，以 CAS 号为最终判定依据。

③ CAS 号：CAS 号所对应的物质应与申请物质一致。

④ 特定迁移量和（或）最大残留量：需依次写出特定迁移量和（或）最大残留量的数值，相关物质的中文名称（有 CAS 号的物质，建议注明 CAS 号），SML/QM，各物质之间用中文分号隔开，具体格式参照相关食品安全国家标准或已发布公告。

⑤ 特殊限制：当有特殊使用限制时，应明确阐述。如不同使用范围下接触的食品类型限制要求、使用条件（如温度、时间）、厚度要求、组分含量范围、黏度范围等。特殊使用限制的表述，可参考 GB 31604.1 及其他食品安全国家标准或公告的表述。

⑥ 通用类别名：对于材料新品种，还需写明行业内认可的通用名称，但不可使用企业的产品商标名。

⑦ 使用范围和最大使用量：聚合物材料新品种，需说明聚合物的使用范围，如塑料、涂料、橡胶等，必要时还需说明最大使用量，如涂料中基础聚合物；添加剂新品种也需列明使用范围，范围的描述应符合《食品安全国家标准 食品接触材料及制品用添加剂使用标准》(GB 9685—2016)中规定的范围，不同范围最大使用量值不同时，需逐项列出。